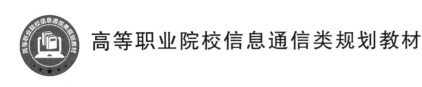

高等职业院校信息通信类规划教材

5G 基站工程与设备维护

主编　董　兵　赖雄辉

主审　赵敏文　黄　双　罗文辉

U0282761

北京邮电大学出版社
www.buptpress.com

内 容 简 介

本书全面、系统地阐述了 5G 基站技术和 5G 基站各类设备及维护技术规范,较充分地反映了 5G 通信的新技术以及应用维护知识。全书共分 4 章,包括 5G 基站天馈系统、5G 基站主设备、5G 综合基站通信电源、5G 综合基站配套设备测试与维护。本书结合当前 5G 基站综合维护的需求,紧扣行业标准及规范,具有较强的实用性及系统性。

本书可作为高职高专院校通信技术、移动通信技术、通信工程设计与监理、电子信息等专业与移动基站相关课程的教材,也可作为相关培训教材,还可作为通信行业工程技术和维护人员的参考书。

图书在版编目(CIP)数据

5G 基站工程与设备维护 / 董兵,赖雄辉主编. -- 北京 : 北京邮电大学出版社,2020.7 (2023.8 重印)
ISBN 978-7-5635-6097-4

Ⅰ. ①5… Ⅱ. ①董… ②赖… Ⅲ. ①无线电通信—移动网 Ⅳ. ①TN929.5

中国版本图书馆 CIP 数据核字(2020)第 107456 号

策划编辑:马晓仟　　责任编辑:满志文　　封面设计:七星博纳

出版发行:北京邮电大学出版社
社　　　址:北京市海淀区西土城路 10 号
邮政编码:100876
发 行 部:电话:010-62282185　传真:010-62283578
E-mail:publish@bupt.edu.cn
经　　销:各地新华书店
印　　刷:保定市中画美凯印刷有限公司
开　　本:787 mm×1 092 mm　1/16
印　　张:15.75
字　　数:410 千字
版　　次:2020 年 7 月第 1 版
印　　次:2023 年 8 月第 3 次印刷

ISBN 978-7-5635-6097-4　　　　　　　　　　　　　　　　　　　定价:42.00 元

· 如有印装质量问题,请与北京邮电大学出版社发行部联系 ·

前　　言

随着移动通信市场特别是 5G 应用市场的进一步扩大,以华为和中兴等企业为核心的 5G 通信产业集群和中国移动、中国电信、中国联通、中国铁塔四大企业为龙头的通信运营集群已形成。目前 ICT(信息通信技术)行业对 5G 基站工程及维护技术人才的需求量巨大并且十分急迫。结合我国通信行业快速发展规划及 5G 通信技术业务的发展趋势,为进一步促进校企合作,推动工学结合人才培养模式的改革与创新,多数高职院校在通信类专业、电子信息类专业开设了 5G 基站工程课程。培养 5G 基站工程及维护技术人才是当前高职院校人才培养的重点之一。

本书共分 4 章,包括 5G 基站天馈系统、5G 基站主设备、5G 综合基站通信电源、5G 综合基站配套设备测试与维护。

第 1 章为 5G 基站天馈系统,共分 6 节。主要包括无线电波基础、基站天线、基站天线基本特性、基站传输线、基站天线的安装和维护、5G 基站勘测,基本涵盖了基站天馈员岗位所需的知识点和工作任务。第 2 章为 5G 基站主设备,共分 4 节。主要包括 5G 基站概述、5G 射频拉远单元、5G 基带处理单元、5G 基站配套部件等 5G 基站主设备的基本结构和工程施工及维护方法,基本涵盖了基站无线员岗位所需的知识点和工作任务。第 3 章为 5G 综合基站通信电源,共分 7 节。按照 5G 综合基站供电顺序编写,包括 5G 综合基站通信电源概述、低压配电、油机发电、5G 综合基站空调设备、开关电源系统、蓄电池、磷酸铁理电池组等。主要讲述 5G 综合基站电源各设备的基本功能和组成,重点描述设备的维护方法,基本涵盖了基站动力员岗位所需的知识点和工作任务。第 4 章为 5G 综合基站配套设备测试与维护,共分 4 节。包括 5G 综合基站接地与防雷、5G 综合基站动力及环境集中监控管理系统、5G 综合基站配套设备的调测、5G 综合基站配套设备巡检与维护等。其中,5G 综合基站动力及环境集中监控管理系统涵盖了基站监控员岗位所需的知识点和工作任务;5G 综合基站配套设备的调测和基站配套设备巡检与维护对基站设备的工程施工、设备调试和维护过程中的任务进行了整合,形成多个具有可操作性的实训项目。

本书在编写过程中,为了更贴近企业、更符合基站工程及维护岗位需求,参考了通信行业的工程施工标准和基站维护规范,并由企业专家直接参与审核。本书坚持以就业为导向,以岗位能力培养为目标,根据基站天馈员、无线员、动力员、监控员四种工作岗位需求,合理划分各章节内容,基于工作过程,划分工作岗位所需的知识点和工作内容,采用"理论够用、突出岗位技能、重视实践操作"的编写理念,较好地体现了培养应用型人才的高职高专教育特色。本书的授课学时建议为 64 个学时,实验课学时为 32 个学时。

本书由广东轻工职业技术学院信息技术学院董兵和赖雄辉主编。其中,第 1 章、第 3 章由董兵编写,第 2 章、第 4 章由赖雄辉编写。本书由中国移动通信集团广东有限公司江门分公司工程师赵敏文、广州海格通信集团股份有限公司无线电调试高级技师黄双和无线电调试高级技师罗文辉担任主审。参加各章节校对工作的广东轻工职业技术学院通信 171 班和移动 171 班的学生有:林芝霞和欧帼红(第 1 章)、潘晓诗(第 2 章)、王华妹(第 3 章)、古庆玲(第 4 章)。本书在编写过程中,参考了其他作者的资料和通信企业的相关资料,在此一并表示感谢。

本书每章后面习题的答案放在北京邮电大学出版社的网站上,网址为 www.buptpress.com,请读者查阅。

由于通信技术发展迅速,通信设备更新快,虽然编者做了许多努力,但由于设备资料收集困难,加上编者的水平有限,对设备的理解及设备故障的分析难免出现偏差,对书中的不妥之处恳请读者批评指正。

编　者

目　　录

第1章　5G基站天馈系统

【本章内容简介】

天馈系统是 5G 基站的信号收发器件,是 5G 基站维护的重点。本章主要介绍无线电波的基础知识,天线的概念和基本特性、类型和指标,传输线基本概念,天线的选择、安装,天馈、塔桅的维护及测试的基础知识。

【本章重点难点】

天线的基本特性、天线的安装、5G 基站天馈系统的维护和测试方法。

1.1　无线电波基础

对于利用无线电波实现终端在移动情况下进行信息交换的移动通信系统来说,了解无线电波的传播特性是非常必要的。本节主要介绍无线电波的概念及其基本特性。

1.1.1　无线电波

1. 什么是无线电波

无线电波是一种能量传输形式,电场和磁场在空间交替变换,向前行进。在传播过程中,电场和磁场在空间是相互垂直的,同时两者又都垂直于传播方向。无线电波传播示意图,如图 1.1 所示。

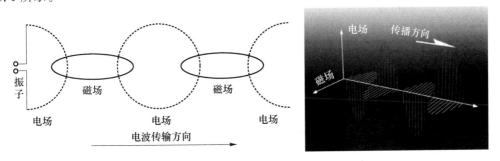

图 1.1　无线电波传播示意图

2. 无线电波在空气中的传播

无线电波和光波一样,它的传播速度和传播媒质有关。无线电波在真空中的传播速度等于光速 C＝300 000 km/s 表示。

1

无线电波在传播媒质中的传播速度为

$$V_\epsilon = C/\sqrt{\epsilon} \tag{1-1}$$

式中，ϵ 为传播媒质的相对介电常数。空气的相对介电常数与真空的相对介电常数很接近，略大于 1。因此，无线电波在空气中的传播速度就认为等于光速。

3. 无线电波在传播的衰减特性

无线电波有点像一个池塘上的波纹，在传播时波会逐渐减弱，池塘波纹减弱示意图如图 1.2 所示。

图 1.2 池塘波纹减弱

4. 无线电波的波长、频率和传播速度的关系为

$$\lambda = V/f \tag{1-2}$$

式中，V 为速度，单位为 m/s；f 为频率，单位为 Hz；λ 为波长，单位为 m。

讨论：

（1）波长与频率成反比。

（2）同一频率的无线电波在不同的媒质中传播时，波长不同。

例如：通常使用的聚四氟乙烯型绝缘同轴射频电缆的相对介电常数 ϵ 约为 2.1，因此，$V_\epsilon = C/1.44$，$\lambda_\epsilon = \lambda/1.44$。

1.1.2 超短波的传播

无线电波的波长不同，传播特点也不完全相同。目前，GSM、4G 和部分 5G 移动通信使用的频段属于 UHF（特高频）超短波段，其高端属于微波。

1. 超短波和微波的视距传播

超短波和微波的频率很高，波长较短，它的地面波衰减很快。因此也不能依靠地面波作较远距离的传播，它主要是由空间波来传播的。空间波一般只能沿直线方向传播到直接可见的地方。在直视距离内超短波的传播区域习惯上称为"照明区"。在直视距离内超短波接收装置才能稳定地接收信号，视距传播示意图如图 1.3 所示。

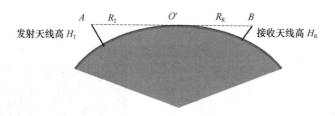

图 1.3 视距传播

直视距离和发射天线以及接收天线的高度有关，并受到地球曲率半径的影响。由简单的几何关系式可知：

$$AB = 3.57(\sqrt{H_T} + \sqrt{H_R})\text{km} \tag{1-3}$$

由于大气层对超短波的折射作用，有效传播直视距离为

$$AB = 4.12(\sqrt{H_T} + \sqrt{H_R})\text{km} \tag{1-4}$$

2. 电波的多径传播

电波除了直接传播外,遇到障碍物,如山丘、森林、楼房等高大建筑物,这时会产生反射。因此,到达接收天线的超短波不仅有直射波,还有反射波,这种现象就称为多径传输。电波的多径传播示意图如图 1.4 所示。

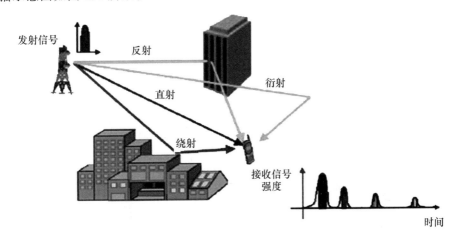

图 1.4　电波的多径传播示意图

由于多途径传播使得信号场强分布相当复杂,波动很大,也由于多径传输的影响,会使电波的极化方向发生变化。因此,有的地方信号场强增强,有的地方信号场强减弱。另外,不同的障碍物对电波的反射能力也不同,如钢筋水泥建筑物对超短波的反射能力比砖墙强。应尽量避免多径传输效应的影响,同时可采取空间分集或极化分集的措施加以对应。

3. 电波的绕射传播

电波在传播途径上遇到障碍物时,总是力图绕过障碍物,再向前传播。这种现象称为电波的绕射。超短波的绕射能力较弱,在高大建筑物后面会形成所谓的"阴影区"。信号质量受到影响的程度不仅和接收天线距建筑物的距离及建筑物的高度有关,还和频率有关。例如,一个建筑物的高度为 10 m,在距建筑物 200 m 处接收的信号质量几乎不受影响,但在距建筑物 100 m 处,接收信号场强将比无高楼时明显减弱。这时,如果接收的是 216～223 MHz 的电视信号,接收信号场强比无高楼时减弱 16 dB,当接收 670 MHz 的电视信号时,接收信号场强将比无高楼时减弱 20 dB。如果建筑物的高度增加到 50 m 时,则在距建筑物 1 000 m 以内,接收信号的场强都将受到影响,并有不同程度的减弱。也就是说,频率越高,建筑物越高、越近,影响越大。相反,频率越低,建筑物越矮、越远,影响越小。

因此,架设基站天线、选择基站场地时,必须按上述原则来考虑对绕射传播可能产生的各种不利因素,并努力加以避免。

无线电波的传播与其频率和频谱有关,下面介绍 5G 基站天线测量与要使用的常用仪器——频谱分析仪。

1.1.3　实训项目一:频谱分析仪的操作与使用

1. 实训目的

(1)熟悉频谱分析仪的工作过程。

(2)掌握频谱分析仪的操作使用。

2．实训设备

频谱分析仪，全向天线。

3．实训原理

（1）认识频谱分析仪

生产频谱分析仪的厂家不多。通常所知的频谱分析仪有惠普（现在惠普的测试设备分离出来，成为安捷伦）、马可尼、惠美以及国产的安泰。GSP-830 是一个中高层级的数字合成控制频谱分析仪，适合广泛的应用，比如生产测试，实验室研究和认证。下面以 GSP-830 频谱分析仪为例进行介绍，如图 1.5 所示。

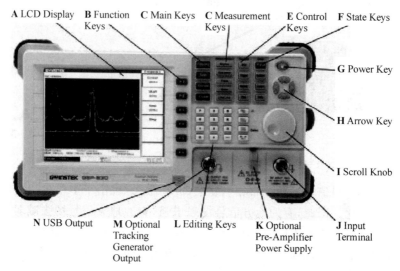

（a）前面板

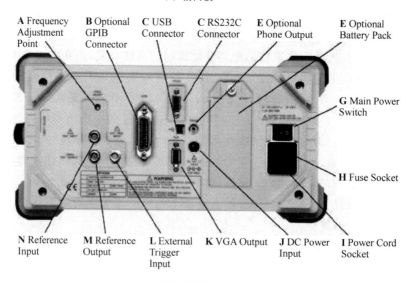

（b）后面板

图 1.5　GSP-830 频谱分析仪

（2）特点

1）自动设定。

2）10 个标记（△游标和峰值功能）。

3）3 条波形轨迹。

4）功率量测：ACPR、OCBW、CH Power、N-dB、相位抖动。

5）波形限制线和 Pass/Fail 的功能可快速地核定测试的条件。

6）分割窗口的功能且可分别设定。

7）顺序编程（使用者可自行定义）。

8）6.4 寸 TFT 彩色 LCD，640×480 分辨率。

9）音频输出端口（选购的解调器可提供）。

10）AC/DC/电池多模式电源操作。

（3）各按键的作用

1）频率/展频

Frequency 键和 Span 键一起使用可提供两种方法设定频率的刻度，中央-和-展频方法界定中心点和环绕频率的范围，开始-和-终止方法界定频率起始范围。在 Full/Zero 展频状态可设定特定的展频。也可调出最后展频的设定。

2）振幅（Amplitude）

Amplitude key 设定显示器的垂直刻度，包括量测上限（参考准位），垂直范围/单位（振幅刻度和单位），和外部增益或损失的补偿（外部偏移）。振幅修正调整由外部网络引起的频率响应失真。前置放大器是一个选购配备，可在进入 GSP-830 之前，放大微弱的输入信号。依据应用上的需求也可设定输入阻抗。

3）全展频（Full Span）/零展频（Zero Span）

全展频/零展频是将展频设定到最大值：3.0 GHz（full）或最小值：0 kHz（zero）。在特定的状况下可以快速地检视信号，比如说在时域（Zero Span）检视调制信号或在全展频的状况检视未知频率的信号。

4）自动设定（Autoset）

自动设定功能用来自动找出输入信号的最大电平信号，并将其频率设为中心频率。使用者可以依据应用需求，设定振幅基准限制搜寻范围和设定频率观察展频限制检视范围。

5）游标（Marker）

游标显示波形点的频率和振幅，GSP-830 可以同时开启 5 个游标或游标组。也可以一次开启或关闭所有的游标。游标列表提供在单一的显示画面里编辑和检视很多个游标。△Marker 显示参考游标之间频率和振幅的差异。GSP-830 提供将游标移到不同位置的功能，包括峰值信号、中心频率和开始/终止频率。峰值搜寻（Peak Search）功能可提供更多信号峰值的游标操作。

6）峰值搜寻（Peak Search）

峰值搜寻可以自动找寻各种不同状况下产生的信号峰值，例如下一个最高峰值和最小峰值。峰值搜寻和 Marker 功能的特性有重叠处，最好是两个功能一起使用。在峰值列表（Peak Table）可以看到所有峰值、振幅的界限和分类顺序的设定。

7）轨迹（Trace）

轨迹是用来连续记录显示不同的波形。共有三条轨迹 A、B 和 C 可以用来累积峰值准位，冻结目前的波形和平均波形。使用轨迹 A 和 B 进行轨迹数学运算。侦测模式是设定 GSP-830 数字化取样输入的模拟信号。

8）功率量测（Meas）

功率量测功能包括四种常用较复杂的量测项目类型：ACPR、OCBW、N dB 和 Phase Jitter。每一项目都可以设定实时更新。

9）限制线（Limit Line）

限制线在整个频率范围内设定上/下振幅限制。限制线可以用来侦测输入信号准位是高于或低于还是在目标振幅范围内。Pass/Fail 的测试结果实时地显示在显示画面的底部。

10）文档（File）

文档功能能处理文档操作，如复制、删除和名称的改变。文档格式和内容包括轨迹波形、限制线、振幅修正、指令集设定（使用者界定的巨集）和面板设定。可从内部和外部之间选择文档来源和目的地（U 盘）。文档功能也可储存显示影像到 U 盘。

11）BW（频宽）

功能界定 GSP-830 可以分出不同信号峰值（分辨率）有多窄，以及显示画面更新扫描时间的速度有多快。也可提供平均波形使噪声准位平滑。分辨率和扫描时间（＋averaging）互为消长关系，所以要小心设定。

12）触发（Trigger）

触发功能设定 GSP-830 如何在条件成立后，开始截取波形的触发条件，包括频率、振幅和延迟。外部信号可以用于特殊状况。

13）显示画面（Display）

显示画面设定 LCD 屏幕的调光准位和显示器的配置，包括显示线、标题和分割窗口。显示线提供一条便捷的参考线来测量振幅。分割视窗可让两种波形同时显示在屏幕上。后面板的 VGA 端子以 640×480 的分辨率输出 LCD 屏幕上的内容。

14）预设功能（PresetPreset）

将 GSP-830 设定在预设状态。

15）系统（System）

System 键设定和显示系统设置，包括自我测试结果，日期/时间设定和与其他设备同步。面板设定可以储存到文档，稍后可以调出，使用在其他的 GSP-830。

16）指令集（Seq）

指令集功能是记录和执行使用者界定的巨集指令（量测步骤），每一组指令集最多可以记录 20 个面板操作步骤，可选择单次或重复操作模式。共提供 10 组指令以供记录使用。每个指令之间可以插入延迟和暂停的指令，可以在指令集操作进行中观察量测结果。

17）跟踪发生器（Option）

选购配备的跟踪发生器产生一个扫描时间和频率范围都和 GSP-830 系统同步的扫描信号。利用其振幅在整个频率范围上维持在一个恒定值，有助于待测体的频率响应测试。

4. 实训内容

请指导老师选择信号源上的某一频率，让学生用频率分析仪测量信号的频谱。记录频谱的波形和参数。

注意事项：

（1）测试仪器的地线要接地。

（2）频谱仪属于精密仪器，注意频谱仪的正确使用方法，避免损坏仪器，例如输入电压不能超出仪器的允许范围。

5．实训报告

（1）完成实训项目一报告。

（2）根据实训内容，记录并填写内容，指导老师对学生的操作给出评语和评分。

实训项目一报告 频谱分析仪的操作与使用

实训地点			时间		实训成绩	
姓名		班级	学号		同组姓名	
实训目的						
实训设备						
实训内容	1．画出测量出的两个不同频谱的波形图（图）。 2．将测量的两个不同信号频谱的数据，并填入下表中： | 序号	频谱形状描述	中心频率	频带宽度	信号幅度/dBm | |1| | | | | |2| | | | | |3| | | | | 3．写出频谱分析仪的测量信号频谱带宽的测量步骤。					
指出实训过程中遇到的问题及解决方法						
写出此次实训过程中的体会及感想，提出实训中存在的问题						
评语						

1.2 基 站 天 线

在对 5G 通信网进行规划和优化时，必须了解 5G 通信系统所用天线的特性，特别是 5G 基站天线的特性和各种移动环境下的无线电波的传播特性。可以利用天线特性来改善 5G 通信网络的性能。不同的网络结构和不同的应用环境有不同的无线电波传播特性。利用这些传播特性可以预测传播路径损耗，提高覆盖质量。本节主要包括天线的基本特性、辐射特性、类型，传输线基本概念、移动天线的技术指标、天线下倾等内容。

1.2.1 天线基本概念

1. 什么是天线

把从馈线上传来的电信号作为无线电波发射到空间，并能收集无线电波和产生电信号的装置称为天线。天线工作示意图如图 1.6 所示。

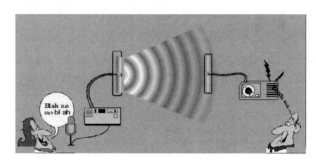

图 1.6 天线工作示意图

2. 天线的作用

天线的作用是将传输线中的高频电磁能转化为自由空间的电磁波，或反之将自由空间中的电磁波转化为传输线中的高频电磁能。因此，要了解天线的特性就必然需要了解自由空间中的电磁波及高频传输线的一些相关的知识。

3. 天线的类型

（1）引向天线。该天线增益高、方向性强、抗干扰、作用距离远，并且构造简单、材料易得、价格低廉、挡风面小、轻巧牢固、架设方便。电视接收天线、电梯覆盖天线多为引向天线，如图 1.7 所示。

（2）拉杆天线。它是由一组可伸缩的金属环组成。当无线电波遇到金属物质时，其电场部分就会在金属表面感应出电流，实现电波信号到电信号的转化。便携式无线通信设备天线、收音机天线多为拉杆天线，如图 1.8 所示。

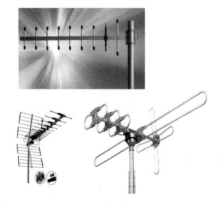

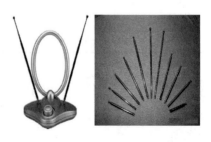

图 1.7 引向天线　　　　　　　　　　　图 1.8 拉杆天线

（3）喇叭天线。它是由波导管终端渐变张开的圆形或矩形截面的微波天线。它是一种面天线，常用于大型射电望远镜的馈源，卫星反射面天线馈源，相控阵的单元天线等，如图 1.9 所示。

（4）微带天线。它是在一个薄介质基片上，一面附上金属薄层作为接地板，另一面用光刻腐蚀方法制成一定形状的金属贴片，利用微带线或同轴探针对贴片馈电构成的天线。它具有体积小、质量轻、低剖面、易集成等特点，多用于手机和移动通信设备天线，如图 1.10 所示。

图 1.9　喇叭天线　　　　　　　　　图 1.10　微带天线

（5）通信天线。卫星接收天线、微波接力天线、宽带全向天线、移动通信天线都属于通信天线，如图 1.11 所示。

(a) 卫星接收天线　　　(b) 3 m 微波接力通信天线　　　(c) 宽带全向天线

图 1.11　通信天线

（6）螺旋天线。它是一种具有螺旋形状的天线。它由导电性能良好的金属螺旋线组成，常用于卫星天线、遥控遥测天线等，如图 1.12 所示。

图 1.12　螺旋天线

（7）雷达天线。雷达天线的作用是在自由空间发射和接收电磁波。在发射时，天线将电磁波能量集中到所要求方向的波束内，接收时天线接收回波信号中所含的能量，并送给接收机。远程相控阵雷达天线、舰载对空搜索雷达天线、机载相控阵雷达天线都属于雷达天线，如图 1.13 所示。

(a) 远程相控阵雷达天线　　(b) 舰载对空搜索雷达天线　　(c) 机载相控阵雷达天线

图 1.13　雷达天线

1.2.2　基站天馈系统组成

基站天馈系统示意图如图 1.14 所示。包括天线、馈线及天线的支撑、固定、连接、保护等部分。

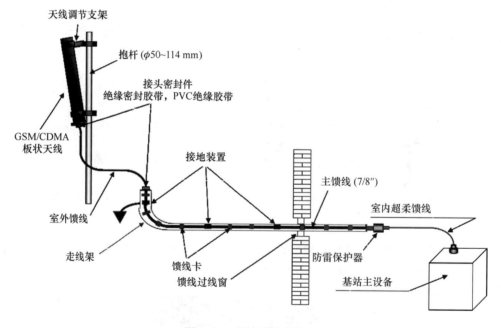

图 1.14　基站天馈系统

1. 天线

用于接收和发射无线电信号。基站天线实物图如图 1.15 所示。

2. 天线调节支架

用于调整天线的俯仰角度,范围为 $0°\sim15°$。天线调节支架实物图如图 1.16 所示。

3. 抱箍

用于将定向天线固定在抱杆上。抱箍实物及结构图如图 1.17 所示。

4. 室外跳线

用于天线与 7/8″主馈线之间的连接。常用的跳线采用 1/2″馈线,长度一般为 3 m。室外跳线结构图如图 1.18 所示。

图 1.15   基站天线实物图　　　　　　　　图 1.16   天线调节支架实物图

图 1.17   抱箍实物及结构实物图　　　　　图 1.18   室外跳线结构

5. 接头密封件

用于室外跳线两端接头(与天线和主馈线相接)的密封。常用的材料有绝缘防水胶带(3M2228)和 PVC 绝缘胶带。接头密封件实物图如图 1.19 所示。

6. 接地装置(7/8″馈线接地件)

主要是用来防雷和泄流。安装时与主馈线的外导体直接连接在一起。一般每根馈线装三套,分别装在馈线的上、中、下部位,接地点方向必须顺着电流方向。接地装置实物图如图 1.20 所示。

图 1.19   接头密封件实物图　　　　　　　图 1.20   接地装置实物图

7. 7/8″馈线卡(又称馈线固定夹)

用于固定主馈线,在垂直方向,每间隔 1.5 m 装一个,水平方向每间隔 1 m 安装一个(在室内的主馈线部分,不需要安装馈线卡,一般用尼龙白扎带捆扎固定)。常用的 7/8″馈线卡有两种:双联和三联。双联馈线卡可固定两根馈线;三联馈线卡可固定三根馈线。馈线卡实物及结构图如图 1.21 所示。

8. 走线架

用于布放主馈线、传输线、电源线及安装馈线卡。走线架实物图如图 1.22 所示。

9. 馈线过窗器

主要用来穿过各类线缆,并可用来防止雨水、鸟类、鼠类及灰尘的进入。馈线过窗器结构及实物图如图 1.23 所示。

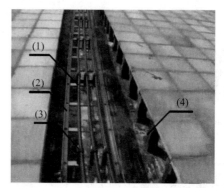

(1)馈线　(2)走线架　(3)馈线固定夹　(4)屋顶馈线井

图 1.21　馈线卡实物及结构　　　　图 1.22　走线架实物图

图 1.23　馈线过窗器结构及实物图

10. 室内超柔跳线

用于主馈线(经避雷器)与基站主设备之间的连接,常用的跳线采用 1/2″超柔馈线,长度一般为 2～3 m。由于各公司基站主设备的接口及接口位置有所不同,因此室内超柔跳线与主设备连接的接头规格亦有所不同,常用的接头有 7/16DIN 型、N 型,有直头、弯头。

图 1.24　尼龙扎带

11. 尼龙扎带

尼龙扎带主要有两个作用。

(1)安装主馈线时,临时捆扎固定主馈线,待馈线卡装好后,再将尼龙扎带剪断去掉。

(2)在主馈线的拐弯处,由于不便使用馈线卡,故用尼龙扎带固定。室外跳线也用尼龙黑扎带捆扎固定。

尼龙扎带实物图如图 1.24 所示。

1.2.3　实训项目二:基站天馈系统质量检查

1. 实训目的

依据无线基站工程质量控制点及检查要求,检查基站天馈系统质量,并提出改正的方案。

2. 实训设备

卷尺、相机、GPS、指南针、量角器。

3. 实训原理

(1)基站天馈系统质量控制点及检查要求

基站天馈系统质量控制环节包括天线安装、馈线布放等检查环节。具体的质量控制点和质量检查要求见下表。

项目	控制内容	质量要求
天线安装	天线安装	天线必须牢固地安装在其支撑杆上,其高度和位置符合设计文件的规定;对于全向天线,要求天线与铁塔塔身之间距离不小于 2 m;对于定向天线,要求不小于 0.5 m。对于全向型天线,要求垂直安装;对于方向型天线,其指向和俯仰角要符合设计文件的规定;用防水胶布作防水、绝缘处理;天线需严格按"三上三下"或使用馈线防水盒进行防水处理,胶布应先由下往上逐层缠绕,然后从上往下逐层缠绕,最后从下往上逐层缠绕。逐层缠绕胶布时,上一层覆盖下一层约三分之一左右;天线背面方向角、下倾角、安装日期、基站名称、扇区名称应标识清楚
	天线防雷与接地	天线防雷接地良好,天线应处于避雷针下 45°角保护范围内,防雷接地不能有"回流"现象
馈线布放	馈线布放	馈线布放整齐美观不能交叉、扭曲,表面不能裂损,弯曲度>90°;馈线弯曲半径≥70 mm,7/8"馈线弯曲半径≥120 mm,多条馈线弯位要求一致
	馈线固定	波导夹紧固螺钉要拧紧,螺杆必须高出螺帽四个螺纹;波导夹主固定件必须方向一致;馈线水平走线时,1/2"馈线馈线夹间距为 1 m;7/8"馈线馈线夹间距为 1.5 m;15/8"馈线馈线间距为 2 m。馈线垂直走线时,1/2"馈线馈线夹间距为 0.8 m;7/8"馈线馈线夹间距为 1 m;15/8"馈线馈线夹间距为 1.5 m
	滴水弯	馈线在进馈线孔前约 15 cm 处,应做滴水弯,滴水弯底部应低于馈线孔 10 cm
	馈线接地	室外馈线接地点应顺朝机房方向,接地线不能兜弯。室外馈线接地应先去除接地点氧化层,每根接地端子单独压接牢固,并使用防锈漆对焊接点做防腐防锈处理。馈线接地线不够长时,严禁续接,接地端子应有防腐处理。馈线的接地要求顺着馈线下行的方向,不允许向上走线,不允许出现"回流"现象;与馈线夹角以不大于 15°为宜。为了减少馈线的接地线的电感,要求接地线的弯曲角度大于 90°,曲率半径大于 130 mm。各小区馈线的接地点要分开,不能多个小区馈线在同一点接地,且每一接地点最多只能连接三条接地线(这样可使接地点有良好的固定)。接地点要求接触良好,不得有松动现象,并作防氧化处理

（2）质量检查图解

根据以上质量控制点,通过检查表格及其现场工程图片,学习天线安装、馈线布放两个方面的质量检查规范。见以下工艺检查记录图解案例。

1）天线安装部分

检查标准	检查记录	检查结论
天馈线接口应用防水胶带作防水处理	自下往上缠绕加防水胶带	□合格 □不合格
在离馈线头 30 cm 之内不能绑扎	没有绑扎	□合格　□不合格

2）馈线布放部分

检查标准	检查记录	检查结论
1/2 馈线弯曲半径≥70 mm,7/8 馈线弯曲半径≥120 mm,多条馈线布放时弯位要求一致,弯曲度>90°	弯曲度> 90°	□合格 □不合格
馈线在进馈线孔前 15 cm 处,应做滴水弯,滴水弯底部应低于馈线孔 10 cm	已做滴水弯	□合格　□不合格

4．实训内容

（1）天线安装质量控制。

（2）天线防雷与接地质量控制。

（3）馈线布放质量控制。

（4）馈线固定质量控制。

（5）滴水弯质量控制。

（6）馈线接地质量控制。

5．实训报告

（1）完成实训项目二报告。

（2）在实训项目二报告后需附上检查到的质量不合格处的照片，并在每张照片上有注明。

（3）针对检查出的质量处提出整改方案。

实训项目二报告　基站天馈系统质量检查

实训地点			时间		实训成绩	
姓名		班级		学号		同组姓名	

实训目的			
实训设备			

实训内容	检查标准	检查记录	检查结论
	天馈线接口应用防水胶带作防水处理		
	在离馈线头 30 cm 之内不能绑扎		
	1/2″馈线弯曲半径≥70 mm，7/8″馈线弯曲半径≥120 mm，多条馈线布放时弯位要求一致，弯曲度＞90°		
	馈线在进馈线孔前 15 cm 处，应做滴水弯，滴水弯底部应低于馈线孔 10 cm		
	天线必须牢固地安装在其支撑杆上		
	对于全向天线，要求天线与铁塔塔身之间距离不小于 2 m；对于定向天线，要求不小于 0.5 m		
	对于全向型天线，要求垂直安装；对于方向型天线，其指向角和俯仰角要符合设计文件的规定（测出指向角和俯仰角）		
	天线应处于避雷针下 45°角保护范围内，防雷接地不能有"回流"现象		
	波导夹紧固螺丝要拧紧，螺杆必须高出螺帽 4 个螺纹；波导夹主固定件必须方向一致		
	馈线水平走线时，1/2″馈线馈线夹间距为 1 m；7/8″馈线馈线夹间距为 1.5 m；15/8″馈线馈线间距为 2 m		

续 表

	检查标准	检查记录	检查结论
实训内容	馈线垂直走线时,1/2″馈线馈线夹间距为 0.8 m;7/8″馈线馈线夹间距为 1 m;15/8″馈线馈线夹间距为 1.5 m		
	室外馈线接地点应顺朝机房方向,接地线不能兜弯。室外馈线接地应先去除接地点氧化层,每根接地端子单独压接牢固,并使用防锈漆对焊接点做防腐防锈处理。馈线接地线不够长时,严禁续接,接地端子应有防腐处理		
	馈线的接地线要求顺着馈线下行的方向,不允许向上走线,不允许出现"回流"现象;与馈线夹角以不大于 15° 为宜		
	为了减少馈线的接地线的电感,要求接地线的弯曲角度大于 90°,曲率半径大于 130 mm。		
	各小区馈线的接地点要分开,不能多个小区馈线在同一点接地,且每一接地点最多只能连接 3 条接地线(这样可使接地点有良好的固定)		
附上检查到的质量不合格处的照片,并在每张照片上有注明			
针对检查出的质量处提出整改方案			
评语			

1.3　基站天线基本特性

在移动通信系统中,基站天线的辐射特性直接影响无线链路的性能。基站天线的辐射特性主要有天线的方向性、增益、输入阻抗、驻波比、极化方式等。

1.3.1　天线的方向性

天线的方向性是指天线向一定方向辐射电磁波的能力。对于接收天线而言,方向性表示天线对不同方向传来的电磁波所具有的接收能力。

1. 方向图

(1) 方向图的定义

天线的方向图是度量天线各个方向收发信号能力的一个指标,是以图形方式表示功率强度与夹角的关系,以反应天线方向的选择性。

（2）方向图的分类

① 三维方向图。三维方向图是在以天线为球心的等半径球面上，相对场强随坐标变量 θ 和 φ（球面坐标系）变化的图形。基站定向天线三维方向图，如图 1.25 所示。

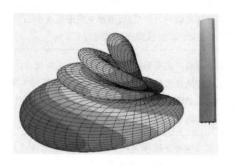

图 1.25　基站定向天线三维方向

② 二维方向图。由于在具体工程设计中一般使用二维方向图，所以一般厂家只提供二维的天线方向图。图 1.26 所示为基站定向天线二维方向图。

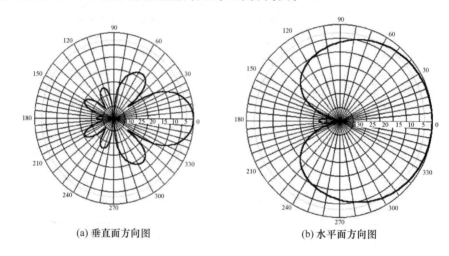

(a) 垂直面方向图　　　　　　　　　(b) 水平面方向图

图 1.26　基站定向天线二维方向图

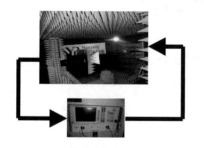

图 1.27　室内天线测试系统的基本组成

（3）方向图的测量及表示方法

在室内（微波暗室）一般采用现场测量方法：待测天线通常都固定不动，而让辅助天线绕待测天线在感兴趣的平面内作圆周运动，以测取该平面的方向图。图 1.27 所示为室内天线测试系统的基本组成。测量场强振幅，就得到场强方向图；测量功率，就得到功率方向图；测量极化，就得到极化方向图；测量相位，就得到相位方向图。

在实际工作中，一般只需测绘经过最大辐射方向分别与电场和磁场平行的两个正交平面方向图（即垂直面和水平面方向图，如图 1.26 所示）。

通常方向图有极坐标和直角坐标两种表示方法，如图 1.28 所示。图 1.29 所示为直角坐标的归一化方向图。

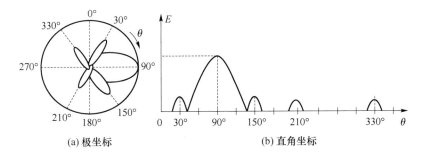

图 1.28　方向图表示方法

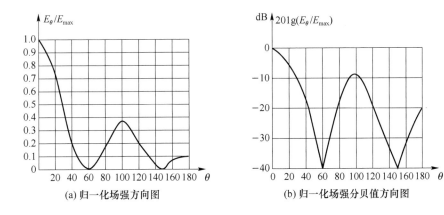

图 1.29　直角坐标的归一化方向图

在室外通常采用外测试场测量方法:待测天线作发射,且固定不动,在离开天线中心距离为 R(满足远场辐射条件)的一个预定的扇形区域内,用经纬仪在半径为 R 的圆弧上选定一系列方位角测试点,然后,在各点进行相对场强测量,从而得到水平平面方向图的主瓣特性。测试场测量方向图的框图如图 1.30 所示。

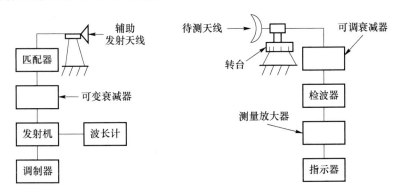

图 1.30　测试场测量方向图的框图

2. 波束宽度

(1)波束宽度定义

主瓣两半功率点间的夹角定义为天线方向图的波束宽度又称为半功率角(或 3 dB 波束宽度)。

如图 1.31 所示,在方向图中通常都有两个瓣或多个瓣,其中最大的瓣称为主瓣,其余的瓣称为副瓣。主瓣瓣宽越窄,则方向性越好,抗干扰能力越强。

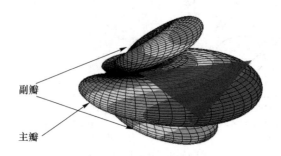

图 1.31 天线方向图的波束宽度

(2) 水平半功率角(H-Plane Half Power beamwidth)

水平半功率角定义了天线水平平面的波束宽度。角度越大,在扇区交界处的覆盖越好,但当增大天线水平半功率角时,也越容易发生波束畸变,形成越区覆盖;角度越小,在扇区交界处覆盖越差。增大天线水平半功率角可以在一定程度上改善扇区交界处的覆盖,而且相对不易产生对其他小区的越区覆盖。在市中心的基站由于站距小,天线倾角大,应当采用水平平面的半功率角小的天线,郊区则应选用水平平面的半功率角大的天线。方位即水平面方向图如图 1.32 所示。

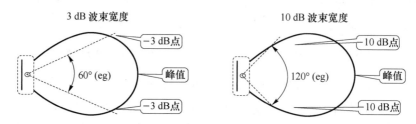

图 1.32 方位即水平面方向图

(3) 垂直半功率角(V-Plane Half Power beamwidth)

垂直半功率角定义了天线垂直平面的波束宽度。垂直平面的半功率角越小,偏离主波束方向时信号衰减越快,越容易通过调整天线倾角准确控制覆盖范围。俯仰即垂直面方向图如图 1.33 所示。

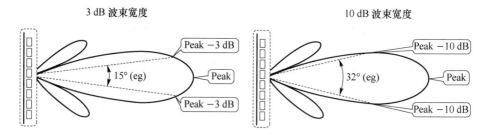

图 1.33 俯仰即垂直面方向图

3. 前后比

(1) 定义。前后瓣最大功率之比称为前后比。

前后比表明了天线对后瓣抑制的好坏。在天线方向图中,其值越大,天线定向接收性能就越好。基本半波振子天线的前后比为 1,所以对来自振子前后的相同信号电波具有相同的接收能力。

（2）表示方法。以 dB 表示的前后比为 10log（前向功率/反向功率），如图 1.34 所示。

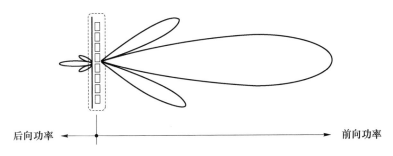

图 1.34　前后比的表示方法

（3）前后比参数的意义。选用前后比低的定向天线，天线的后瓣可能产生越区覆盖，导致切换关系混乱，容易造成掉话。一般前后比在 25～30 dB，应优先选用前后比为 30 dB 的天线，使其有一个尽可能小的反向功率。

1.3.2　实训项目三：天线方向图的测试

1. 实训目的

（1）掌握射频信号发生器的操作使用。

（2）掌握频谱分析仪的操作使用。

（3）掌握基站定向天线方向图的测试方法。

2. 实训设备

（1）定向天线：一个。

（2）射频信号发生器：一台。

（3）全向天线：多个。

（4）频谱分析仪：多台。

一般厂家只提供二维的天线方向图。具体工程设计中一般使用二维的天线方向图，在无线网络优化中，为评价基站天线下倾后减小干扰的作用，仍需使用。图 1.26 所示为基站定向天线二维方向图。

采用现场测量方法的待测天线通常都固定不动，而让辅助天线绕待测天线在感兴趣的平面内作圆周运动，以测取该平面的方向图。在实际工作中，一般只需测绘经过主最大辐射方向分别与电场和磁场平行的两个正交平面方向图就行了。

通常还可以用外测试场测绘天线的水平面方向图主瓣。待测天线作发射，且固定不动。在离开天线中心距离为 R（满足远场辐射条件）的一个预定的扇形区域内，用经纬仪在 R 为半径的圆弧上选定一系列方位角测试点，然后，在各点进行相对场强测量，从而得到地平面方向图的主瓣特性。测试场测量方向图的框图如图 1.30 所示。

3. 实训内容

（1）把待测定向天线馈线接口接在射频信号发生器的 50 Ω 输出接口上，天线安装在垂直于一根底部有角度刻度并能够带动天线转动支架上。

（2）把频谱分析仪 50 Ω 接收端口上接上垂直于仪器的全向天线，并保持全向天线与待测定向天线放置于同一水平平面上，距离大于 5 m。

（3）开启射频信号发生器，调节射频信号发生器的中心频率为全向天线的中心频率 f_0，衰减损耗为 110 dB,调整定向天线的角度为 0°。

（4）保持频谱分析仪不动,开启频谱分析仪,调节频谱分析仪中心频率到 f_0,记录下信号场强数。

（5）水平转动天线转动支架 5°,重复第四的步骤依次测出依次转动 5°时每个角度的方向角的场强数,记录到 360°。

（6）记录数据并整理得出定向天线水平方向图。

4．实训报告

（1）完成实训项目三报告。

（2）照片记录信号场强最大和最小的频谱分析仪的实测图片。

（3）根据方向图计算出该定向天线的波束宽度、前后比、天线增益。

实训项目三报告　天线方向图的测试

实训地点			时间		实训成绩		
姓名		班级		学号		同组姓名	

实训目的	
实训设备	

实训内容	1. 画出设备连接示意图。

2. 记录不同转角下的信号场强数。

角度	0°	5°	10°	15°	20°	25°	30°	35°	40°	45°
场强										
角度	50°	55°	60°	65°	70°	75°	80°	85°	90°	95°
场强										
角度	100°	105°	110°	115°	120°	125°	130°	135°	140°	145°
场强										
角度	150°	155°	160°	165°	170°	175°	180°	185°	190°	195°
场强										
角度	200°	205°	210°	215°	220°	225°	230°	235°	240°	245°
场强										
角度	250°	255°	260°	265°	270°	275°	280°	295°	300°	305°
场强										
角度	310°	315°	320°	325°	330°	335°	340°	345°	350°	355°
场强										
角度	360°									
场强										

实训内容	3. 以极坐标方式画出待测定向天线方向图。
照片记录信号场强最大和最小的频谱分析仪的实测图片	
根据方向图计算出该定向天线的波束宽度、前后比、天线增益	
评语	

1.3.3　天线的增益

1. 增益的定义

增益这个概念是在有源器件中有放大器时才会产生的概念。那为什么会有天线的增益呢？天线的增益就是相对于一个等功率各向同性的辐射器,改变了其功率的分配,使之产生了增益。增益是指在输入功率相等的条件下,实际天线与理想的辐射单元在空间同一点处所产生的场强的平方之比,即功率之比。

2. 天线增益的意义

(1) 与天线方向图有关,方向图主瓣越窄,后瓣、副瓣越小,增益越高。

(2) 用来衡量天线朝一个特定方向收发信号的能力,它是选择基站天线最重要的参数之一。

(3) 对移动通信系统的运行质量极为重要,因为它决定蜂窝边缘的信号电平。增加增益就可以在一确定方向上增大网络的覆盖范围,或者在确定范围内增大增益余量。

3. 增益的两种表示

(1) 天线的功率增益表示在某一特定方向上能量被集中的能力。

(2) 天线增益指在相同输入功率下,天线在最大辐射方向上某点产生的辐射功率密度和将其用参考天线替代后在同一点的辐射功率密度之比。

4. 增益的两种单位表示

表示天线增益的参数有 dBd 和 dBi 两种。dBi 表示天线在最大方向场强相对于各向同性辐射器的参考值;dBd 表示天线在最大方向场强相对于半波对称振子的参考值。由于半波对称振子在最大方向场强相对于各向同性辐射器的参考值为 2.15,所以同一天线用 dBd 和 dBi 分别表示时的转换关系为 0 dBd=2.15 dBi。相同的条件下,增益越高,电波传播的距离越远。

一般基站定向天线增益为 18 dBi,全向天线增益为 11 dBi。

5. 天线增益与波瓣宽度

一般说来,增益主要依靠减小垂直面方向辐射的波瓣宽度来提高,而在水平面上保持全向的辐射性能。天线的主瓣波束宽度越窄,天线增益越高。而利用反射板改变天线水平波瓣宽度的同时,也可提高增益。图 1.35 所示为全向天线方向图。图 1.36 所示为全向天线增益与垂直波瓣宽度的关系,随着垂直方向半波对称振子数的增加,天线增益增大,垂直波瓣宽度减小。图 1.37 所示为定向(板状)天线增益与水平波瓣宽度的关系,带反射板并增加水平方向半波对称振子数,天线增益增大,水平波瓣宽度减小。

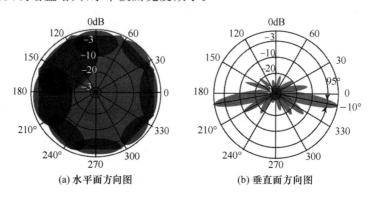

图 1.35　全向天线方向图

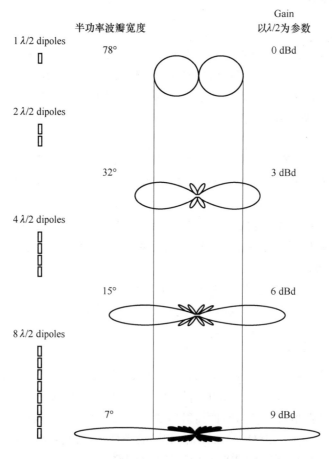

图 1.36　全向天线增益与垂直波瓣宽度的关系

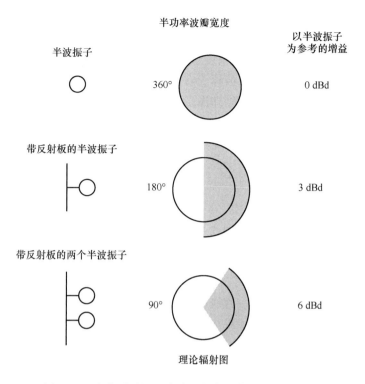

图 1.37   定向(板状)天线增益与水平波瓣宽度的关系

6. 天线增益与方向图的数学关系

一般说来,天线的主瓣波束宽度越窄,天线增益越高。当旁瓣电平及前后比正常的情况下,对于带有反射面的定向天线,可用下式近似表示:

$$G(\text{dBi}) = 10\log \frac{27000}{2\theta_{0.5v}2\theta_{0.5H}} \tag{1-5}$$

式中,$2\theta_{0.5H}$ 为天线的水平波瓣宽度;$2\theta_{0.5v}$ 为天线的波瓣垂直宽度。

对于抛物面天线,可用式(1-6)近似计算其增益:

$$G(\text{dBi}) = 10\log[4.5 \times (D/\lambda_o)^2] \tag{1-6}$$

式中,D 为天线抛物面直径;λ_o 为天线中心工作波长。

对于直立全向天线,有近似计算式:

$$G(\text{dBi}) = 10\log(2L/\lambda_o) \tag{1-7}$$

式中,L 为天线长度;λ_o 为天线中心工作波长。

地形复杂、落差较大的区域,分为以下两种情况:

① 天线架高高于覆盖区。可根据具体情况选垂直波瓣宽度为 $10°\sim18°$ 的天线;

② 大片需要覆盖的区域高于天线的架设高度。根据具体情况选 $18°\sim30°$ 大垂直波瓣宽度的天线。

1.3.4   极化

无线电波在空间传播时,其电场方向是按一定的规律而变化的,这种现象称为无线电波的极化。无线电波的电场方向称为电波的极化方向。

1. 椭圆极化波和圆极化波

如果电波在传播过程中电场的方向是旋转的,其电场强度顶点的轨迹为一椭圆,就称为椭圆极化波。在旋转过程中,如果电场的幅度(即大小)保持不变,顶点轨迹为圆,就称为圆极化波。向传播方向看去顺时针方向旋转的称为右旋圆极化波,逆时针方向旋转的称为左旋圆极化波。左右旋圆极化的场强矢量图分别如图 1.38 和图 1.39 所示。

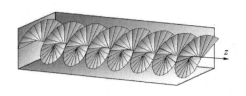

图 1.38　某一时刻右旋圆极化的场强矢量线在空间的分布(以 z 轴为传播方向)

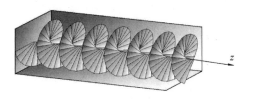

图 1.39　某一时刻左旋圆极化的场强矢量线在空间的分布(以 z 轴为传播方向)

2. 线极化波

若电波的电场强度顶点轨迹为一直线就称为线极化波。线极化波中,如果电波的电场方向垂直于地面,就称为垂直极化波;如果电波的电场方向与地面平行,则称为水平极化波,垂直极化、水平极化波形示意图分别如图 1.40、图 1.41 所示。而在双极化天线中,两个天线为一个整体,有两个独立的波,这两个波的极化方向相互垂直,垂直水平双极化天线及极化方向示意图、±45°双极化天线及极化方向示意图分别如图 1.43 和图 1.44 所示。

图 1.40　垂直极化波

图 1.41　水平极化波

3. 极化波的接收

极化波的接收要遵循同者接收最大的原则。即垂直极化波要用具有垂直极化特性的天线来接收;水平极化波要用具有水平极化特性的天线来接收;右旋圆极化波要用具有右旋圆极化特性的天线来接收;而左旋圆极化波要用具有左旋圆极化特性的天线来接收。

当来波的极化方向与接收天线的极化方向不一致时,在接收过程中通常都要产生极化损失。例如,当用圆极化天线接收任一线极化波,或用线极化天线接收任一圆极化波时,都要产生 3 dB 的极化损失,即只能接收到来波的一半能量。

4. 基站天线极化的方式

(1) 垂直极化方式。由于电波的特性,决定了水平极化传播的信号在贴近地面传播时会在大地表面产生极化电流,极化电流因受大地阻抗影响产生热能而使电场信号迅速衰减;而垂直极化方式则不易产生极化电流,从而避免了能量的大幅衰减,保证了信号的有效传播。垂直极化天线及极化方向示意图如图 1.42 所示。

（2）双极化方式。天线辐射的电磁场的电场方向就是天线的极化方向。在蜂窝移动通信中,基站天线一般采用的都是垂直放置的线极化天线,因此产生垂直线极化波。为了改善接收性能和减少基站天线数量,基站天线开始采用双极化天线,这样既能收发水平极化波,又能收发垂直极化波。垂直水平双极化天线及极化方向示意图如图 1.43 所示。

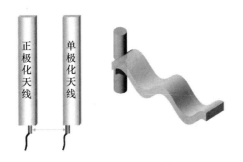

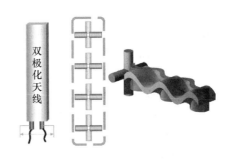

图 1.42　垂直极化天线及极化方向　　　　图 1.43　垂直水平双极化天线及极化方向

（3）±45°双极化方式。±45°双极化方式组合了 + 45°和−45°两副极化方向相互正交的天线,并同时工作在收发双工模式下,大大节省了每个小区的天线数量。±45°双极化天线及极化方向示意图如图 1.44 所示。

目前,基站天线采用±45°双极化天线,是因为该天线具有以下特点：

① 每个扇形只需要 1 根天线；

② 天线之间的空间间隔仅需 20～30 cm；

③ 分集接收效果良好；

④ 具有电调功能；

⑤ 对架设安装要求不高。

5. 极化损失与隔离度

当来波的极化方向与接收天线的极化方向不一致时,接收过程中通常要产生极化损失。例如,当接收天线的极化方向(如水平或右旋圆极化)与来波的极化方向(相应为垂直或左旋圆极化)完全正交时,接收天线就完全收不到来波的能量,即来波与接收天线极化是隔离的。

隔离度代表馈送到一种极化的信号在另外一种极化中出现的比例,图 1.45 所示为垂直水平双极化天线隔离度的计算方法。

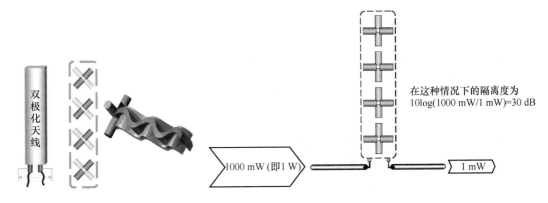

图 1.44　±45°双极化天线及极化方向　　　　图 1.45　垂直水平双极化天线隔离度的计算

1.3.5 基站天线的其他指标

1. 天线带宽

天线具有频率选择性,它只能有效地工作在预先设定的工作频率范围内,在这个范围内天线的方向图、增益、输入阻抗和极化等虽然仍会有微小变化,但都在允许范围内。而在工作频率范围外,天线的这些性能都将减弱。

带宽是用来描述天线处于良好工作状态下的频率范围。随着天线类型、用途的不同,对性能的要求也不同。工作带宽通常可根据天线的方向图特性、输入阻抗或电压驻波比的要求来确定。通常带宽定义为天线增益下降 3 dB 时的频带宽度,或在规定的驻波比下天线的工作频带宽度。在移动通信系统中是按后一种定义的。具体地说,就是当天线的输入驻波比≤1.5 时,天线的有效工作频率范围。

当天线的工作波长不是最佳时,天线性能要下降,在天线工作频带内,天线性能下降不多,仍然是可以接受的。图 1.46 所示为天线工作带宽示意图,天线的频带宽度＝890 MHz－820 MHz＝70 MHz,在 820 MHz 频段最佳半波波长 $\lambda/2$ 约为 180 mm;在 890 MHz 频段最佳半波波长 $\lambda/2$ 约为 170 mm;而 850 MHz 频段的最佳半波波长为 175 mm。

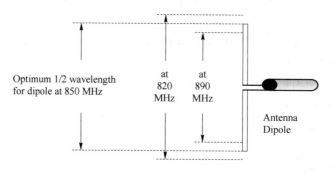

Optimum 1/2 wavelength for dipole at 850 MHz

at 820 MHz

at 890 MHz

Antenna Dipole

工作带宽 (BANDWIDTH)=890−820=70 MHz

图 1.46　天线工作带宽

2. 天线输入阻抗

(1) 天线输入阻抗的定义

天线和馈线的连接端,即馈电点两端感应的信号电压与信号电流之比,称为天线的输入阻抗。

(2) 天线输入阻抗表现形式

输入阻抗＝电阻分量＋电抗分量;当输入阻抗＝馈线的特性阻抗＝电阻分量,则为匹配;电抗分量＝0,表示馈线终端没有功率反射,馈线上没有驻波,天线的输入阻抗随频率的变化比较平缓。

(3) 天线(对称振子)输入阻抗的特点

天线的特性阻抗与天线的结构和工作波长有关。如图 1.47 所示,对称振子的平均特性阻抗越小,即天线越粗,输入阻抗随之减小,随 l/λ 的变化也越小,阻抗曲线就越平缓,其频率特性就越好。实际中常采用加大振子直径的办法来降低特性阻抗,以展宽工作频带。

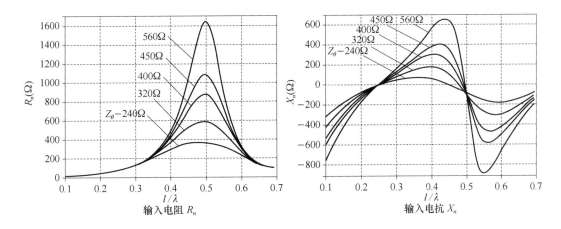

图 1.47　不同特性阻抗下对称振子输入阻抗随 l/λ 的变化曲线

【**例 1.1**】基本半波振子,即由中间对称馈电的半波长导线,其输入阻抗为 $(72.1+\text{j}41.5)\ \Omega$。当把振子长度缩短 3%～5% 时,就可以消除其中的电抗分量,使天线的输入阻抗为纯电阻,即输入阻抗为 72.1 Ω(标称 75 Ω)。

【**例 1.2**】全长约为一个波长,折合弯成 U 形管状,由中间对称馈电的折合半波振子,可看成是两个基本半波振子的并联,输入阻抗为基本半波振子输入阻抗的 4 倍,即 292 Ω(标称 300 Ω)。

一般移动通信天线的输入阻抗为 50 Ω。

(4) 天线(对称振子)输入阻抗的匹配。天线输入阻抗与馈线特性阻抗相等时称为匹配,信号由馈线上传到天线时没有能量反射,此时馈线上所传为行波,如图 1.48 所示。当天线与馈线不匹配时,信号由馈线进入天线时会产生反射,馈线上所传的有入射波,也有反射波,叠加形成驻波。

3. 端口隔离度

收发共用时端口之间隔离度应大于 30 dB。

4. 功率容量

指天线平均功率容量。包括匹配、平衡、移相等其他耦合装置所承受的功率。

5. 零点填充

基站天线垂直面内方向图设计时,为使业务区内的辐射电平更均匀,下副瓣第一零点需要填充,不能有明显的零深。主瓣下面的第一零点电平应大于 −20 dB,即表示天线有零点填充。

如某天线下倾角为 0° 时,垂直半功率角为 18°,其覆盖示意图如图 1.49 所示。当 S = S″ 时,正处于天线波束零点,此时手机天线处照射功率为 0。同样,当手机处于 S = S 时,也收不到信号。即在基站铁塔下方,根据天线的辐射特性,信号很弱,即"塔下黑"。

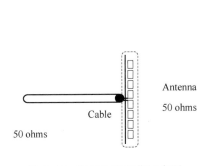

图 1.48　匹配天线工作示意图

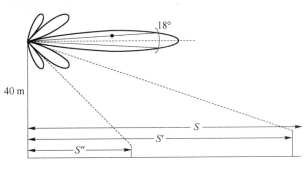

图 1.49　"塔下黑"

27

为解决这一问题,可进行零点填充。高增益天线尤其需要采取零点填充技术来有效改善近处覆盖。零点填充技术示意图如图 1.50 所示。

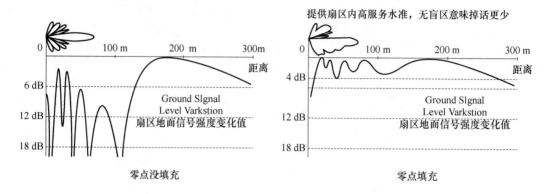

图 1.50　零点填充技术

6. 上副瓣抑制

天线主瓣下面的旁瓣需要对周围区域形成有效覆盖,需要对零点进行填充。零点填充可消除水平面以下波瓣间的空隙,扩大覆盖范围。而天线主瓣上面的旁瓣(上副瓣)不仅浪费了天线辐射的能量,而且会对相邻小区形成干扰,这些旁瓣应该尽量抑制,尤其是较大的第一副瓣。各个天线厂家对零点填充和上副瓣抑制的能力各不相同,目前没有绝对的行业标准,一般典型的主瓣上面第一旁瓣电平应小于 -18 dB,主瓣下面的第一零点电平应大于 -20 dB,天线的上副瓣抑制示意图如图 1.51 所示。

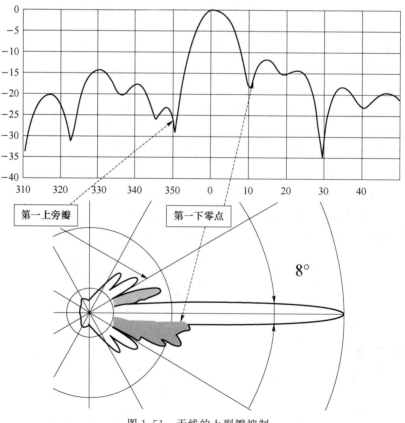

图 1.51　天线的上副瓣抑制

7. 天线输入接口

为改善无源互调及射频连接的可靠性,基站天线的输入接口采用 7/16DIN-Female,天线在使用前,接口上应有保护盖,以免生成氧化物或进入杂质。

8. 无源互调

所谓无源互调特性是指接头、馈线、天线、滤波器等无源部件工作在多个载频的大功率信号条件下,由于部件本身存在非线性而引起的互调效应。通常都认为无源部件是线性的,但是在大功率条件下,无源部件都不同程度地存在一定的非线性,引起这种非线性的原因有不同材料的金属接触、相同材料的接触表面不光滑、连接处不紧密、存在磁性物质等。

互调产物的存在会对通信系统产生干扰,特别是落在接收带内的互调产物将对系统的接收性能产生严重影响,因此在天馈系统中对接头、电缆、天线等无源部件的互调特性都有严格的要求。一般选用厂家的接头的无源互调指标可达到 -150 dBc;电缆的无源互调指标可达到 -170 dBc;天线的无源互调指标可达到 -150 dBc。

dBc 也表示功率相对值,与 dB 的计算方法完全一样。一般来说,dBc 是相对于载波功率而言,在许多情况下,用来度量与载波功率的相对值,如用来度量干扰(同频干扰、互调干扰、带外干扰等)以及耦合、杂散等的查对值。

9. 天线尺寸和质量

天线尺寸应尽可能小,质量尽可能轻。

10. 风载荷

天线应能在风速为 36 m/s 时正常工作,风速在 55 m/s 时不被破坏。

11. 工作温度和湿度

天线能在 $-40 \sim +65℃$ 范围、湿度 $0 \sim 100\%$ 范围内正常工作。

12. 雷电防护

基站天线所有射频输入端口均要求直流直接接地。直流直接接地示意图如图 1.52 所示。

13. 三防能力

天线应具有防潮、防盐雾、防霉菌能力。

14. 方位角

方位角即天线的朝向。一般在网络规划时确定。如三扇区定向天线,第一扇区天线波瓣指向北偏东 60°。第二扇区正南方向,第三扇区北偏西 60°。天线方位示例如图 1.53 所示。

图 1.52　直流直接接地示意图

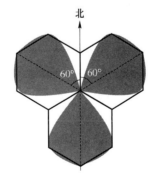

图 1.53　方位图示例

15. 俯仰角

俯仰角即天线向下倾斜的角度。为改善覆盖区域信号质量,减少对其他小区的干扰,在天线安装时进行向下的倾斜。俯仰角示例如图 1.54 所示。

天线的俯仰角即天线下倾角,天线的下倾角可用公式进行估算,其值为机械下倾角与内置电下倾角之和。用坡度仪测得的倾角为机械下倾角。

16. 挂高

天线中心点到地面的垂直高度。在网络规划时所考虑的天线高度,一般指基站天线有效高度,即天线海拔高度与 3～5 km 内地面平均海拔高度之差。但在维护中,挂高一般指天线中心到地面的垂直高度。

天线的俯仰角、方位角、挂高是在网络优化中可以进行调整的天线指标。其他指标要改变时,只能更换天线。

17. 基站天线有效辐射功率

天线有效辐射功率(Effective Radiated Power,ERP)被定义为以理论上的点源为基准的天线辐射功率,为无线电发射机供给天线的功率和在给定方向上该天线相对于半波偶极振子的增益的乘积。图 1.55 所示为有效辐射功率示意图。对于基站天线可表示为

$$ERP = P - L_c - L_f + G_a \text{(dBd)} \tag{1-8}$$

式中,P 为基站输出功率;L_c 为合路器损耗;L_f 为馈线损耗;G_a 为基站天线增益。

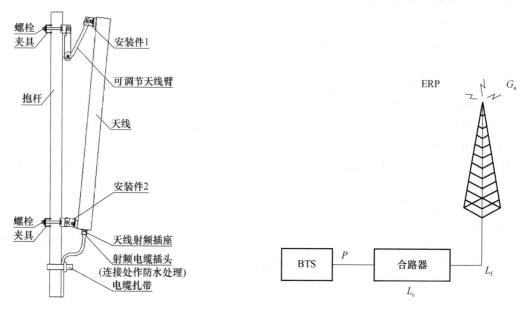

图 1.54　俯仰角示例　　　　　　　图 1.55　有效辐射功率示意图

如果基站天线增益用 dBi 表示,则可得到等效各向同性辐射功率(Effective Isotropic Radiated Power,EIRP),为无线电发射机供给天线的功率与在给定方向上天线绝对增益的乘积。

$$EIRP = P - L_c - L_f + G_a \text{(dBi)} \tag{1-9}$$

当 EIRP 确定后,即可计算小区覆盖。

显然,ERP 与 EIRP 的关系为 EIRP－ERP＝2.15 dB。

根据我国国家标准 GB 9175——88《环境电磁波卫生标准》,将环境电磁波容许辐射强度标准分为两级:第一级标准为安全区,指在该环境电磁波强度下长期居住、工作、生活的一切人群,均不会受到任何有害影响的区域;第二级标准为中间区,指在该环境电磁波强度下长期居住、工作、生活的一切人群可能引起潜在性不良反应的区域。对于 300 MHz～300 GHz 的微

波,一级标准为 $10\ \mu\mathrm{W}/\mathrm{cm}^2$;二级标准为 $40\ \mu\mathrm{W}/\mathrm{cm}^2$。因此,对于酒店及写字楼应按一级标准设计,对于商场、商贸中心可按二级标准设计。

【例 1.3】 假设天线的 EIRP 是 $10\ \mathrm{dBm}=10\ \mathrm{mW}=10\ 000\ \mu\mathrm{W}$,按一级标准计算,允许的功率密度为 $10\ \mu\mathrm{W}/\mathrm{cm}^2$,那么能满足要求的最小距离为

$$10\ 000\ \mu\mathrm{W}/(4\pi d^2)=795.77\ /d^2=10\ \mu\mathrm{W}/\mathrm{cm}^2$$

计算得 $d^2=79.577\ \mathrm{cm}^2$,则有 $d\approx8.92\ \mathrm{cm}$。

即在距离天线下方 9 cm 的地方可满足一级标准。假设要求离天线 20 cm 处为安全区,则最大 EIRP 为 $\mathrm{EIRP}\approx17\ \mathrm{dBm}$。这就要求室内分布系统 EIRP 在 $10\sim15\ \mathrm{dBm}$ 的原因。而对于商场、机场等非长期居住地区,可按二级标准衡量,但其 EIRP 也不能超过 23 dBm。

在实际设计中,要将天线增益及载波总数一起考虑。采用的吸顶天线为全向天线,增益为 2 dBi,在 $P_\mathrm{t}=10\ \mathrm{dBm}$ 时,其一级安全距离为 11.3 cm;若采用 $90°$ 的 7 dBi 天线,在天线正前方最大功率处的一级安全距离为 20 cm。载波总数增多时,功率增大,安全距离变小,所以天线应挂于人体触摸不到的地方。实际上,我国的标准要求十分严格,美国及欧洲标准则宽松得多,欧洲、美国及我国标准的对比如表 1.1 所示。按照欧洲标准,在离天线 1.3 cm 处已处于安全区,即天线的保护外壳以外均能满足安全要求,因此,对设计适当的室内分布系统的电磁安全问题不必多虑。

表 1.1　欧洲、美国及我国标准的对比

区　　域	900 MHz	1 800 MHz
欧洲(CENEIEc)	$450\ \mu\mathrm{W}/\mathrm{cm}^2$	$900\ \mu\mathrm{W}/\mathrm{cm}^2$
美国(IEEE)	$600\ \mu\mathrm{W}/\mathrm{cm}^2$	$1200\ \mu\mathrm{W}/\mathrm{cm}^2$
中国	$10\ \mu\mathrm{W}/\mathrm{cm}^2$	$10\ \mu\mathrm{W}/\mathrm{cm}^2$

1.3.6　天线下倾技术

天线下倾可以改善系统的抗干扰性能,一直被认为是降低系统内干扰最有效的方法之一。天线下倾主要是改变天线的垂直方向图主瓣的指向,使垂直方向图的主瓣信号指向覆盖小区,而垂直方向图的零点或副瓣对准受其干扰的同频小区。这样,既改善了服务小区覆盖范围内的信号强度,提高了服务小区内的载干比 C/I(C/I 也称干扰保护比,是指接收到的有用信号电平与所有非有用信号电平的比值,载干比是反映电子通信的信号在空间传播的过程中,接收端的接收到信号的好坏的比值),同时又减少了对远处同频小区的干扰,因此提高了系统的频率复用能力,增加了系统容量。天线下倾还可以改善基站附近的室内覆盖性能。

天线下倾技术可以通过两种方式实现:一种是机械下倾,另一种是电下倾。

机械下倾是通过机械装置调节天线向下倾斜所需的角度。电下倾是通过调节天线各振子单元的相位(相控阵天线技术),使天线的垂直方向图主瓣下倾一定的角度,而天线本身仍保持和地面成垂直放置的位置。图 1.56 所示为天线下倾方向图。

1. 机械下倾天线

当天线垂直安装时,天线辐射方向图的主瓣将从天线中心点开始沿水平线向前。但在无线网络优化时,基于不同原因,如同频干扰和时间扩散问题,需调整天线背面支架的位置改变天线的倾角,使天线的主瓣指向向下倾斜几度,从而改善抗干扰性能或时间扩散的影响。在调

整过程中,虽然天线主瓣方向的覆盖距离明显变化,但天线垂直分量和水平分量的幅值不变,所以天线方向图容易变形(见图 1.56 天线 10°机械下倾方向图)。

(1) 机械下倾对覆盖范围的影响。根据天线下倾时的几何关系,结合某一给定的天线方向图可计算出天线向下倾斜对辐射方向图的影响,再利用传播模型即可计算出天线向下倾斜时的场强覆盖情况及载干比(C/I)分布情况。

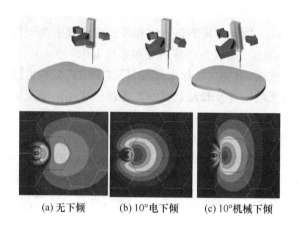

(a) 无下倾　　　　(b) 10°电下倾　　　　(c) 10°机械下倾

图 1.56　天线下倾及方向图

图 1.57　天线向下倾斜角
16°时产生的凹坑

通过计算表明:当天线机械下倾 15°后,天线方向图形状改变很大,从没有下倾时的鸭梨形变为纺锤形,这时虽然主瓣方向覆盖距离明显缩短,但是整个天线方向图不是都在本基站扇区内,在相邻基站扇区内也会收到该基站的信号,从而造成严重的系统内干扰。也可以说,机械下倾天线的最佳下倾角为 1°~5°。

(2) 利用方向图中的凹坑减少同频干扰。适当改变干扰小区的天线方位角,使天线方向图中的凹坑准确地对准被干扰小区,可以利用凹坑减少同频干扰。天线向下倾斜角 16°时产生的凹坑示意图如图 1.57 所示。对水平波束宽度为 60°的天线,向下倾斜角应选在 14°~16°,此时凹坑最大。当然,为保证其覆盖范围,还必须调整基站的发射功率。

但是在利用向下倾斜天线降低同频干扰时,天线的下倾角必须根据天线的三维方向图具体计算后认真选择。而且,改善抗同频干扰能力的大小并非与下倾角成正比。

既要能尽量减小对同频小区的干扰,又要能保证满足服务区的覆盖范围,因此需要认真考虑实际地形、地物的影响,以免出现不必要的盲区。当下倾角较大时,还必须考虑天线的前后辐射比和副瓣的影响,以免天线的后瓣对背后小区的干扰或天线副瓣对相邻扇区的干扰。还要进行场强测试和同频干扰测试,以确认对 C/I 的改善程度。

在日常维护中,若要调整机械下倾天线的下倾角,整个系统需要关机,而不能在调整天线倾角时进行监测;机械下倾天线调整天线下倾角度非常麻烦,一般需要维护人员爬到天线安装处进行调整;机械下倾天线的下倾角是通过计算机模拟分析软件计算出的理论值,同实际最佳下倾角有一定的偏差;机械下倾天线调整倾角的步进度数为 1°,三阶互调指标为 -120 dBc。

2. 电下倾天线

电下倾天线工作示意图如图 1.58 所示,电下倾的原理是通过改变天线阵中天线振子的相位,来改变垂直分量和水平分量的幅值大小,从而改变合成分量场强强度,使天线的垂直方向图下倾。

由于天线各方向的场强同时增大或减小,从而保证在改变倾角后天线方向图变化不大。随着下倾角的增加,主瓣方向覆盖距离缩短,同时整个方向图在服务小区扇区内减小覆盖面积但又不产生干扰。实践证明:电调天线下倾角在 1°～5° 变化时,其天线方向图与机械天线大致相同;当下倾角在 5°～10° 变化时,其天线方向图较机械天线稍有改善;当下倾角在 10°～15° 变

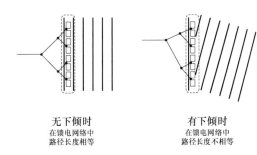

无下倾时
在馈电网络中
路径长度相等

有下倾时
在馈电网络中
路径长度不等

图 1.58　电下倾天线工作

化时,其天线方向图较机械天线变化较大;当电调天线下倾 15° 后,其天线方向图较机械天线明显不同,这时天线方向图形状改变不大,主瓣方向覆盖距离明显缩短,整个天线方向图都在本基站扇区内。也就是说,电下倾角度增加,可以使扇区覆盖面积缩小,但不产生干扰,需要这样的方向图,因此采用电调天线能够降低呼损,减小干扰。

另外,电调天线允许系统在不停机的情况下对垂直方向图下倾角进行调整,实时监测调整的效果,调整倾角的步进精度也较高(为 0.1°),因此可以对网络实现精细调整;电调天线的三阶互调指标为 -150 dBc,较机械天线相差 30 dBc,有利于消除邻频干扰和杂散干扰。

利用天线设计波束技术,设计具有向下倾斜或抗干扰性更好的阵列定向天线,使其垂直方向图如图 1.59 所示,而其水平方向图形状没有变化,但覆盖范围减小。虽然天线仍然垂直放置,但天线的主瓣向下倾斜一定度数,并且能均匀覆盖。向下倾斜的度数可以是固定的,也可以是可调的。电下倾天线最大优点是把天线辐射能量集中在服务区内,对其他小区的干扰很小,如图 1.60 所示。电下倾天线的馈电结构如图 1.61 所示。

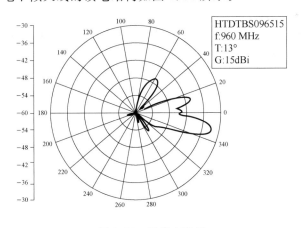

HTDTBS096515
f:960 MHz
T:13°
G:15dBi

图 1.59　垂直方向图

如果天线辐射能量按设计要求全部集中在服务区内,则同频复用保护距离就可取任意值。但天线垂直方向图在水平方向附近的陡度非常大,这对天线自身高度受到限制的阵列天线不太容易,但目前,电下倾天线已能有效减小同频复用距离。

电下倾天线除了能有效减小同频干扰外,还能有效地减小远距离干扰。远距离干扰是指距离可达 320 km 远的其他系统由于大气波导原因产生的干扰。另外,在盲区或弱信号点较多的丘陵地区,当用一般的定向天线增加其高度以覆盖这些盲点时,会引起同频干扰的增加,但若增加电下倾天线的高度来覆盖这些盲点,则能减小同频干扰。

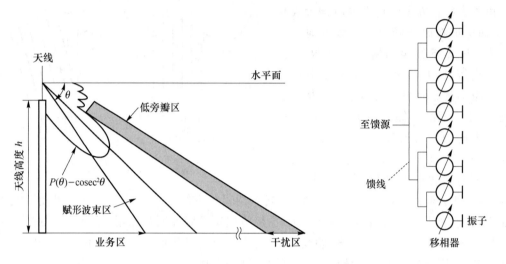

图 1.60　电下倾天线能量分布　　　　　图 1.61　电下倾天线的馈电结构

3. 天线下倾的选择

对于天线的选择,应根据移动网的覆盖、话务量、干扰和网络服务质量等实际情况,选择适合本地区移动网络需要的移动天线;在基站密集的高话务地区,应该尽量采用双极化天线和电调天线;在市郊等话务量不高,基站不密集地区和只要求覆盖的地区,可以使用传统的机械天线。

我国目前的移动通信网在高话务密度区的呼损较高,干扰较大,其中一个重要原因是机械天线下倾角度过大,天线方向图严重变形。要解决高话务密度区的容量不足,必须缩短站距,加大天线下倾角度。但是使用机械天线,下倾角度大于 5° 时,天线方向图就开始变形,超过 10° 时,天线方向图严重变形,很难解决用户高密度区呼损高、干扰大的问题。因此在高话务密度区应采用电调天线或双极化天线替换机械天线,替换下来的机械天线可以安装在农村、郊区等话务密度低的地区。

1.3.7　基站天线的类型

根据所要求的辐射方向图可以选择不同类型的天线,基站常用的天线有全向天线、定向天线、特殊天线、多天线系统等。

1. 全向天线

全向天线实物图如图 1.62 所示,即在水平方向图上表现为 360° 均匀辐射,也就是平常所说的无方向性。因此其水平方向图的形状基本为圆形。在垂直方向图上表现为有一定宽度的波束,可以看到辐射能量是集中的,因而可以获得天线增益。全向天线在移动通信系统中一般应用于郊县大区制的站型,覆盖范围大。

全向天线一般由半波振子排列成的直线阵构成,并把按设计要求的功率和相位馈送到各个半波振子,以提高辐射方向上的功率。振子单元数每增加一倍(相应于长度增加一倍),增益增加 3 dB。典型的增益值是 6～9 dBd,受限制的因素主要是物理尺寸。例如 9 dBd 增益的全向天线,其高度为 3 m。

2. 定向天线

定向天线的水平和垂直辐射方向图是非均匀的,它经常用在扇形小区中,因此它们也经常称为扇区天线,其辐射功率或多或少集中在某一个方向。在水平方向图上表现为一定角度范围辐射,也就是平常所说的有方向性;在垂直方向图上表现为有一定宽度的波束。定向天线在蜂窝系统中使用方向天线有两个原因:覆盖扩展及频率复用。使用方向天线可以改善蜂窝移动网中的干扰。定向天线在移动通信系统中一般应用于城区小区制的站型,覆盖范围小,用户密度大,频率利用率高。

根据组网的要求建立不同类型的基站,而不同类型的基站可根据需要选择不同类型的天线。选择的依据就是上述技术参数。如全向站就是采用了各个水平方向增益基本相同的全向天线,而定向站就是采用了水平方向增益有明显变化的定向天线。一般在市区选择水平波束宽度为 65° 的天线,在郊区可选择水平波束宽度为 65°、90° 或 120° 的天线(按照站型配置和当地地理环境而定),在乡村选择能够实现大范围覆盖的全向天线则是最为经济的。

定向天线一般由直线天线阵加上反射板所构成,其实物图如图 1.63 所示,或直接采用定向天线,如八木天线。定向天线的典型增益值是 9～16 dBd,结构上一般为 8～16 个单元的天线阵。

图 1.62　全向天线实物图　　　　图 1.63　定向天线实物图

3. 特殊天线

特殊天线是指用于特殊场合信号覆盖的天线,如室内、隧道等。它们的辐射方向图是根据用途来选择天线类型使其适应场合要求,常用的有天线分布系统等。天线分布系统与传统的单天线室内覆盖方式相比,主要区别在于天线分布系统通过大量的低功率天线分散安装在建筑物内,全面解决室内的覆盖问题,而且可以做到完全覆盖。

(1)泄漏同轴电缆。泄漏同轴电缆(见图 1.64)就是一种特殊天线分布系统,用于解决室内或隧道中的覆盖问题。泄漏同轴电缆的外层的隙缝允许所传送的信号能量沿整个电缆长度不断泄漏辐射,接收信号能从隙缝进入电缆传送到基站。泄漏同轴电缆适用于任何开放的或是封闭形式的、需要局部覆盖的区域。如地铁站内覆盖。

使用泄漏同轴电缆时,没有增益,为延伸覆盖范围可以使用双向放大器。通常,能满足大多数应用的泄漏同轴电缆的典型传输功率值是 20～30 W。

(2)吸顶天线。吸顶天线是一种全向天线,主要安装在房间、大厅、走廊等场所的天花板上,其增益一般都在 2～5 dBi,水平波瓣宽度为 360°,垂直波瓣宽度 65°左右。

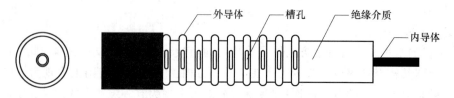

图 1.64 泄漏同轴电缆

吸顶天线增益小,外形美观,安装在天花板上,室内场强分布比较均匀,在室内天线选择时应优先采用。吸顶天线应尽量安装在室内正中间的天花板上,避免安装在窗户、大门等信号比较容易泄漏到室外的开口旁边。吸顶天线实物图如图 1.65 所示。

(3) 壁挂式天线。壁挂板状天线是一种定向天线,主要安装在房间、大厅、走廊等场所的墙壁上。壁挂天线的增益一般在 6～10 dBi,水平波瓣宽度有 65°、45°等多种,垂直波瓣宽度在 70°左右。多用在一些比较狭长的室内空间,天线安装时前方较近区域不能有物体遮挡,且不要正对窗户、大门等信号比较容易泄漏到室外的开口。壁挂式天线实物图如图 1.66 所示。

图 1.65 吸顶天线实物图

图 1.66 壁挂式天线实物图

(4) 八木天线。八木天线是一种增益较高的定向天线,增益一般在 9～14 dBi。主要用于解决电梯的覆盖。八木天线实物图如图 1.67 所示。

(5) 其他天线。其他的一些室内天线包括小增益的螺旋、杆状天线等,增益一般都在 2 dBi、3 dBi 左右;这些天线由于安装后外观不是很好看,用得较少。其他天线实物图如图 1.68 所示。

图 1.67 八木天线实物图

图 1.68 其他天线实物图

4. 5G 基站多输入多输出天线系统

多输入多输出(Multiple Input Multiple Output,MIMO)是一种成倍提升系统频谱效率的技术,是对单发单收(Single Input Single Output,SISO)的扩展。它泛指在发送端或接收端采用多根天线,并辅助一定的发送端和接收端信号处理技术完成通信。5G 的 AAU 单元上采用的就是 MIMO 天线系统。

一般称 $M \times N$ 的阵列天线为 MIMO 天线系统,其中 M 表示发射天线数,N 表示接收天线数。广义上讲,单发多收(Single Input Multiple Output,SIMO)、多发单收(Multiple Input Single Output,MISO)也属于 MIMO 的范畴。波束赋形(Beam Forming,BF)也属于 MIMO 的范畴。如图 1.69 所示为 64×64 MIMO 天线系统。MIMO 技术能够通过信号处理技术提高无线链路传输的可靠性和信号质量,不仅可以提升系统容量和覆盖,还可以带来更高的用户速率和更优质的用户体验。

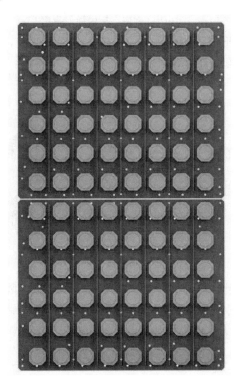

图 1.69　64×64MIMO 天线系统

MIMO 天线系统采用多种新技术、新工艺、新材料结合。其可分为两个部分。

(1) 保护罩,采取了玻璃纤维和新型材料形成的混合材料,重量要比原来轻 40%,另外在信号穿透损耗降低了 90%,气透性更强,表面不容易老化,寿命更长,而传统的塑料材料时间久了材质会变脆,容易损耗。

(2) 天线底板和振子的组合结构,与 4G 相比变化较大,材质上高频化,通道数量上也有增加。5G AAU 天线底板主要是高频 PCB,为天线振子的载体,并负责传输信号。5G AAU 天线振子与 4G 相比也有大幅升级,传统的方案一个振子有多个零件,现在 5G 把几个振子通过加工技术整合成一个零件,减少了焊点数量,故障率就下降了,振子是由塑料、金属镀膜、PCB构成。

Massive MIMO 是多天线技术演进的一种高端形态,是 5G 网络的一项关键技术。Massive MIMO 站点的天线数显著提升(64 天线),且天线与射频单元一起集成为有源天线处理单元。通过使用大规模天线阵列对信号进行联合接收解调或发送处理,相对于传统多天线技术,Massive MIMO 可以大幅提升单用户链路性能和多用户空分复用能力,从而显著增强了系统链路质量和传输速率。多输入多输出原理图如图 1.70 所示。

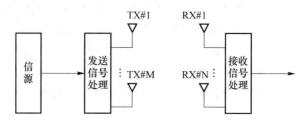

图 1.70　多输入多输出原理图

发射信号经过加权后,形成了指向 UE 或特定方向的窄波束,这就是波束赋形。波束赋形能够精准地指向 UE,提升覆盖性能,如图 1.71 所示。

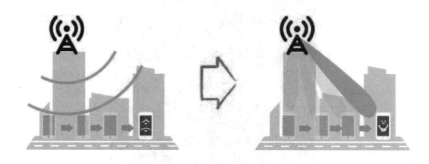

图 1.71　窄波束形成示意图

波束赋形利用信道信息对发射信号进行加权预编码,获得阵列增益。理论上,$1 \times N$ 的 SIMO 系统和 $M \times 1$ 的 MISO 系统相对于 SISO 可获得的阵列增益分别为 $10\log(N)\,\mathrm{dB}$ 和 $10\log(M)\,\mathrm{dB}$。阵列增益可以提高接收端 SINR,从而提升信号接收质量,阵列增益示意图如图 1.72 所示。

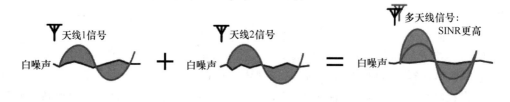

图 1.72　阵列增益示意图

波束赋形应用了干涉原理,如图 1.73 所示。图中弧线表示载波的波峰,波峰与波峰相遇的位置叠加增强,波峰与波谷相遇的位置叠加减弱。

未使用波束赋形时,波束形状、能量强弱位置是固定的,对于叠加减弱点用户,如果处于小区边缘,信号强度低。使用波束赋形后,通过对信号加权,调整各天线阵子的发射功率和相位,改变波束形状,使主瓣对准用户,信号强度提高。

基于 SRS(Sounding Reference Signal)探测参考信号加权获得的波束一般称为动态波束,而控制信道和广播信道则采用预定义的权值生成离散的静态波束。

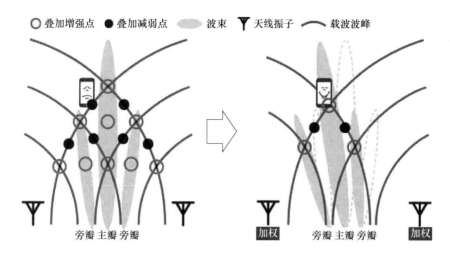

○叠加增强点　●叠加减弱点　▨波束　Ｙ天线振子　⌒载波波峰

旁瓣 主瓣 旁瓣　　　加权　旁瓣 主瓣 旁瓣　加权

图 1.73　波束赋形原理示意图

1.3.8　实训项目四:查找 5G 基站干扰源

1. 实训目的

(1) 掌握频谱分析仪的操作使用。

(2) 熟悉查找基站干扰源的方法。

2. 实训设备

指南针、GPS、量角器、频谱分析仪、八木天线。

3. 实训原理

(1) 干扰的定义

干扰的产生是多种多样的,某些无线电系统占用没有明确划分的频率资源、不同运营商网络配置不合理、收发滤波器的性能、小区重叠、环境以及有意干扰,都是移动通信网络射频干扰产生的原因。

无线系统的干扰主要有同频干扰、邻频干扰、带外干扰、互调干扰和阻塞干扰。

1) 同频干扰

凡由其他信号源发送出来与有用信号的频率相同并以同样的方法进入收信机中频通带的干扰都称为同频干扰。由于同频干扰信号与有用信号同样被放大、检波,那么基站接收机将不能区分基站信号和干扰信号,其结果是基站信号和干扰信号同时播放出来。同频干扰包括同频失真干扰和同频阻塞干扰。

① 同频失真干扰。当两个信号的调制度不同时,会引起失真干扰;当两个信号存在相位差时也会引起失真干扰。

② 同频阻塞干扰。干扰信号越大,基站接收机的输出信噪比越小。当干扰信号足够大时,可造成基站接收机的阻塞干扰。

一些违章使用电台的、私自使用频率的、有意或无意使用与合法基站相同频率的,会对合法基站收发信机造成同频干扰,这是同频干扰产生的主要原因。

频谱仪分析基站同频干扰一般有两种方法,一是设置音频解调功能,通过分析干扰话音信号,判断干扰源。如:大功率无绳电话对航空频率的干扰,我们分析话音信号并辅以 DTMF 解码器就可以初步判断大功率无绳电话所在的位置。二是分析干扰信号的频谱特征,通过这些特征判断是哪类设备产生的干扰。不同的发射设备有自己典型的频谱特征,例如,根据傅里叶变换周期性信号是单根谱线、寻呼台信号是双峰波形、CDMA 扩频通信是一段连续频谱等。为了便于观察,当存在同频干扰时,要关掉有用信号发射机,在同一频点上的干扰信号的特征将在频谱仪上完全显露无余,据此即可进行分析判断。

2)邻频干扰

凡是在接收机射频通带内或通带附近的信号,经变频后落入中频通带内所造成的干扰,称为邻频干扰。这种干扰会使接收机信噪比下降,灵敏度降低,强干扰信号可使接收机出现阻塞干扰。这种干扰,大部分是由于无线电设备的技术指标不符合国家标准造成的,主要是频率稳定度太差或调制度过大,造成发射频谱过宽,从而干扰相邻频道。

根据频谱仪的测试原理,为了提高频谱仪的选择性,测量邻频干扰尤其要注意设置较小的分辨率带宽,过宽的分辨率带宽会使得有用信号和邻频干扰信号同时进入中频带,而不能加以区分。例如超短波频段频率间隔为 25 kHz,甚至是 12.5 kHz,所以,分辨率带宽应设在 10 kHz以下。

3)带外干扰的分析

发信机的杂散发射、带外发射或接收机的杂散响应产生的干扰,称为带外干扰。杂散发射干扰尤以谐波干扰为最。

在超短波频段,移动通信设备尤其是基站的发信机电路设计上大都采用倍频器电路进行倍频以产生更高的频率,由倍频器及倍频放大器的非线性作用,会产生大量的谐波,谐波频率为主频的 1 倍、2 倍、3 倍……谐波的产生不可避免,对此,一般发射机中都设计了专门的倍频滤波回路会将这些谐波予以有效地抑制。可如果滤波性能欠佳,某些超过国家标准值的谐波就会随同主频一起放大并辐射出去,干扰在相应频率上工作的非通信对象的其他接收机。

测量谐波干扰主要是测量基波信号的二倍频、三倍频等是否超过国家标准。例如:按照有关规定,在 VHF/UHF 频段谐波分量应小于基波 65～70 dB。频谱仪一般有较大的动态范围,在其动态范围内可以同时测得基波和谐波,某些频谱仪还有谐波测量功能,可以直接读取谐波的绝对值和相对值。应用频谱仪进行谐波干扰测量时特别要注意基波信号的强度。若被测基波信号过强则必须在频谱仪的射频输入端加衰减器,防止基波信号 f 的幅度超过频谱仪的输入限值,但是,这也会降低二次谐波 $2f$ 和三次谐波 $3f$ 的幅度,甚至使得谐波淹没于噪声之中,从而加大测试难度。为解决这一矛盾,可以应用如下网络进行测试。

测试网络中的衰减器不宜过大,否则有可能使谐波信号难以测出。测试网络中的谐波测量滤波器要求对基波有 60 dB 以上的衰减,而对二次、三次谐波衰减小于 2 dB,这样才能满足测量要求。

4)互调干扰

所谓互调,是指两个或多个信号在发射机和接收机的非线性电路或传播媒质中相互作用将产生新的频率分量的过程。互调现象很容易产生干扰,这种干扰称为互调干扰。

产生互调干扰的主要原因有:两部或多部发信机置于一处、发射天线水平间距或垂直间距不够、多信道共用系统基站、集中发射台的天线共用器的隔离度不良等,这些原因都有可能造成信号通过天线或其他途径侵入另一部发信机。

生锈的围栏、房顶等也可能造成互调。当无线发射功率很大时,生锈的白铁皮房顶或围栏生锈部分将起到非线性二极管的作用,这种互调干扰会因天气状况而异,风会把金属生锈部分压在一起或分开,雨则改变铁锈特性。此外,天线或连接器连接不好也可能产生互调。有时即使同轴电缆或天线本身一点很小的腐蚀也会产生问题,尽管还不足以引起信号丢失或 VSW 问题,但腐蚀会像一个品质很差的二极管一样造成细微互调。如果附近有几个大功率发射器,那么产生的互调会强到足以干扰移动手机与基站之间的微弱通信信号。

不同系统之间的互干扰原理,与干扰和被干扰两个系统之间的特点以及射频指标紧紧相关。但从最基本来看,不同频率系统间的共存干扰,是由于发射机和接收机的非完美性造成的。通常,有源设备在发射有用信号的同时,由于器件本身的原因和滤波器带外抑制的限制,在它的工作频带外还会产生杂散、谐波、互调等无用信号,这些信号落到其他无线系统的工作频带内,就会对其形成干扰。

（2）产生外界干扰的一般现象

外界的干扰最主要的表现就是会造成基站底噪的升高,根据干扰源的强弱及位置,受干扰基站的底噪将有不同程度的升高。同时可以根据网管近期的话务统计报表,分析单个或片区基站的 KPI 指标来判断基站是否受到了外界干扰。

外界的干扰包括系统内的干扰和系统外的干扰。系统内的干扰是由不同步的基站或者异常状态的手机造成的;系统外干扰是其他的无线设备(如手机干扰器、大功率发射机)在带内带外造成的干扰。

系统对外来干扰的承受能力也与两个因素有关:本身信号的强度,信号越强受干扰的机会越少;干扰信号电平越小,信号受干扰程度越低。此外,发射机和接收机间的干扰还取决于两个系统工作频段的间隔和空间隔离等因素。

可以采用频谱仪来进行初步的测量。

如果基站采用的都是 GPS 同步,所以如果没有外界干扰信号的时候,反映在频谱仪上的时域波形就是在接收时隙内幅度很低的底部噪声(接收时隙内)。否则可以认为存在干扰。如果接收时隙出现幅度增大,则可能有三种信号:一是手机发射的信号,这属于正常情况;二是其他基站不同步会造成干扰;三是外部的干扰信号。

（3）干扰源的查找与定位

在定位干扰源前,首先要排除有没有可能是基站和基站天馈线的故障。在排除基站和基站天馈线的故障后,再进行干扰查找和测量。

凡是能对无线电频率进行分析的仪器都能测试干扰。最常用的仪表是频谱分析仪,可以使用仪表来确定干扰信号的频率、带宽、强度,通过比较已知通信制式和广播制式以及电视汽车等已知信号的频率和带宽,来估计干扰的来源,通过定向天线来查找干扰源的方向和位置。

在现场出现干扰时,常需要确定干扰源的位置。利用下面的方法可以粗略得到干扰源的方向,经过在不同位置的测量可以得到干扰源大致的方位。

4. 实训内容

现场搜索外界干扰源。

外界干扰是无法通过改善自身而解决的。必须到出现外界干扰的基站地点进行搜索外界干扰源,并联系局方尽量消除该干扰源。

步骤一:确认干扰源的时间特性和大致区域

对有干扰的小区以及邻近小区进行长时间(至少 24 小时,必要时进行连续一周)的上行干扰带的统计,来发现干扰出现的时间上的规律性。之所以要对邻近小区也进行干扰带统计是因为一般的干扰源的发射信号可能会影响多个小区,判断多个小区受同一干扰源干扰的方法是比较干扰出现与消失的时间,如果多个小区的干扰同时出现并同时消失,说明是同一干扰源。如果知道多个小区被同一干扰源干扰,有助于判断干扰源的方位。

步骤二:在站点进行搜索

为了能够初步判定干扰源的位置,在出现干扰最强的时间段,携带频谱分析仪与八木天线来到被干扰小区的楼顶,将八木天线连接到频谱分析仪上,频谱分析仪的频率范围设置为基站站点频率范围,用八木天线指向不同方向,观察频谱分析仪上的干扰信号幅度,找到干扰信号最大的方向并记录下来(使用指南针)。八木天线的指向变化以小于 30°,观察时间以 2～5 分钟为宜,如图 1.74 所示。

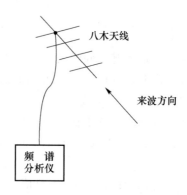

图 1.74　频谱分析仪与八木天线连接示意图

之后,到下一个被同一干扰源干扰的小区楼顶,重复上述步骤,记录下最大干扰方向。通过在不同被干扰小区测试最大干扰方向,用交叉连线的方法,如图 1.75 所示,可以初步确定干扰源所在的区域。

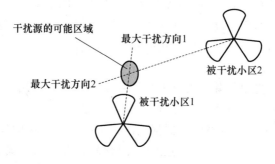

图 1.75　交叉连线方法定位干扰源示意图

步骤三:确定干扰源并消除干扰源

然后,携带八木天线与频谱分析仪,乘车到初步判定的干扰源区域,寻找未遮挡的高楼进行搜索,逐步缩小干扰源的区域。

一般到达干扰源附近时,频谱分析仪会测试到比较强的干扰信号。需要重点关注搜索的区域是否有学校、政府机关、保密单位等,因为这些单位有可能使用干扰设备。

联系局方,到各个怀疑场所进行确认,确认是否存在干扰源,请局方联系消除干扰源。

5. 实训报告

(1)完成实训报告内容。

(2)完成拍摄基站干扰源频谱波形与指南针图:1 张最大场强图,2 张转角变化±60°的场强图。

实训项目四报告　查找 5G 基站干扰源

实训地点			时间		实训成绩	
姓名		班级	学号		同组姓名	

实训目的	
实训设备	

实训内容	1. 画出交叉连线的方法确定干扰源所在的位置图。

2. 测量出干扰源的数据,并填入下表中:

天线指向	天线角度/(°)	中心频率/MHz	频带宽度/MHz	信号幅度/dbm
最大				
右转 30°				
左转 30°				

3. 写出交叉连线的方法确定干扰源所在的位置的原理。

指出实训过程中遇到的问题及解决方法	
写出此次实训过程中的体会及感想,提出实训中存在的问题	
指导教师评语	

1.4　基站传输线

　　传输线是连接天线和发射(或接收)机输出(或输入)端的导线,又称为馈线。传输线要有效地传输信号能量,必须选择合理的指标。本节主要介绍传输线的结构和基本特性。

1.4.1 传输线结构

连接天线和发射(或接收)机输出(或输入)端的导线称为传输线或馈线。传输线的主要任务是有效地传输信号能量,因此它应能将天线接收的信号以最小的损耗传送到接收机输入端,或将发射机发出的信号以最小的损耗传送到发射天线的输入端,同时它本身不应拾取或产生杂散干扰信号。这样,就要求传输线必须具有屏蔽或平衡能力。信号在馈线里传输,除有导体的电阻损耗外,还有绝缘材料的介质损耗。这两种损耗随馈线长度的增加和工作频率的提高而增加,因此,应合理布局,尽量缩短馈线长度。损耗大小用衰减常数表示,单位用分贝/米或分贝/百米表示。

目前,移动通信使用最多的超短波频段的传输线一般有两种:平行线传输线和同轴电缆传输线(微波传输线有波导和微带等)。平行线传输线通常由两根平行的导线组成,它是对称式或平衡式的传输线,这种馈线损耗大,不能用于 UHF 频段,图 1.76 所示为平行线传输线示意图。同轴电缆传输线的两根导线由芯线和屏蔽铜网构成,因屏蔽铜网接地,两根导体对地不对称,因此称为不对称式或不平衡式传输线,图 1.77 所示为同轴电缆传输线示意图。同轴电缆工作频率范围宽、损耗小,对静电耦合有一定的屏蔽作用,但对磁场的干扰却无能为力。使用时切忌与有强电流的线路并行走向,也不能靠近低频信号线路。

图 1.76　平行线传输线示意图

图 1.77　同轴电缆传输线示意图

1.4.2 传输线的基本特性

传输线的等效电路如图 1.78 所示。

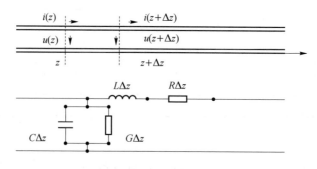

图 1.78　传输线的等效电路图

1. 传输线的特性阻抗

无限长传输线上各点电压与电流的比值等于特性阻抗,用符号 Z_0 表示。理论推导出同轴电缆的特性阻抗为

$$Z_o = (138/\sqrt{\varepsilon_r}) \times \log(D/d)\,\Omega \tag{1-10}$$

式中，D 为同轴电缆外导体屏蔽铜网内径；d 为其芯线外径；ε_r 为导体间绝缘介质的相对介电常数。

由式(1-10)不难看出，馈线特性阻抗与导体直径、导体间距和导体间绝缘介质的介电常数有关，与馈线长短、工作频率以及馈线终端所接负载阻抗大小无关。通常 $Z_o = 50\,\Omega$ 或 $75\,\Omega$。

2. 匹配

天线的匹配工作就是消除天线输入阻抗中的电抗分量，使电阻分量尽可能地接近馈线的特性阻抗。匹配的优劣一般用 4 个参数来衡量，即反射系数、行波系数、电压驻波比(驻波系数)和反射损耗(回波损耗)。4 个参数之间有固定的数值关系，使用哪一个出于习惯。在日常维护中，用得较多的是驻波比和反射损耗。天馈线不匹配时馈线上的信号如图 1.79 所示。

简单地认为，馈线终端所接负载(天线)阻抗等于馈线特性阻抗时，称馈线终端是匹配。传输线的阻抗匹配示意图如图 1.80 所示。

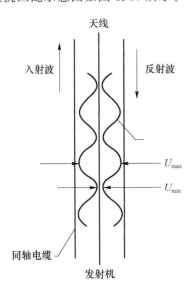

图 1.79　不匹配天馈系统中馈线上的入射波和反射波

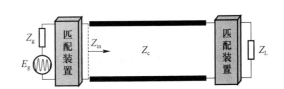

图 1.80　传输线的阻抗匹配示意图

(1) 天线的匹配连接。当馈线终端所接负载(天线)阻抗等于馈线特性阻抗时，称馈线终端是匹配连接，即馈线末端不发生反射，$Z_L = Z_c$。当使用的终端负载振子较粗，输入阻抗随频率的变化应较小，就容易和馈线保持匹配，这时天线振子的工作频率就较宽。反之，较窄。

(2) 传输线的阻抗匹配。传输线的阻抗匹配又称共轭匹配，即馈线始端不发生反射 $Z_g = Z_c$。

(3) 信号源匹配。信号源匹配即：信号源发出最大功率 $Z_{in} = Z_g^*$。

在实际工作中，天线的输入阻抗还会受周围存在物体和杂散电容的影响。要获得良好的电性能，阻抗必须匹配。为使馈线与天线严格匹配，在加高天线时还需要进行测量，适当调整天线的结构或匹配装置。

3. 匹配的参数

匹配的参数包括反射损耗(回波损耗)、反射系数、电压驻波比(驻波系数)。

(1) 反射损耗。分为以下两种。

① 无反射损耗。当馈线和天线匹配时,高频能量全部被负载吸收,馈线上只有入射波,没有反射波。馈线上传输的是行波,馈线上各处的电压幅度相等,馈线上任意一点的阻抗都等于它的特性阻抗。

② 有反射损耗。当天线和馈线不匹配时,也就是天线阻抗不等于馈线特性阻抗时,负载就不能全部将馈线上传输的高频能量吸收,而只能吸收部分能量。入射波的一部分能量反射回来形成反射波,如图 1.79 所示。两者叠加在入射波和反射波相位相同的地方振幅相加最大,形成波腹;而在入射波和反射波相位相反的地方振幅减为最小,形成波节;其他各点的振幅则介于波幅与波节之间。这种合成波称为驻波,反射波和入射波幅度之比称为反射系数。

反射损耗是反射系数绝对值的倒数,以分贝值表示为 10log(前向功率/反射功率)。反射损耗越大表示匹配越好;反之,匹配越差。0 表示全反射,无穷大表示完全匹配。在移动通信系统中,一般要求反射损耗大于 14 dB。

天线与馈线不匹配时的反射损耗如图 1.81 所示,馈线特性阻抗为 50 Ω,天线输入阻抗为 80 Ω,当馈线上传 10 W 功率的信号时,有 0.5 W 功率被反射,9.5 W 功率由天线以电磁波形式向外辐射,即反射损耗为 10log(10/0.5)=13 dB。

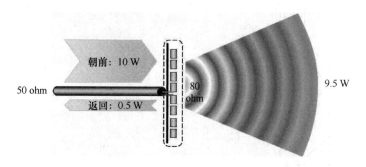

图 1.81　天线与馈线不匹配时的反射损耗

(2) 反射系数。在不匹配的情况下,馈线上同时存在入射波和反射波。两者叠加,在入射波和反射波相位相同的地方振幅相加最大,形成波腹;而在入射波和反射波相位相反的地方振幅相减为最小,形成波节。其他各点的振幅则介于波幅与波节之间。这种合成波称为驻波。反射波和入射波幅度之比称为反射系数。

$$反射系\ \Gamma = \frac{反射波幅度}{入射波幅度} = \frac{Z_L - Z_O}{Z_L + Z_O} \tag{1-11}$$

$$反射系\ \Gamma^2 = \frac{反射波幅度^2}{入射波幅度^2} = \frac{(U_f)^2/R_L}{(U_r)^2/R_L} = \frac{P_f}{P_r} \tag{1-12}$$

(3) 馈线和天线的驻波系数。驻波波腹电压与波节电压幅度之比称为驻波系数,也称电压驻波比(VSWR)。VSWR 是反射损耗的另一种计量方式。

$$驻波系数\ VSWR = \frac{驻波波腹幅度最大值\ V_{max}}{驻波波幅度最小值\ V_{min}} = \frac{1+\Gamma}{1-\Gamma} \tag{1-13}$$

终端负载阻抗和特性阻抗越接近,驻波系数越接近于 1,匹配也就越好。驻波比为 1,表示完全匹配;驻波比为无穷大,表示全反射,完全失配。在移动通信系统中,一般要求驻波比小于 1.5,但实际应用中各运营商会要求更小些。过大的驻波比会减小基站的覆盖并造成系统内干扰加大,影响基站的服务性能。

(4) 电压驻波比(VSWR)对网络的影响。电压驻波比(VSWR)与基站覆盖面积之间的关系如表 1.2 所示。

表 1.2　电压驻波比(VSWR)与基站覆盖面积的关系

VSWR	反射功率比	辐射功率减少	覆盖面积减少
2.0	25%	1.15 dB	40%
1.0	11%	0.86 dB	18%
1.8	8%	0.67 dB	14%
1.5	4%	0.36 dB	8.0%
1.4	1.8%	0.21 dB	4.7%
1.3	1.7%	0.13 dB	1.9%
1.2	0.8%	0.07 dB	1.1%

反射损耗是由于馈线上间断性功率反射而造成的损失信号的一部分。反射损耗类似于电压驻波比,在无线电行业中一般比较倾向于电压驻波比,因为它是一种对数测量,在表示很小的反射时是非常有用的。

1.5　基站天线的安装和维护

1.5.1　天线安装规范

为充分利用资源,实现资源共享,一般采用天线共塔的形式。这就涉及天线的正确安装问题,即如何安装才能尽可能地减少天线之间的相互影响。在工程中一般用隔离度指标来衡量,通常要求隔离度应至少大于 30 dB。为满足该要求,常使天线垂直隔离或水平隔离。实践证明,在天线间距相同时,垂直安装比水平安装能获得更大的隔离度。

1. 天线支架安装注意问题

不同类型的天线、不同的安装环境对天线支架的设计要求不同,安装方法也不同。在实际情况中,只有铁塔平台的天线安装涉及天线支架的安装和调整问题,屋顶天线的安装则不涉及天线支架调整(一般用抱杆),在天线支架安装时需要注意以下几点:

(1) 天线支架安装平面和天线桅杆应与水平面严格垂直;

(2) 天线支架伸出铁塔平台时,应确保天线在避雷针保护区域内,同时要注意与铁塔的隔离,避雷针保护区域为避雷针顶点下倾 45°角范围内,避雷针有效保护范围示意图如图 1.82 所示;

(3) 天线支架与铁塔平台之间的固定应牢固、安全,但不固定死,有利于网络优化时天线的调节;

(4) 天线支架伸出平台时,应考虑支架的承重和抗风性能;

(5) 天线支架的安装方向应确保不影响定向天线的收发性能和方向调整;

(6) 如有必要,对天线支架的安装做一些吊装措施,避免天线支架日久变形。

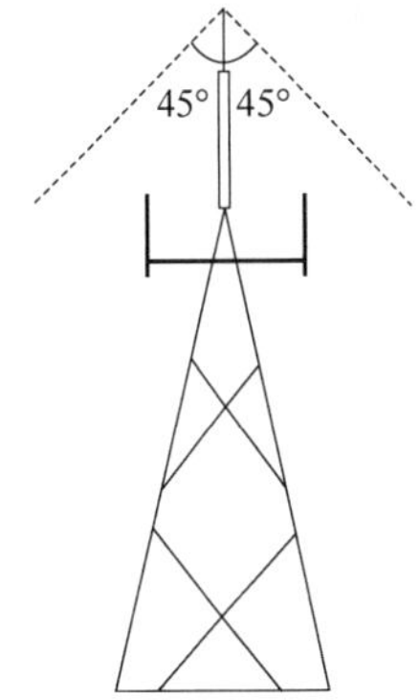

图 1.82　避雷针有效保护范围示意图

2. 天线安装注意问题

天线类型有全向杆状与定向板状两种,下面分别列出在安装过程中需要注意的事项。

(1) 全向天线的安装

① 安装时天线馈电点要朝下,安装护套靠近桅杆,护套顶端应与桅杆顶部齐平或略高出桅杆顶部以防止天线辐射体被桅杆阻挡。

② 用天线固定夹将天线护套与桅杆两点固定,松紧程度应确保承重与抗风,且不会松动,也不宜过紧,以免压坏天线护套。

③ 注意检查全向天线的垂直度。

④ 注意检查全向收发天线的空间分集距离,一般要求大于 4 m。

⑤ 尽量避免铁塔对全向天线在覆盖区域的阻挡。

⑥ 全向天线在塔侧安装时,为减少铁塔对天线方向图的影响,原则上天线铁塔不能成为天线的反射器,因此在安装中,天线应安装于棱角上,且使天线与铁塔任一部位的最近距离大于 λ。

当全向天线安装在铁塔和金属管上时,还应注意以下几点:

① 严禁金属管与全向天线的有效辐射体重叠安装(天线的有效辐射体是指全向天线的天线罩部分);

② 设法避免全向天线整体安装在金属管(桅杆)上;

③ 当全向天线安装在铁塔上时,应保证与塔体最近端面距离大于 6λ;

④ 不建议使用全向双发覆盖技术,因为全向天线安装在塔体的两侧,受塔体的影响,两个天线在某些方向的覆盖有较大差异(2～10 dB);

⑤ 全向天线的安装垂直度至少小于垂直半功率波束宽度的 1/8。

全向天线安装流程如图 1.83 所示。

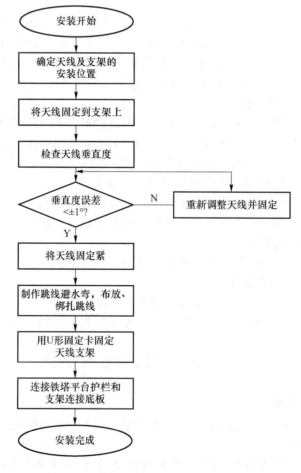

图 1.83　全向天线在铁塔平台的安装流程

（2）定向天线的安装

① 按照工程设计图纸确定天线的安装方向。

② 在用指南针确定天线的方位角时要远离铁塔,避免铁塔影响测量的准确度。

③ 方位角误差不能超过±5°。

④ 用天线倾角仪调整天线的俯仰角,俯仰角误差不能超过±0.5°。

⑤ 注意检查收发天线的空间分集距离,有效分集距离要大于 4 m。

⑥ 定向天线在塔侧安装时,为减少天线铁塔对天线方向图的影响,在安装时应使得定向天线的中心至铁塔的距离为 $\lambda/4$ 或 $3\lambda/4$,以获得塔外的最大方向性。

另外,多天线共塔时,要尽量减少不同网收发信天线之间的耦合作用和相互影响,设法增大天线间的隔离度,最好的办法是增大相互间距离。天线共塔应优先采用垂直安装。

对于传统的单极化天线(垂直极化),由于天线之间的隔离度(≥30 dB)和空间分集技术的要求,要求天线之间有一定的水平和垂直间隔距离,一般垂直距离约为 50 cm,水平距离约为 4.5 m,这时必须增加基建投资,以扩大安装天线的平台;而对于双极化天线(±45°极化),由于 ±45°的极化正交性可以保证 ＋45°和－45°两副天线之间的隔离度满足互调对天线间隔离度的要求(≥30 dB),因此双极化天线之间的空间间隔仅需 20～30 cm,移动基站可以不必兴建铁塔,只需要架一根直径 20 cm 的抱杆,将双极化天线按相应覆盖方向固定在抱杆上即可。

定向天线安装流程如图 1.84 所示。

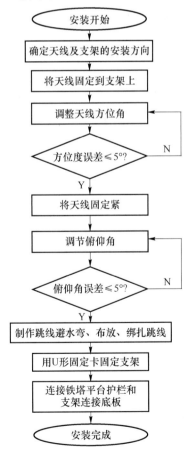

图 1.84　定向天线安装流程图

1.5.2 天线参数调整

1. 天线高度的调整

天线高度直接与基站的覆盖范围有关。一般来说,用仪器测得的信号覆盖范围受两个因素影响:一是天线所发直射波所能达到的最远距离;二是到达该地点的信号强度足以被仪器所捕捉。

移动通信是视距通信,天线所发直射波所能达到的最远距离直接与收发信天线的高度有关,基站无线信号所能达到的最远距离(即覆盖范围)主要由天线高度决定。

随着移动通信技术的迅速发展,基站站点大量增多,在市区已经达到 500 m 左右有一个基站。在这种情况下,必须减小基站的覆盖范围,降低天线的高度,否则会严重影响网络质量。其影响主要有以下几个方面。

(1) 话务不均衡。基站天线过高,会造成该基站的覆盖范围过大,从而造成该基站的话务量很大,而与之相邻的基站由于覆盖较小且被该基站覆盖,话务量较小,不能发挥应有作用,导致话务不均衡。

(2) 系统内干扰。基站天线过高,会造成越站干扰(主要包括同频干扰及邻频干扰),引起掉话、串话和有较大杂音等现象,从而导致整个无线通信网络的质量下降。

(3) 孤岛效应。当手机占用上"飞地"覆盖区(见图 1.85)的信号时,很容易因没有切换关系而引起掉话。孤岛效应是基站覆盖性问题。

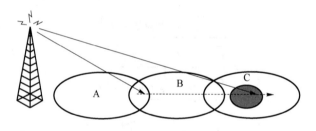

图 1.85　孤岛效应

2. 天线俯仰角的调整

天线俯仰角的调整是网络优化中的一个非常重要的事情。选择合适的俯仰角可以使天线至本小区边界的射线与天线至受干扰小区边界的射线之间处于天线垂直方向图中增益衰减变化最大的部分,从而使受干扰小区的同频干扰及邻频干扰减至最小;另外,可以选择合适的覆盖范围,使基站实际覆盖范围与预期的设计范围相同,同时也能加强本覆盖区的信号强度。

3. 天线方位角的调整

天线方位角的调整对移动通信的网络质量非常重要。一方面,准确的方位角能保证基站的实际覆盖与所预期的相同,保证整个网络的运行质量;另一方面,依据话务量或网络存在的具体情况对方位角进行适当的调整,可以更好地优化现有的移动通信网络。

4. 天线位置的调整

由于后期工程、话务分布以及无线传播环境的变化,会遇到一些基站很难通过天线方位角或下倾角的调整来改善局部区域覆盖、提高基站利用率的问题。为此就需要进行基站搬迁,换句话说也就是基站重新选址。

1.5.3　塔桅与天馈系统的保养与维护

有时用户反映,基站刚开通时,手机接收灵敏度很高,不到两年灵敏度就降低了,特别是在覆盖区域边缘有时根本打不通。经分析和实测,发现问题出现在天馈线系统。如不对天馈线系统进行保养维护,灵敏度年平均降低 15% 左右。

1. 天馈系统的保养内容及方法

(1) 对天馈线器件除尘。高架在室外的天线、馈线由于长期受日晒、风吹、雨淋,黏上了各种灰尘、污垢,这些灰尘、污垢在晴天时的电阻很大,而到了阴雨或潮湿天气就吸收水分,与天线连接形成一个导电系统,从而在灰尘与芯线、芯线与芯线之间形成了电容回路,导致一部分高频信号被短路掉,使天线接收灵敏度降低,发射天线驻波比告警。这样的话,影响了基站的覆盖范围,严重时导致基站失效。所以,应在每年汛期来临之前,用中性洗涤剂给天馈线器件除尘。

(2) 组合部位紧固。天线受风吹及人为的碰撞等外力影响,天线组合器件和馈线连接处往往会松动而造成接触不良,甚至断裂,从而造成天馈线进水和沾染灰尘,致使传输损耗增加,灵敏度降低。所以,天馈线除尘后,应对天线组合部位松动之处,先用细砂纸除污、除锈,然后用防水胶带紧固牢靠。

(3) 校正固定天线方位。天线的方向和位置必须保持准确、稳定。天线受风力和外力影响,天线的方向和俯仰角会发生变化,造成天线间的干扰,影响基站的覆盖。因此,对天馈线检修保养后,要进行天线场强、发射功率、接收灵敏度和驻波比测试调整。

综上分析,要从根本解决天馈线存在的问题,应从设备的日常维护入手,定期对天馈线进行检查、测试,发现问题及时处理。维护人员和安装人员必须掌握天馈线的安装和维护方法,利用丰富的维护手段,快速、准确地诊断和排除故障,提高维护效率,确保网络运行质量。

2. 天馈系统的维护

天馈系统的维护所包含的内容广、细,且分布点多,所以对维护人员的素质要求也相对较高,天馈系统日常维护的好坏,直接影响基站的正常通信运行,影响用户手机正常使用。

(1) 天线数据测量。天线数据是网优部门进行调整的原始数据支撑,测量和记录时必须保证其准确性。定向天线方位角的允许偏差为 ±5°,俯仰角允许偏差 ±0.5°,全向天线水平间距必须大于 4 m。所有天线对地最小距离必须大于 4 m。

方位角的测量:巡视员首先找好被测的天线,身体基本与天线在同一轴线上,然后将罗盘仪表水平放置手心。由于仪表自然存在的误差,一般同一天线测试 2~3 次,选中间值,以尽量减少误差,保证测量的准确性。

俯仰角的测量:检测员携带测量工具上塔后,首先系好安全带,做好保护措施。在测量时,应保持身体的稳定性,将无线倾角测试仪与天线背面紧贴一起,保持测试仪与天线的垂直水平,然后将水准气泡微调到中间查看对应的数据,并记录。天线倾角仪结构及操作示意图如图 1.86 所示。

检查数量:全部。

检查方法:目测、无线倾角测试仪、罗盘。

(2) 天线端的处理。应保持天线表面整体清洁、完好;天线抱箍螺栓无锈蚀、松动现象;平台支架 U 型抱箍连接可靠;设备与主馈线连接可靠。

维护步骤:检测员需对每一扇区的天线进行表面检查和清洁处理,如发现有异常且无法修复的现象需立即报告给相关管理部门;需对天线支架与天线设备的连接进行可靠性检查和处理;需对天线与主馈线间的连接进行可靠性检查与处理。

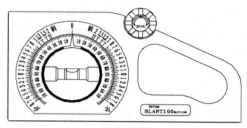

(a)天线倾角仪结构

(b)天线倾角仪调节天线倾角前

(c)天线倾角仪调节好天线倾角后

图 1.86　天线倾角仪结构及操作示意图

重点检查部位:维护人员上塔后,首先对天线进行整体的检查,查看是否有异常情况,如果存在异常应现场整改,现场无法整改需上报相关管理部门;其次对天线的抱箍进行检查,查看螺栓是否单帽、锈蚀,有无松动现象及支架抱箍连接是否可靠等;最后对天线下端或中部小馈线与主馈线连接接头进行防渗水、防老化、防松动检查。

(3)馈线两端标识检查。馈线两端标识的检查是网络维护和优化的必要措施,保证扇区与馈线连接的标识正确,对于故障排除的及时性、判断故障馈线的正确性有很大的帮助。

维护检查步骤:检测员(一般两人同时进行)从上至下或从下至上对馈线进行摸底检测。如一人从上至下,查看一扇区天线(另外一人就查看二扇区天线)相连的馈线进入机房后是否对应接到一扇区的载频上,如不符,应现场通知移动监控中心,将扇区锁掉,然后将馈线进行正确的连接。

(4)馈管长度测量。馈管长度测量是网优部门进行下阶段调整时的数据支撑,如新增扇区、全向改定向,或者是当前使用的馈线发生故障需更换时直接就可以从数据库中调出,免去再去测量的时间,提高了工作效率,同时也可以有效地避免馈管使用中形成的浪费。

维护步骤:检测员与巡视员通过合作用皮尺测量馈管长度。

检查数量:全部。

检测工具:皮尺。

(5)馈线卡检查。主馈线在塔体上行走时必须按照要求进行固定和绑扎。根据要求,垂直方向每间隔 1.5 m 需固定一处、水平方向每间隔 1 m 需固定一处,单管塔塔内可以间隔 2 m 固定一处,室外固定在走线架的走线每隔 1 m 固定一处。在检查过程中,如发现用其他方式固定的(扎带、铁丝、绳子等)需进行相应的整改。

　　检查数量:全部。

　　检查方法:目测。

　　(6)馈线整理。同轴电缆是通过外导管的内壁进行信号传播的,故不允许内壁发生凹陷或破损。同轴电缆外表面如果是螺旋形式,则不允许馈线外表皮破损(进水后水分会顺着螺旋外壁流动到两端的接头造成驻波比增大等问题)。所以维护人员在馈线整理时着重点要放在查看馈线的物理老化及各个拐点有无表皮破损或凹陷上。另外还要查看馈线的布局是否合理、整齐,如布局凌乱则需进行现场整理,力求馈线布局整齐、美观。

　　检测员应对馈线全程检查,如发现同轴电缆外导管破损,则需通知网管关闭所在扇区进行驻波比测量。如无告警则对外壁进行全封闭包扎;如告警或数据超标则需马上报移动管理员以进行更换。

　　(7)跳线及馈管接头检查。小跳线与馈管接头主要检查外部胶泥、胶带包扎情况,看是否出现老化、漏泥、渗水现象,必要时可拆掉胶泥、胶带,用扳手进行检查,或用 SiteMaster 天馈线测试仪进行实测,根据驻波比的高低进行判断。

　　馈管与跳线接头包扎后,外观看上去应整洁,无起皱现象;包扎最外一层胶带时,松紧度要适中,太松或太紧会随着气候的变化因为热胀冷缩现象而出现漏胶、渗水情况,造成驻波比告警。

　　馈线接头处要求全封闭包扎,先在最里层用胶带包扎,然后再用防水胶泥裹覆,再用胶带在最外层包扎;包扎完成后其包扎处两端用扎带进行紧固。在巡检时主要查看胶带有无老化、开裂,胶泥有无漏胶或渗水现象。如存在异常需重新包扎的,须把旧胶泥、胶带去除干净再进行包扎。

　　防水绝缘胶带使用方法:①先清除馈线头或电缆接头处的灰尘等杂物;②展开胶带,剥去离形纸,并拉伸胶带,宽度收窄至原来的 1/2~3/4;③使胶带保持一定的拉伸强度,以重叠的方式进行包扎,胶带之间的重叠率为 50%;④缠绕最后几圈时不要把胶带拉得过紧,缠好后宜用手在被包覆处挤压胶带,使层间贴附紧密无气隙以便充分黏结;⑤为防止胶带在实际环境中受到磨损,在胶带的外层配套使用 PVC 绝缘胶带,以重叠方式进行包扎,胶带间的重叠率为 50%。

　　检查数量:全部。

　　检查方法:目测。

　　(8)扎带检查。馈线在平台等部分走线已无法用馈管夹进行固定,只能用扎带进行固定及绑扎,这需要进行扎带老化的检查。主要检查扎带在长时间的日晒雨淋中有没有老化、发白或者开裂,如存在以上问题需现场进行更换。维护时,检测员应对平台部分馈线全程检查,如发现扎带老化及松动,必须更换扎带,扎带必须从回弯根部截断,不允许有超出馈线的多余线段。

　　检查数量:全部。

　　检查方法:目测。

　　(9)馈线小跳线活动余量检查。馈线小跳线处于平台上,受风力因素影响较大,天线会随风有一定程度的晃动,拉扯到小跳线。如果小跳线在安装时没有留一定的活动余量,经过一段时间的拉扯会造成连接接头松动,造成故障告警。所以检测员在检测小跳线时需用手轻轻拉动小跳线,如果不能动,必须重新绑定,确保有一定的活动余量。另外必须保证在天线下端的小跳线接头处 10 cm 保持笔直。

（10）天馈系统的维护。

主要检查天线发射面有无阻挡物。天线正前方一定距离内不允许有建筑物或其他阻挡。检测员攀爬至平台后，对每一扇区的定向天线进行观测，如前方 50 m 范围内有阻挡，则需现场拍摄照片并书面报告管理员，根据管理员或网优部门的通知进行调整。

3. 馈线封洞板检查

必须保证封洞板密封良好，防止刮风下雨时有雨水渗入或者小动物爬入。

4. 馈线接地复接检查

维护步骤：检测员攀爬塔体时观测馈线接地线的连接位置和连接方式。如发现多股馈线接地线连接到同一铜牌孔洞，则需将多股馈线接地线重新与其他孔洞连接，并用锂基脂涂抹紧固螺栓。如发现馈线接地线直接连接到塔体孔洞，则需拍摄照片并通知管理员，并根据管理员通知安装铜牌或相关装置进行接地。

巡视员还需对封洞板和馈线接地铜牌位置进行观测判断，如铜牌和馈线在同一直线甚至高于封洞板，则需拍照、详细记录并通知管理员，根据管理员通知进行整改。

5. 馈线最小曲率半径检查

工程建设中由于种种考虑需将多余馈线曲率成圈绑扎，但如果曲率半径过小将对信号传输造成影响，因此馈线弯曲必须大于最小曲率半径标准。

维护步骤：检测员在平台和机房处对弯曲馈线进行测量，如发现曲率半径数据小于表 1.3 所示的标准，则应拍照并详细记录报告给管理员，根据管理员通知进行整改。

表 1.3 不同种类馈线曲率半径

馈线种类	最小曲率半径（重复弯曲）	最小曲率半径（单次弯曲）
1/2″	200 mm	100 mm
7/8″	360 mm	120 mm
13/8″	800 mm	400 mm

6. 馈线回水弯检查

回水弯曲率半径必须在标准范围内，并保证回水弯起到相应作用。

维护步骤：巡视员对于封洞板前的馈线回水弯进行测量，如发现回水弯曲率半径小于最小曲率半径或回水弯弯曲方向、形状未能保证回水弯的相应作用，则需拍照并详细记录通知管理员，根据管理员通知进行相关整改。

检查数量：全部。

检查方法：目测。

1.5.4 实训项目五：天馈线驻波比测量

1. 实训目的

（1）熟悉天馈线分析仪的操作使用。

（2）掌握用天馈线分析仪测量天馈线系统驻波比的方法。

（3）熟悉用天馈线分析仪测量基站发射机功率的方法。

2. 实训设备

（1）天馈系统：一套。

（2）天馈线分析仪：一台。

（3）卷尺：一个。

3. 实训原理

在每个无线通信系统中,传输线、天线及其附件由于暴露在恶劣的室外环境条件下而经常产生故障,而且这些部件易遭受各种自然和人为的破坏。以下是天线和馈线的一些常见故障现象。

（1）天线故障

雷电、雨水和风所造成的破坏;来自紫外线辐射的破坏;结冰和长期温度的循环变化所造成的破坏;大气污染所造成的腐蚀;由于环境条件使天线防护罩的介质特性发生变化,从而导致天线性能的变化。

（2）电缆故障

由于安装引起的故障,如接地夹过紧而导致外导体变形;电缆介质渗水;绝缘层损坏而导致外导体腐蚀;防水胶安装不当导致腐蚀;与电缆的内导体或外导体连接不良;安装过紧,或由于温度的循环变化导致松弛。

此外,还有一些特殊环境下才有的故障,如在重工业区的大气污染所引起的腐蚀,或由于本地天气条件引起大风或冰冻所导致的故障。要解决这些问题可能需要攀登到天线塔上进行调试和维修。

基站管理的一项重要和有力的手段是故障距离(DTF)的测量。对于传输线系统而言,故障距离的测量提供了回波损耗或 VSWR 相对于距离的变化信息。通过 DTF 测量可以找出各种类型的故障,包括接头损坏、传输电缆变形和整个天线系统性能的下降等。DTF 测量的另一个意义是,从塔底至塔顶的电缆的故障(包括其严重程度和沿传输线的相对位置)都可以很容易被确定,故障定位测量示意图如图 1.87 所示。

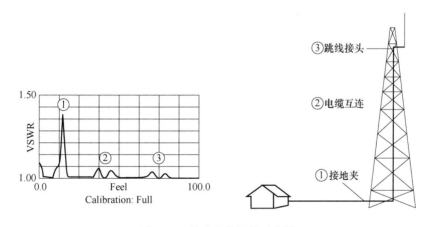

图 1.87　故障定位测量示意图

对于现场维护人员来说更有价值的意义在于,故障距离(DTF)的测量不但可以确定真正的设备故障,而且可以监测天馈系统性能的微小的退化情况。

故障定位分析对于维护是非常有用的,而这一点正是传统仪器,如频谱分析仪、跟踪信号发生器所难以做到的。

故障位置"特性"的定期监测和比较是通信系统有效维护和基站有效管理的基础。每个部件在传输线上都会产生反射。而每个传输系统都有其唯一的驻波或回波损耗偏差和相对位置的图形。如果定期监测这些特性的变化情况,就可以发现问题所在,从而可以在影响系统性能之前对其进行校正。

图 1.87 所示为一个典型的传输系统及其相关的故障位置特性。注意系统中的每个部件包括天线、跳线电缆、互连接头以及不正确的安装都会产生反射。这些反射在故障定位特性中表现为"拐点"或高驻波比区。将每个传输系统的故障定位特性与其在基站交付使用时和日常维护时所获得的数据相比较,就可以确定问题所发生的位置。

在许多情况下,通过故障定位特性的分析可以精确定位由某个系统部件所产生的问题所在。例如,通过故障定位分析可以确定天馈系统的故障实际上是由劣质的插头而并非天线自身所引起的,从而可减少由于盲目更换天线和电缆所造成的开支和停机时间。下面概述了基于故障定位特性分析的一些方法,通过这些方法可以使基站管理更为有效。

故障定位特性分析法可对所有正在建设中的新基站和已在运行中的基站进行故障定位特性分析,收集并归档保存故障位置的"参考数据"。用于故障定位特性分析的仪器应具备以下特点:易于操作;便于携带;在基站中易于使用;良好的屏幕解析度,以便定位微小的故障;屏幕在任何光线条件下可视;具有储存大量故障定位特性数据的能力,并对储存的信息加以组织和分类,以便日后方便地调用;可在具有射频干扰的环境中正常使用;可在测试现场进行当前故障定位特性的屏幕比较,即仪器应能从一个大的故障定位特性的数据库中上传仪器中储存的故障定位特性;有方便的、通用的软件工具来生成大容量的故障定位特性数据库,以便于现场人员对故障定位数据进行收集和整理。目前使用较为普遍的能对故障定位特性进行分析的故障距离(DTF)测量仪是 Site Master 天馈线测试仪,其结构示意图如图 1.88 所示。

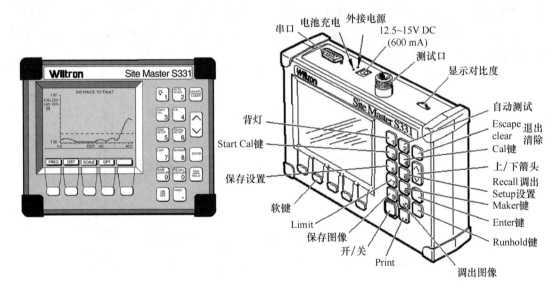

图 1.88　Site Master 天馈线测试仪结构示意图

故障定位特性分析是基站日常定期维护工作的一部分,而不应在天馈系统已经发生故障后才进行。定期的故障定位特性分析可以在天馈系统对整个系统造成影响之前确定其故障所在。天馈系统的测量是基站天馈系统管理和维护的核心,有助于缩短系统的故障停机时间,提高现场维护人员的效率,并可减少系统的总运行成本。

4. 实训内容

(1)打开电源。

（2）选择测量模式。

（3）选择频率范围。

（4）进行校准。

（5）测量驻波比。

（6）保存测试结果。

5．实训报告

（1）完成实训项目五报告。

（2）照片记录驻波比的实测图片。

（3）照片记录发射机输出功率的实测图片。

实训项目五报告　　天馈线驻波比测量

实训地点			时间		实训成绩	
姓名		班级		学号	同组姓名	
实训目的						
实训设备						

<table>
<tr><td rowspan="3">实训内容</td><td colspan="6">1. 画出设备连接示意图。</td></tr>
</table>

实训内容

1. 画出设备连接示意图。

2. 将天馈线分析仪测量的数据填入表中。

测量点	M1	M2	M3	M4	M5	M6	M7	M8
驻波比								
距离								
实际距离								
距离误差								
是否合格								
不合格点故障原因分析								

3. 写出测量天馈线系统驻波比的操作步骤。

照片记录驻波比的实测图片	
写出此次实训过程中的体会及感想,提出实训中存在的问题	
评语	

1.6　5G 基站勘测

　　5G 基站的无线网络勘察设计直接影响 5G 无线网络的性能和建设成本。本节介绍了 5G 基站站点勘察前的准备工作、机房勘察、设备勘察、天面勘察、GPS 勘察的工作内容及注意事项,勘察设计的注意事项和基站选址的原则。

1.6.1　5G 基站勘测流程

　　在移动通信网络建设过程中,5G 基站勘测结果作为天馈系统安装施工的依据,直接影响工程质量和进度,是工程中关键的工作之一。基站详细勘测主要包括记录 5G 基站的经纬度、站高,绘制天面平面图和周围环境平面图。机房的空间大小、机房承重能力、电源等是否满足要求,天线方位角、下倾角的确定,天线在天面的安装位置。

　　基站勘测流程如图 1.89 所示。根据网络规划目标以及无线网络预规划报告提供的站点列表,对每一个候选站点进行详细勘测,输出每一站点的勘测报告,根据候选站点的优先级和可获得性,确定最终的站址。

　　勘测数据是要获得备选站点的详细信息,包括站高、经纬度、天面详细信息、基站周围传播环境等;天馈系统设置包括天线的高度、方向角、隔离度要求等。

　　基站勘测要求勘测人员对移动通信技术体系要全面了解,包括以下几方面:

　　(1)移动通信系统的空中接口;

　　(2)5G 基站设备的技术性能;

　　(3)天馈系统知识;

　　(4)无线传播理论的基础知识。

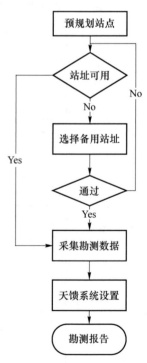

图 1.89　基站勘测流程

1.6.2　勘测前准备

1. 勘测工具和设备

在基站勘测的过程中,为了能获取相关信息,常用的工具和设备如表1.4所示。

表 1.4　基站勘测工具和设备

工具名称	用　途	注意事项
数码相机	拍摄基站周围无线传播环境、天面信息以及共站址信息	携带相机充电器和充好电的电池
GPS	确定基站的经纬度	GPS中显示搜索到4颗以上卫星才可用,所处位置要求尽量开阔
指南针	确定天线方位角	使用时注意不要靠近铁物质,不要将指南针直接放到屋顶以免受磁化而影响精度。在磁化比较严重的地区(如周围金属物体比较多、有微波等装置),建议使用某些GPS的电子罗盘功能
纸笔	记录、保存和输出数据	记录勘测数据使用油笔,特别在雨天,纸件容易被雨水打湿,使用水笔的话字迹将变得模糊甚至消失,对勘测报告的编写带来问题。在北方的冬季最好使用铅笔,有些季节水笔、油笔都难以写出字迹
地图	当地行政区域纸面地图,显示勘测地区的地理信息	使用纸面地图的时候,注意纸面地图的处理方式,部分城市的纸面地图是经过变形处理的,从纸面地图上画出的站点位置不一定准确,需要将站点位置信息导入相关电子地图或者其他工具中才能观察出真实的位置
望远镜(可选)	观察周围环境	无
激光测距仪	测量建筑物高度以及周围建筑物距勘测站点的距离等	测量建筑物的高度最好的方法是使用激光测距仪,使用激光测距仪测量建筑物高度时需减去测量时激光测距仪所在位置与楼面的距离。有时也可以使用卷尺或角度仪替代,使用卷尺可以准确地测量建筑物的高度,对于不便使用卷尺的时候,可以利用角度仪和卷尺共同进行估算
角度仪(可选)	测量角度,用于推算建筑物高度	无

2. 资料准备

熟悉工程概况,尽量收集与项目相关的各种资料,主要包括以下内容:

(1)工程文件(主要是指与前期工程相关的一些文件,比如已有站址分布情况,或者其他网络分布情况等);

(2)基站勘测表;

(3)网络背景;

(4)当地地图;

(5)现有网络情况。

3. 勘测协调会

在正式开始勘测前,应当集中所有相关人员(包括勘测及配合人员)召开勘测准备协调会,主要包括以下内容:

(1)了解当地电磁背景情况,必要时进行清频测试;

(2)勘测及配合人员落实;

（3）车辆、设备准备；

（4）制定勘测计划，确定勘测路线，如果时间紧张或需要勘测区域比较大，可划分成几组，同时进行勘测；

（5）与运营商交流获得共站址站点已有天线系统的频段、最大发射功率、天线方位角等；

（6）如果涉及非运营商物业的楼宇或者铁塔，需要向客户确认是否可以到达楼宇天面或铁塔；

（7）确认客户需要重点照顾的区域在本站址的覆盖范围内，勘测前需要明确这些重点覆盖区域；

（8）如果客户条件允许，最好能够要求客户安排熟悉路线和环境的人一同前往，这样比较有目的性，节约时间。

1.6.3 实训项目六:5G基站内部勘察实训

1. 实训目的

5G基站勘察以及基站天线方向角和俯仰角的测试,确保天线是否根据基站勘察的实际情况来调整天线的方向角和俯仰角。

2. 实训设备

指南针、GPS、量角器、水平尺、测角仪、激光测距仪。

3. 实训原理

基站内视图:要显示机房所有设备及其空间情况。

电源设备外视图:要清楚地显示电源设备类型、现网电源线连接端子位置、新建设备电源端子连接位置、机柜空余端子、设备模块个数、电源设备空开使用情况、电源设备背面内部情况。最少拍摄5张。

辅助设备:如空调、灯、室内插头等。

4. 实训内容

（1）采集5G基站位置（经纬度）、基站类型、基站周围地理环境等相关信息。

（2）根据采集到的信息确定5G基站每个设备的位置。

（3）完成5G基站内部所有设备的位置结构图的草图绘制。

（4）绘制5G基站内部结构图。

（5）对采集到的5G基站的相关信息进行文档和电子记录。

实训项目六报告　5G基站内部勘察实训

实训地点			时间		实训成绩	
姓名		班级		学号	同组姓名	
基站类别：□5G □WCDMA □CDMA2000 □TD-SCDMA □LET □GSM						
基站名称：				基站编号：		
基站经度（度）：		基站纬度（度）：			海拔（米）：	
勘测开始时间：			勘测结束时间：			
基站所处区域类型：（密集市区、市区、近郊、远郊、农村、公路或其他）						

续 表

基站天线安装位置	建筑顶	建筑类型：		建筑高度（米）：		
	楼顶塔	建筑类型：		塔顶高度（米）：		
	落地塔	塔高（米）：				

| 基站类型 | □宏基站 | | □分布式基站 | □其他： | | | |

基站类型		天线挂高（米）	方向角	机械下倾角	电子下倾角	2G	4G	5G
	扇区 1							
	扇区 2							
	扇区 3							

基站站型		2G 是否加 TMA	馈线长度	馈线规格	天线型号		RRU 是否上塔	AAU 是否上塔
	扇区 1							
	扇区 2							
	扇区 3							
	天线指向场景和覆盖目标描述	扇区 1						
		扇区 2						
		扇区 3						
	全向站		TX 支臂位置		RX 支臂位置			

共站点情况描述：	（是否有共站点，共站的系统名称、频段、运营商名称、共站位置描述、建站注意事项）
GSM900（　）	
GSM1800（　）	
CDMA850（　）	
LTE（　）	
5G（　）	

是否有高于或与当前基站天线高度相近的建筑？如有，请描述方位与距离。答：
其他情况说明（比如基站周围是否有高压线、建筑施工情况等）：答：

勘测人		审核人	
完成 5G 基站内部所有设备的位置结构图的草图绘制			
用 CAD 绘制出 5G 基站内部设备分布图			
写出此次实训过程中的体会及感想，提出实训中存在的问题			
评语			

1.6.4 5G 基站站点详细勘测

1. 站点环境勘测

一旦 5G 基站位置确定下来,就要制定详细基站勘测计划。详细勘测得到的结果用于网络规划、设备采购和工程建设。详细勘测内容包括建筑、微波传输、原有设备的安装位置等。针对 5G 基站,由于大部分的站址都是沿用原有 2/3/4G 基站的站址,因此针对这些共站址的勘测主要是记录原有设备的主要情况用来判断是否支持 5G 的站点建设。站点勘测目前主要还是依赖于人工上站点进行拍照勘测,目前也有些运营商已经开始启用了无人机结合人工智能的一些技术实现了无人的远程勘测。本文重点介绍人工上站勘测的方法。

(1) 站点的总体拍摄

照片可以直观反应勘测现场的真实情况,直接影响后期的基站割接方案的制作质量。照片拍摄是基站勘测的重要内容,勘测工程师必须保证照片拍摄的质量和数量。下面是拍照的要求,可以根据实际情况在此基础上增加拍摄点和拍摄照片数量。如果没有设备,则不进行拍照。

(2) 拍照内容及其要求

① 基站全景照片:要能清楚地显示基站的全貌。最少拍摄 1 张照片。

② 铁塔全景照片:要清楚地显示铁塔的全貌。最少拍摄 1 张照片。

③ 天线照片:要能够看清天线的全貌。最少拍摄 1 张照片。

④ 原机柜外视图和内视图:要显示原机柜的安装位置、设备型号、射频模块和跳线的连接情况、供电和接地情况等。最少拍摄 4 张照片。

⑤ 新机柜安装位置:清楚地显示新机柜安装位置周围的情况,最少拍摄 3 张照片。

⑥ 走线架:要清楚地显示走线架的安装位置和方式。单个走线架最少拍摄 2 张照片。

⑦ 传输设备外视图和内视图:要清楚地显示传输设备的安装位置、设备型号。对于光纤传输设备,要显示现网使用的端子及端子类型、传输设备空余端子数、光纤接头类型(BBU 与 RRU 之间的光纤);对于微波传输设备,要显示微波设备的型号,出线端子情况和标签(主要是传输局向)。最少拍摄 4 张照片。

⑧ 机房外视图:要清楚地显示机房的全貌。最少拍摄 1 张照片。

⑨ 机房内视图:要显示机房所有设备及其空间情况,如果需多张照片则内容要连贯,每张照片内有上一张的部分。最少拍摄 6 张照片。

⑩ 电源设备外视图和内视图:要清楚地显示电源设备类型、现网电源线连接端子位置、新建设备电源端子连接位置、机柜空余端子、设备模块个数、电源设备空开使用情况、电源设备背面内部情况。最少拍摄 5 张照片。

⑪ 室外保护地排和室内保护地排:要清楚地显示接地排的位置、使用的孔位和空余的孔位。最少拍摄 2 张照片。

⑫ 馈窗室外视图和室内视图:要清楚地显示馈窗的数量、安装位置、馈窗使用的孔位数量和剩余的孔位数量。单个馈窗最少拍摄 2 张照片。

⑬ 跳线全景图:跳线全景图要包括从原机柜的射频端口到跳线、馈线连接端口之间的跳线全貌,要清楚地显示跳线的走线方式、数量。至少拍摄 2 张照片。

⑭ 跳线馈线侧:要清楚地显示跳线和馈线的连接情况,包括跳线、馈线的连接位置、连接

端子类型。至少拍摄 2 张照片。

⑮ 辅助设备：如果原设备使用功分器、合路器、塔放、直放站、耦合器、室内馈线避雷器等辅助设备，要拍摄照片，显示设备型号、安装位置、接头型号。注意，有部分辅助设备放在天馈室外部分，需要仔细查找、辨认。为了显示完整的现场情况，单个辅助设备最少拍摄 2 张照片，要包括远景和近景。

⑯ 其他：勘测工程师可以拍摄基站的其他的位置，尤其要拍摄可能影响基站安装的可疑部分。

（3）站点经纬度采集（针对新站址勘测）

为保证良好的接收信号，GPS 要放置在无障碍物阻挡的地方。在一个地区首次使用 GPS 要在开机后等待 10 分钟以上，这样才能保证精度。GARMIN 系列的 GPS 有较高的精度，在同一地点两次开关机得到的经纬度数据距离相差不到 10 m。

在勘测点空旷的地方使用 GPS 采集基站经纬度前，首先设置 GPS 的坐标格式为 WGS-84 坐标，经纬度显示格式为 XXXXXX°。当然如果运营商有其他的格式，按照运营商的要求进行设置。为保证良好的接收性能，GPS 要放置在无阻挡的地方。在一个地区首次使用 GPS 要等待搜索到四颗卫星以上，这样才能保证精度。GPS 接收机是靠计算 GPS 卫星的星座图来进行初步搜索的，如果将当地大致的经纬度信息输入 GPS 接收机，可以大大加快 GPS 定位速度。

（4）站点周围传播环境（针对新站址勘测）

站的选址往往带有一些主观和理想化的因素，为确保所选站址是合理而有效的，并且为规划和将来的优化提供依据，对站址周围的环境信息进行采集是很有必要的。主要考虑周围的传播环境对覆盖会产生哪些影响，并根据周围环境特点合理规划天线的方位角和下倾角。如果所选站址周围传播环境不能满足要求，则要考虑重新选用备用站址或者重新选址。具体勘测步骤如下所述。

① 从正北方向开始，记录基站周围 500 m 范围内各个方向上与天线高度差不多或者比天线高的建筑物或者自然障碍物等的高度和到本站的距离。在基站勘测表中描述基站周围信息，将基站周围的建筑物、山、广告牌等在图上标示出来，并在图中简单描述站点周围障碍物的特征、高度和到本站点的距离等，同时记录 500 m 范围内的热点场所，现场填写《站点 RF 勘测表》中相应部分的内容。

② 在天线安装平台拍摄站址周围的无线传播环境：根据指南针的指示，从 0°（正北方向）开始，以 30°为步长、顺时针拍摄 12 个方向上的照片，每张照片以"基站名_角度"命名，基站名为勘测基站的名称，角度为每张照片对应的拍摄角度。每张照片要在绘制的天面平面示意图上注明拍摄点的位置以及拍摄方向，另外从水平角度拍摄东、西、南、北方向上的景物，拍照时并不是固定在某一点，而是根据具体天线的安装位置，尽量从架设天线的位置在天面各个方向的边缘分别拍照，上一张照片与下一张照片应该有少许交叠。在所绘制的天面平面示意图上标注出拍摄照片的位置和方向。

③ 观察站址周围是否存在其他运营商的天馈系统，并做记录。在《站点 RF 勘测表》中同时标记天线位置（采用方向、距离表示）、系统所用频段。

④ 其他情况：基站周围是否有高压线、建筑施工情况等也需要在《站点 RF 勘测表》中说明。

⑤ 如果站点基本可用，但无法实现假想服务边界内全部区域覆盖时，应对不能满足覆盖的区域（通常是服务边界的被阻挡区域，或特殊的大型建筑群及其阴影）再进一步勘察，确定补

充覆盖方案,例如通过周边其他站点覆盖等。如果无法通过周边站点补充覆盖,应向规划工程师汇报说明,进一步论证站点的合理性。规划工程师可根据该区域的重要程度和设计覆盖目标要求,选择更改设计分裂站点,或增加微微蜂窝、室内分布系统、直放站等补充覆盖。

2. 天面勘测

(1) 天线高度勘测

① 天线应至少高于周围主要建筑的 5～15 m;挂高应在假想典型站高附近,连续覆盖区域的站点如果过低将形成覆盖空洞,过高将形成越区和干扰;考虑到优化调整的余地,如果站点规划中所留余量不大(小于 10%),则站点高度不应低于假想站高的 1/4,且站点越偏离假想站点位置,允许降低的站高幅度越小;连续覆盖区域内高度也不应高过假想高度的 1/2,且站点越偏离假想站点位置,允许的高度变化越小,如果高出该范围,应通过模拟测试等手段进行干扰定量分析,并探讨特殊天线的应用。

② 同一基站不同小区的天线允许有不同的高度,这可能是受限于某个方向上的安装空间,也可能是小区规划的需要。

③ 对于地势较平坦的市区,一般天线相对于地面的有效高度为 25～30 m。

④ 对于郊县基站,天线相对于地面的有效高度可适当提高,一般在 40～50 m。

⑤ 孤站高度不要超过 70 m。

⑥ 天线高度过高会降低天线附近的覆盖电平(俗称"塔下黑"),特别是全向天线该现象更为明显。

⑦ 天线高度过高容易造成严重的越区覆盖、同/邻频干扰等问题,影响网络质量。

⑧ 天线典型安装高度要求如表 1.5 所示。

表 1.5　天线安装高度

天线安装高度要求					
	与周边平均地物相对高度		与地面相对高度		
	推荐值	最大值	最小值	典型值	最大值
密集城区	1 m	2 m	15 m	20 m	25 m
城区	2 m	4 m	20 m	25 m	30 m
郊区	4 m	8 m	20 m	30 m	35 m
乡村	30 m	40 m	20 m	40 m	50 m
此因素重要性	重要	重要	参考	参考	参考

(2) 天线高度测量

① 利用卷尺或者激光测距仪可以测量建筑物的高度。

② 当天线安装位置在建筑物顶面时,需要记录建筑物高度。

③ 一种测量高度的简单方法为数一下一层楼的台阶(楼梯)数,测量每级台阶高度,则楼高＝每级台阶高度×一层楼台阶数×楼层数＋最高层高度。如果每层楼高度基本一致,可通过下面方法测出一层楼的高度,楼高＝每层楼高度×楼层数,这种条件下利用卷尺量出一层楼的高度即可获得站高。

④ 当天线安装在已有铁塔上时,首先需要确认安装在第几层天面上,然后通过运营商可以获得高度值。如果有激光测距仪,可以直接测量建筑物高度或者铁塔该层天面高度。

⑤ 当天线安装在楼顶塔上时,需要记录建筑物的高度和楼顶塔放置天线的天面高度。

（3）天线方向角勘测

天线方位角在预规划阶段已经确定,在站点勘测中根据站点周围障碍物的阻挡情况对各扇区的方位角进行调整,避免周围障碍物对信号传播的影响。设置天线方向角时应遵循以下原则。

① 天线方位角的设计应从整个网络的角度考虑,在满足覆盖的基础上,尽可能保证市区各基站的三扇区方位角一致,局部微调,以避免日后新增基站扩容时增加复杂性,城郊接合部、交通干道、郊区孤站等可根据重点覆盖目标对天线方位角进行调整。

② 天线的主瓣方向指向高话务密度区,可以加强该地区信号强度,提高通话质量。

③ 市区相邻扇区交叉覆盖的深度不能太深,同基站相邻扇区天线方向夹角不宜小于 90°。

④ 郊区、乡镇等地相邻小区之间的交叉覆盖深度不能太深,同基站相邻扇区天线方向夹角不宜小于 90°。

⑤ 为防止越区覆盖,密集市区应避免天线主瓣正对较直的街道、河流和金属等反射性较强的建筑物。

⑥ 如果所勘测地区存在地理磁偏角,在使用指南针测量方向角时必须考虑磁偏角的影响,以确定实际的天线方向角。

1.6.5　实训项目七：5G 基站勘察及基站天线方位角和俯仰角的测试

1. 实训目的

5G 基站勘察以及基站天线方向角和俯仰角的测试,确保天线是否根据基站勘察的实际情况来调整天线的方向角和俯仰角。

2. 实训设备

指南针、GPS、量角器、水平尺、测角仪、激光测距仪。

3. 实训原理：

5G 基站选址建设的目的在于扩大无线网络覆盖范围和提高吸收话务质量。基站站址的优劣主要由该站址的覆盖范围决定的。

在无线基站建设中,所必须考虑的因素有地形条件、道路交通状况、居民地分布情况等信息,根据掌握的相关信息对于覆盖站选择在良好环境有利于信号的传播,对于容量站选择在高话务量区域以便更好地吸收话务。

（1）5G 基站选址原则（从无线角度看）

① 基站站址应选在地势相对较高或有高层建筑、高塔利用的地方。如果高层的高度不能满足基站天线高度要求,应有房顶设塔或地面立塔的条件,以便保证基站周围视野开阔,附近没有高于基站天线的高大建筑物阻挡。一般市区基站高度不超过 30～40 m,郊区农村基站高度不超过 40～60 m。

② 5G 基站应选在人为噪声及其他无线电干扰小的地方。不应设在大功率无线电发射台、大功率电视发射台、大功率雷达站附近。

③ 市区基站应避免天线前方近处有高大楼房而造成障碍或反射后对其周围基站产生干扰。

④ 应避免在高山上设站。在高山上架设基站干扰范围大且易产生谷底"塔下黑"现象,如果设站应采取相应措施。

⑤ 站址选择时尽量避免附近有模拟集群系统或其他系统的基站天线,如果有,应详细了解其使用频率、发射功率、天线高度等,以便频率配置避开干扰频点,防止相互干扰。

(2)5G 基站勘察注意事项

① 对基站勘察前首先要了解该基站的主要功能作用,如:覆盖站——主要覆盖基站周围哪些区域,容量站——主要吸收哪些区域的话务量或分担哪些基站的话务量。

② 如无特殊要求:对于覆盖站,根据周围地理环境和投诉汇总情况对附近的村庄、道路等进行着重覆盖;对于容量站,根据周围话务量的分布情况和投诉汇总情况着重吸收高用户密集区域的话务量。

③ 了解周围基站的工程参数情况、周围地理环境、覆盖情况、话务量情况相关信息,更好地确定该基站的天线方位角、下倾角等工程参数。

4.实训内容

(1)采集 5G 基站位置(经纬度)、塔型、天线高度、天线类型、基站周围地理环境等相关信息。

(2)根据采集到的信息确定 5G 基站每个扇区的方位角和天线下倾角等工程参数(对于定向站)。

(3)拍摄 5G 基站周围环境:1 张基站全景图,24 张周围环境图(从 0°~360°每 15°拍摄一张)。

(4)绘制 5G 基站周围的环境图。

(5)对采集到的 5G 基站的相关信息进行文档和电子记录。

5.实训报告

(1)完成××站点 RF 勘测记录表。

(2)完成拍摄基站周围环境:1 张基站全景图,24 张周围环境图。

(3)用 CAD 绘制基站周围的环境图。

(4)对采集到的 5G 基站的相关信息进行文档和电子记录。

实训项目七报告　5G 基站建设勘察实训

实训地点			时间		实训成绩		
姓名		班级		学号		同组姓名	
基站类别:　□5G □WCDMA □CDMA2000 □TD-SCDMA □LET □GSM							
基站名称:					基站编号:		
基站经度(度):			基站纬度(度):			海拔(米):	
勘测开始时间:				勘测结束时间:			
基站所处区域类型:(密集市区、市区、近郊、远郊、农村、公路或其他)							
基站天线安装位置	建筑顶	建筑类型:			建筑高度(米):		
	楼顶塔	建筑类型:			塔顶高度(米):		
	落地塔	塔高(米):					
基站类型			□宏基站　　□分布式基站　　□其他:				
拍摄照片编号	总体拍摄　　(张)		从　到		基站周围环境　张	从　到	
	天台信息　　(张)		从　到				

基站类型		天线挂高/米	方向角	机械下倾角	电子下倾角	4G 共天线类型	与 4G 共馈线类型	是否上了 AAU
	扇区 1							
	扇区 2							
	扇区 3							
基站站型		4G 是否加 TMA	馈线长度	馈线规格	天线型号		RRU 是否上塔	是否上了 AAU
	扇区 1							
	扇区 2							
	扇区 3							
	天线指向场景和覆盖目标描述 扇区 1							
	扇区 2							
	扇区 3							
	全向站		TX 支臂位置		RX 支臂位置			

共站点情况描述：	（是否有共站点，共站的系统名称，频段，运营商名称，共站位置描述，建站注意事项）
GSM900（ ）	
GSM1800（ ）	
CDMA850（ ）	
LTE（ ）	
5G（ ）	

是否有高于或与当前基站天线高度相近的建筑？如有，请描述方位与距离。答：

其他情况说明（比如基站周围是否有高压线、建筑施工情况等）：答：

勘测人		审核人	

完成拍摄 5G 基站周围环境：1 张基站全景图，24 张周围环境图（从 0°～360°每 15°拍摄一张），并在每张图上标明下倾角、方位角、小于 50 m 处基站相对于建筑物的直线距离	
用 CAD 绘制 5G 基站周围的环境图	
写出此次实训过程中的体会及感想，提出实训中存在的问题	
评语	

小　结

　　5G 基站天线的辐射特性直接影响无线网的性能,基站天线的主要性能指标有方向图、波束宽度、前后比、方位角、俯仰角、增益、极化、带宽、输入阻抗、端口隔离度等。

　　天线下倾主要有机械下倾和电下倾两种方式。机械下倾通过调节机械装置实现;电下倾通过调节天线各振子单元的相位实现。

　　5G 基站天馈系统包括天线、馈线及天线的支撑、固定、连接、保护等部分。基站常用的天线类型有全向天线、定向天线、特殊天线、多天线系统、多波束智能天线和自适应智能天线等。

　　连接基站天线和基站主设备的导线称为传输线或馈线。天线与馈线匹配时,只有入射波,没有反射波;当天线与馈线不匹配时,会形成驻波,常用指标为驻波比(要求≤1.5)。

　　天线及其支架的安装必须符合规范,以确保系统的正常运行。对天馈系统的维护和保养是天线有效使用的关键,包括天线器件的除尘、组合部位的紧固、天线方位的校正固定、天线数据的测量、馈线标识的检查、铁塔接地、警示牌检查等多项项目内容。5G 基站天馈线现场测试主要是故障定位测量和电缆损耗测量,主要使用的仪表是 Site Master 天馈线测试仪。并介绍了 5G 站点勘察前的准备工作、机房勘察、设备勘察、天面勘察、GPS 勘察的工作内容及注意事项,勘察设计的注意事项和基站选址的原则。

习　题

一、填空题

　　1. 无线电波是一种_____形式,电场和_____在空间交替变换向前行进,它们在空间方向是相互垂直的,并且都垂直于_____方向。

　　2. 无线电波在空气中的传播速度,认为等于_____速。

　　3. 无线电波的极化方向即无线电波的_____方向。

　　4. 水平极化和_____极化可组合成双极化天线。但实际应用中常用_____的双极化天线。

　　5. 极化波必须用对应的极化天线接收,否则会产生_____。当接受与发射天线的极化方向_____时称为隔离,此时完全收不到信号。

　　6. 超短波和微波频段的传播特性可归纳为_____。

　　7. 二维方向图常用于_____,_____方向图用于网络优化。

　　8. 前后瓣最大电平之比称_____,其值越大_____,天线的_____性能越好。

　　9. 用半波对称振子为参考的天线增益的单位是_____,用_____为参考的天线增益单位是 dBi。某带反射板的一个半波振子天线,其水平半功率波瓣宽度为_____,以半波振子为参考,其增益为_____。

　　10. 在移动通信中天线的工作带宽定义为_____。

　　11. 天线的特性阻抗与天线的_____和_____有关。

12. 最佳的天线输入阻抗为_____，当输入阻抗与馈线的特性阻抗_____时,说其是_____的。

13. 利用反射板可把_____控制聚焦到一个方向,形成_____天线。

14. 机械下倾通过调整_____实现,倾角较大时其方向图会出现_____。电下倾通过调节_____,使天线的垂直方向图_____下倾一定角度,而天线本身仍保持和地面_____。

15. 电调天线的控制的三种控制方式为_____、_____、_____。

16. 天馈系统的平衡变换装置主要有_____和_____两种。

17. 天线避雷保护角小于_____度。

18. 在实际的调整工作中,一般在由此得出的俯仰角角度 $\theta = \arctan(h/R) + A/2$ 的基础上再加上_____,使信号更有效地覆盖在本小区之内。

二、选择题

1. 无线电波的波长、频率和传播速度的关系为(　　)。

A. $\lambda = \dfrac{V}{f}$ 　　　　　　　B. $\lambda = \dfrac{f}{V}$ 　　　　　　　C. $\lambda = fV$

2. 如果电波的电场方向垂直于地面,称为(　　)极化波。

A. 垂直　　　　　　　B. 水平　　　　　　　C. 圆

3. 如果电波的电场方向与地面平行,称为(　　)极化波。

A. 垂直　　　　　　　B. 水平　　　　　　　C. 圆

4. 天线的主瓣波束宽度越窄,天线增益(　　)。

A. 不变　　　　　　　B. 越低　　　　　　　C. 越高

5. 在城区,基站数目较多,每个基站的覆盖半径较小,一般采用(　　)天线。

A. 双极化　　　　　　B. 单极化　　　　　　C. 圆极化

6. 在郊区和农村,基站数目较少,每个基站覆盖半径较大,一般采用(　　)天线。

A. 双极化　　　　　　B. 单极化　　　　　　C. 圆极化

7. 一般移动通信天线的输入阻抗为(　　)。

A. 50 Ω　　　　　　　B. 75 Ω　　　　　　　C. 300 Ω

8. 天线输入阻抗(　　)馈线特性阻抗时称为匹配。

A. 大于　　　　　　　B. 小于　　　　　　　C. 等于

9. 基站天线收发共用时端口之间隔离度应(　　)30 dB。

A. 大于　　　　　　　B. 小于　　　　　　　C. 等于

10. 国家标准 GB 9175—88《环境电磁波卫生标准》中,对于 300 MHz～300 GHz 的微波,一级标准为(　　)。

A. 10 μW/cm²;　　　　B. 40 μW/cm²　　　　C. 60 μW/cm²

11. 国家标准 GB 9175—88《环境电磁波卫生标准》中,对于 300 MHz～300 GHz 的微波,二级标准为(　　)。

A. 10 μW/cm²;　　　　B. 40 μW/cm²　　　　C. 60 μW/cm²

12. 同轴电缆馈线特性阻抗与(　　)有关。

A. 导体直径　　　　　B. 馈线长短　　　　　C. 工作频率

13. 同轴电缆馈线特性阻抗与(　　)无关。

A. 导体直径　　　　　B. 导体间距　　　　　C. 负载阻抗大小

14. 在移动通信系统中,一般要求驻波比( )1.5。

A. 大于 B. 小于 C. 等于

15. 全向收发天线的空间分集距离,一般要求( )4 m。

A. 大于 B. 小于 C. 等于

16. 当全向天线安装在铁塔上时,应保证与塔体最近端面距离( )6λ。

A. 大于 B. 小于 C. 等于

17. 基站天线机械下倾倾角调整的步进度为( )。

A. 1° B. 0.1° C. 0.01°

18. 反映天线对后向信号抑制能力的指标为( )。

A. 反射损耗 B. 波瓣宽度 C. 前后比

19. 无线电波的极化方向为( )。

A. 电场方向 B. 磁场方向 C. 行进方向

20. 天线组阵时,( )性能获得改善。

A. 特性阻抗 B. 增益 C. 带宽

21. 工业和信息化部规定,移动通信天馈系统的驻波比应小于( )。

A. 1.5 B. 1.0 C. 1.3

22. 驻波比无穷大,表示天馈系统( )。

A. 完全匹配 B. 完全失配 C. 不能确定匹配程度

23. 在天线选型时采用单极化方式时,最佳的是( )。

A. 水平极化 B. 垂直极化 C. +45°或-45°极化

24. 馈线接头处小跳线有活动余量,接头附近( )保持笔直。

A. 5 cm B. 10 cm C. 20 cm

25. 馈线接地装置主要用来防雷和泄流,接地线的馈线端要( )接地排端,走线要朝下。

A. 高于 B. 低于 C. 等高于

26. 对有源设备技术指标进行调整时使用的仪器仪表有( )。

A. 频谱仪 B. 信号源、频谱仪、Site Master

C. Site Master

三、判断题

1. 若电波的电场强度顶点轨迹为一直线就称为椭圆极化波。 ( )

2. 如果电波在传播过程中电场的方向是旋转的,就称为线极化波。 ( )

3. 天线的方向性是指天线向一定方向辐射电磁波的能力。对于接收天线而言,方向性表示天线对不同方向传来的电波所具有的接收能力。 ( )

4. 当来波的极化方向与接收天线的极化方向不一致时,接收过程中通常要产生极化损失。 ( )

5. 连接天线和发射(或接收)机输出(或输入)端的导线称为传输线或馈线。 ( )

6. 基站可以在天线开路时工作。 ( )

7. 利用机械下倾时方向图中产生的凹陷可解决同频干扰问题。 ( )

8. 机械下倾调整时可进行实时监控。 ( )

9. 各向同性天线和全向天线在水平和垂直面上都呈现360°均匀覆盖。 ( )

10. 天线增益表明天线具有放大作用。　　　　　　　　　　　（　　）

11. 根据天线距离方程可以估算出基站的覆盖半径。　　　　　（　　）

12. 天线可通过调整方位角和俯仰角改变其覆盖性能。　　　　（　　）

13. 当天线和馈线不匹配时,连接必须采用平衡装置。　　　　　（　　）

14. 同平台全向天线的水平间距可以小于 4 m。　　　　　　　 （　　）

15. 馈线入室前必须有回水弯,馈线接地可以复接。　　　　　　（　　）

16. 频谱分析仪可检查 GSM900 和 DCS1800 任何信号的频率、场强。　（　　）

四、简答题

1. 基站天馈系统组成由哪几部分组成?

2. 基站天线的类型的类型有哪些?

3. 用于反映天线方向性的指标有哪些? 这些参数影响的是天线覆盖中的什么性能?

4. 简述在基站系统中如何选择天线的极化。

5. 什么是"塔下黑"? 如何解决?

6. 什么是"无源互调"? 无源互调由什么原因引起?

7. 为什么要采用天线下倾技术? 天线下倾如何实现?

8. 简述天线支架安装注意事项。

9. 简述基站天线过高对移动通信网络的影响。

10. 简述天线和馈线的一些常见故障现象。

11. 简述故障定位的原理。

12. 通常使用的聚四氟乙烯型绝缘同轴射频电缆其相对介电常数 ε 约为 2.1,设同轴电缆传输的信号频率为 900 MHz,试求出其同轴射频电缆内的传播速度及其波长。

13. 设某室内分布天线的 EIRP 是 10 dBm,按国家标准 GB 9175—88《环境电磁波卫生标准》中一级标准计算,求满足要求的最小距离。

14. 如图 1.26 所示左边为厂家提供的某移动其站定向天线的垂直面方向图,试求出波束宽度、前后比、下旁瓣角度、上旁瓣角度。

15. 如图 1.26 所示右边为厂家提供的某移动其站定向天线的水平面方向图,试求出波束宽度和前后比。

16. 如图 1.87 所示为用天馈线分析仪测得的某基站天馈系统的距离与驻波比测试结果,试根据下图分析天馈系统是否有故障,并说明理由。

17. 基站勘测过程中,使用到的硬件设备有哪些?

18. 天线方位角的设置,应注意哪些原则?

19. 在拍摄站址周围无线环境时,有哪些要求?

五、研讨题

1. 5G 基站天馈系统中有哪部分可以进行改进,以提高系统维护、测试、工程施工的工作效率? 并提出改进方案。

2. 请提出一种能够自动测量出天线方向图的方案。

3. 能否有一种天线适用到所有网的基站天线? 请提出方案。

4. 2G 基站天线的增益可以控制吗? 可否有一种能自动调整天线增益的天线? 请提出方案。

5. 目前 4G 以下的基站天线不能做到能随时改变天线的覆盖面,请提出一种能改变天线覆盖面的设计方案。

6. 能否设计出一种能够检测是否馈线系统开路的装置?请提出方案。

7. 如何保证基站天线桅杆的垂直度?请提出方案。

第2章　5G基站主设备

【本章内容简介】

本章主要介绍 5G 移动通信系统基站的网络架构,组网方式,5G 射频拉远处理单元和基带处理单元等方面的内容。

【本章重点难点】

各类主设备的基本结构、安装和维护。

2.1　5G 基站概述

第五代移动通信技术(简称 5G)是最新一代蜂窝移动通信技术。5G 在 4G 的基础上对移动通信提出了更高的要求,5G 的性能目标是高数据速率、减少延迟、节省能源、降低成本、提高系统容量和大规模设备连接,如图 2.1 所示。

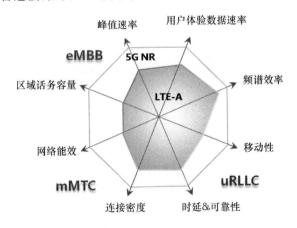

图 2.1　5G 网络目标

国际标准化组织 3GPP 定义了 5G 的三大应用场景。其中,eMBB 指 3D/超高清视频等大流量移动宽带业务,mMTC 指大规模物联网业务,uRLLC 指如无人驾驶、工业自动化等需要低时延、高可靠连接的业务。5G 的三大场景对通信提出了更高的要求,不仅要求把更高的速率提供给用户;而且要求实现更低的功耗和时延等。

1. eMBB:大流量移动宽带业务

eMBB(Enhance Mobile Broadband)即增强移动宽带,是指在现有移动宽带业务场景的基础上,对于用户体验等性能的进一步提升。5G 在这方面带来的最直观的感受就是网速的大幅提升,即便是观看 4K 高清视频,峰值速率能够达到 10 Gbit/s。

2. mMTC:大规模物联网业务

mMTC 将在 6 GHz 以下的频段发展,同时应用在大规模物联网上。以往的 Wi-Fi、zigbee、蓝牙等无线传输技术,属于家庭用的小范围技术,回传线路(Backhaul)主要都是靠 LTE,随着大范围覆盖的 NB-IoT、LoRa 等技术标准的出炉,5G 物联网的发展更为广泛。

3. uRLLC:无人驾驶、工业自动化等业务

uRLLC 特点是高可靠、低时延、极高的可用性。它包括以下各类场景及应用:工业应用和控制、交通安全和控制、远程制造、远程培训、远程手术等。uRLLC 在无人驾驶业务方面拥有很大潜力。工业自动化控制需要时延大约为 10 ms,这一要求在 4G 时代难以实现。而在无人驾驶方面,对时延的要求则更高,传输时延需要低至 1 ms,而且对安全可靠性的要求极高。

一般来说,通信频率越高,能使用的频率资源越丰富;频率资源越丰富,能实现的传输速率就越高。5G 的频率范围分为两种:一种是 6 GHz 以下,这个和目前我们使用的 2G/3G/4G 差别不算太大;另一种是 24 GHz 以上,这种频率的电磁波又称为毫米波。我国工信部确定了中国三大运营商 5G 中低频段试验频率分配使用许可:

中国电信获得 3 400~3500 MHz:100 MHz 5G 频率资源;

中国联通获得 3 500~3600 MHz:100 MHz 5G 频率资源;

中国移动获得 2 515~2675 MHz:4 800~4 900 MHz 5G 频率资源。

2.1.1 5G 网络架构

5G 的网络架构主要包括 5G 接入网和 5G 核心网,其中 NG-RAN 代表 5G 接入网,5GC 代表 5G 核心网。其中 NG 和 Xn 是两大主要接口,前者属于无线网和核心网的接口,后者属于无线网节点之间的接口,5G 的网络架构如图 2.2 所示。

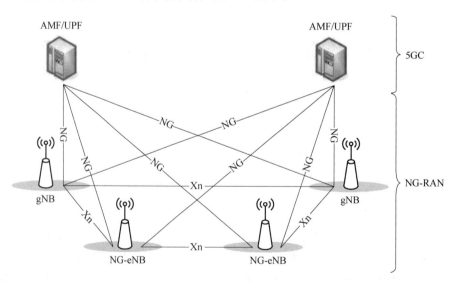

图 2.2 5G 的网络架构

1. 5G 接入网

5G 接入网主要包含以下两种网元。

gNB：为 5G 网络用户提供 NR（New Radio，5G 空中接口技术）的用户平面和控制平面协议和功能。

NG-eNB：为 4G 网络用户提供 NR 的用户平面和控制平面协议和功能。

gNB 和 NG-eNB 主要有以下功能。

（1）无线资源管理相关功能：无线承载控制、无线接入控制、连接移动性控制、上行链路和下行链路中 UE 的动态资源分配（调度）。

（2）数据的 IP 头压缩、加密和完整性保护。

（3）在用户提供的信息不能确定到 AMF 的路由时，为 UE 在附着的时候选择到 AMF 路由。

（4）将用户平面数据路由到 UPF。

（5）提供控制平面信息向 AMF 的路由。

（6）连接设置和释放。

（7）寻呼消息的调度和传输。

（8）广播消息的调度和传输。

（9）移动性和调度的测量和测量报告配置。

（10）上行链路中的传输级别数据包标记。

（11）会话管理。

（12）QoS 流量管理和无线数据承载的映射。

（13）支持处于 RRC_INACTIVE 状态的 UE。

（14）NAS 消息的分发功能。

（15）无线接入网络共享。

（16）双连接。

（17）支持 NR 和 E-UTRAN 之间的连接。

2．5G 核心网（5GC）

5G 的核心网主要包含以下几部分。

AMF：主要负责访问和移动管理功能（控制面）。

UPF：用于支持用户平面功能。

SMF：用于负责会话管理功能。

1）AMF 的主要功能

（1）NAS 信令终止。

（2）NAS 信令安全性。

（3）AS 安全控制。

（4）用于 3GPP 接入网络之间的移动性的 CN 间节点信令。

（5）空闲模式下 UE 可达性（包括控制和执行寻呼重传）。

（6）注册区管理。

（7）支持系统内和系统间的移动性。

（8）访问认证、授权，包括检查漫游权。

（9）移动管理控制。

（10）SMF（会话管理功能）选择。

2）UPF 的主要功能

（1）系统内外移动性锚点。

（2）与数据网络互连的外部 PDU 会话点。

（3）分组路由和转发。

（4）数据包检查和用户平面部分的策略规则实施。

（5）上行链路分类器，支持将流量路由到数据网络。

（6）分支点以支持多宿主 PDU 会话。

（7）用户平面的 QoS 处理，例如，包过滤、门控、UL/DL 速率执行。

（8）上行链路流量验证（SDF 到 QoS 流量映射）。

（9）下行链路分组缓冲和下行链路数据通知触发。

3）SMF 的主要功能

（1）会话管理。

（2）UE IP 地址分配和管理。

（3）选择和控制 UP 功能。

（4）配置 UPF 的传输方向，将传输路由到正确的目的地。

（5）控制政策执行和 QoS 的一部分。

（6）下行链路数据通知。

2.1.2　5G 接入网组网方式

5G 接入网存在两种组网方式，即独立部署组网（SA）和非独立部署组网（NSA）。

1. SA 组网

独立部署包括 Option2 和 Option4/4a 等几种接入网组网方案。如图 2.3 所示，其中虚线表示控制面，实线表示用户面 。Option2 为 NR 基站独立于 LTE，直接连接 5GC。Option4/4a 采用 NR 基站作为控制面锚点，而 LTE 基站仅承担用户面转发功能，适用于 NR 频段低于 LTE 的场景。Option2 逐渐被接受为 SA 组网优选方案。

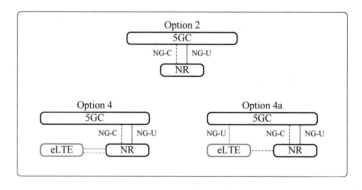

图 2.3　SA 组网

2. NSA 组网

非独立部署包括 Option3/3a/3x，Option7/7a/7x，Option3/3a/3x 和 Option7/7a/7x 等几种接入网组网方案，如图 2.4 所示，均采用 LTE 作为控制面锚点，用户通过 LTE 基站接入 EPC 或 5GC，而 NR 基站仅承担用户面转发功能，适用于 LTE 频段低、覆盖大于 NR 的场景。NSA Option3x 逐渐被接受为 NSA 组网优选方案。

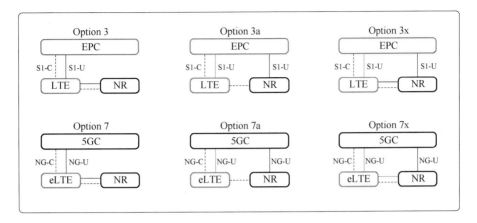

图 2.4　NSA 组网

2.2　5G 射频拉远处理单元

华为 5G 基站设备解决方案由产品功能模块(BBU、AAU/RRU)和配套设备组成,如表 2.1 所示。

表 2.1　华为 5G 基站设备基本组成

5G 基站设备组成		主要设备	说明	备注
功能模块	BBU	BBU5900	基带处理单元	
	射频模块	AAU5612	有源天线处理单元	
配套设备	DCDU	DCDU-12B	直流配电单元	4G RRU 和 BBU 供电默认发 DCDU
	EPU	EPU02D-02	直流配电单元	5G AAU 和 BBU 默认发 EPU
	交流转直流	ETP48100-B1	AC/DC 转换模块	
	机柜/机框类	BTS3900(Ver. E_A～D)机柜/BTS3900L(Ver. E_B～D)	室内宏机柜	存量升级柜
		IMB05	室内小容量机柜	
		ILC29(Ver. E)	室内机柜	
	其他类	OPM30M	室外电源模块	
		OPM50M	室外电源模块	
		SPM60A	交流防雷盒	

2.2.1　RRU

5G 射频拉远处理单元分为 RRU 和 AAU 两种设备。RRU 主要功能是调制、解调、数据压缩、射频信号和基带信号的放大,以及驻波比的检测;AAU 是一体化有源天线,AAU 的功能主要通过各个功能模块来实现。RRU/RFU 逻辑结构包括 CPRI 接口处理、供电处理、TRX、PA(Power Amplifier)、LNA、滤波器。RRU 的逻辑结构示意图如图 2.5 所示。

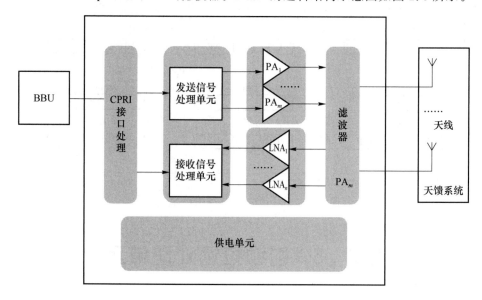

图 2.5　RRU 逻辑结构示意图

RRU 采用模块化设计,根据功能分为 CPRI 接口处理、供电处理、TRX、PA(Power Amplifier)、LNA 和滤波器。

(1) CPRI 接口处理

接收 BBU 发送的下行基带数据,并向 BBU 发送上行基带数据,实现 RRU 与 BBU 的通信。

(2) 供电处理

将输入 -48 V 电源转换为 RRU 各模块需要的电源电压。

(3) TRX

包括两路上行射频接收通道、两路下行射频发射通道和一路反馈通道。接收通道将接收信号下变频至中频信号,并进行放大处理、模数转换(A/D 转换)。发射通道完成下行信号滤波、数模转换(D/A 转换)、射频信号上变频至发射频段。反馈通道协助完成下行功率控制、数字预失真 DPD 以及驻波测量。

(4) PA(Power Amplifier)

对来自 TRX 的小功率射频信号进行放大。

(5) LNA

低噪声放大器 LNA 来自天线的接收信号进行放大。

(6) 滤波器

滤波器提供射频通道接收信号和发射信号复用功能,可使接收信号与发射信号共用一个天线通道,并对接收信号和发射信号提供滤波功能。

2.2.2　AAU

AAU(Active Antenna Unit,有源天线单元),BBU 的部分物理层处理功能与原 RRU 及

无源天线合并为 AAU。如图 2.6 所示,传统方式需要选择 RRU 连接到一个无源天线,经过
AAU 后,RRU 集成到天线中,形成有源天线单元 AAU。华为的 AAU,有效整合运营商的天
面资源,简化了天面配套要求,将射频单元与天线合为一体,减小馈线损耗,增强了覆盖效果,
更加适合多频段多制式组网的需求,有效解决了天面资源紧缺的问题。

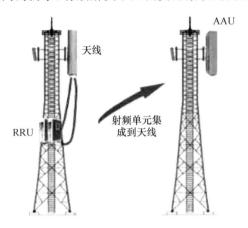

图 2.6　RRU 和天线集成于一体的 AAU

AAU 主要由接口处理单元、射频单元和天线组成,如图 2.7 所示。AAU 主要功能包括:

(1) 接收 BBU 发送的下行基带数据,并向 BBU 发送上行基带数据,实现与 BBU 的通信。

(2) 通过天馈接收射频信号,发射通道将接收信号下变频至中频信号,并进行放大处理、
模数转换(A/D 转换),发射通道完成下行信号滤波、数模转换(D/A 转换)、射频信号上变频至
发射频段。

(3) 提供射频通道接收信号和发射信号复用功能,可使接收信号与发射信号共用一个天
线通道,并对接收信号和发射信号提供滤波功能。

(4) 发射或接收无线电波,并进行波束赋形。

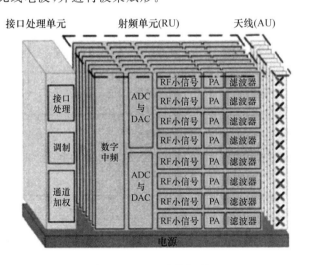

图 2.7　AAU 功能组成

AAU5612 AAU 外观如图 2.8 所示。

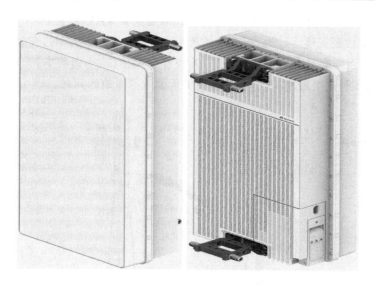

图 2.8　AAU5612 AAU 外观

AAU5612 整机技术规格如表 2.2 所示。

表 2.2　AAU5612 整机技术规格

指标	AAU5612
尺寸(长×宽×高)	860 mm×395 mm×190 mm(AAU 外观)
重量	40 kg
频段	模块(1):3445～3600 MHz 模块(2):3645～3800 MHz
输出功率	200 W
散热	自然冷却
防护等级	IP65
工作温度	−40～+55℃(无太阳辐射)
相对湿度	5% RH～100% RH
最大工作风速	150 km/h
生存风速	200 km/h
载波配置	100M(5G 单载波)
典型功耗	850 W(最大功耗 1000 W)
工作电源	−57～−36 VDC
BBU 接口	CPRI 速率 100 Gbit/s
安装方式	支持抱杆、挂墙安装(抱杆转接)场景 支持±20°连续机械倾角调整

AAU5612 天线技术指标如表 2.3 所示。

表 2.3　AAU5612 天线技术指标

频段	模块(1):3445～3600 MHz 模块(2):3645～3800 MHz
极化	+45°/−45°
增益	24 dBi
水平波束范围	−60°～+60°
垂直波束范围	−15°～15°
水平 3 dB 波宽	13.5°
垂直 3 dB 波宽	6.5°
天线阵列	8(H)×12(V)×2
前后比	30

2.2.3　AAU 安装

根据 5G 链路预算和测试结果,5G 试验网 AAU 挂高原则上不低于 20 m。当采用 NSA 组网时,4G 与 5G 系统天线垂直距离建议 2～5 m。从 5G 试验网目前工程建设的情况来看,5G 基站 AAU 风荷与 4G 天线基本相当,具体建设要求如下所述。

1. 普通抱杆安装空间要求

AAU 底部应预留 600 mm 布线空间,为方便维护建议底部距地面至少 1 200 mm,AAU 顶部应预留 300 mm 布线和维护空间,AAU 左侧应预留 300 mm 布线和维护空间,AAU 右侧应预留 300 mm 布线和维护空间。

2. 屋面美化方柱的安装空间要求

AAU 于屋面美化方柱罩体内安装时,要求罩体具备通风散热能力,其空间要求如下所述。

(1) 标高 40 m 左右及以下的建(构)筑物屋面美化方柱场景,AAU 设备下倾角需求 0°～12°,方位角 ±30°时,方柱尺寸(截面长×宽,最小取整):900 mm×650 mm。

(2) 标高 60 m 以上的建(构)筑物屋面美化方柱场景,AAU 设备下倾角需求 0°～±20°,方位角 ±30°时,方柱尺寸(截面长×宽,取整):750 mm×1 050 mm;

3. 地面景观塔场景美化罩安装空间要求

AAU 设备于地面景观塔美化罩内安装时,安装的罩体要求通透率不小于 60%,美化罩上下通风,其空间要求如下:

以 30～40 m 灯杆景观单管塔为例,在 AAU 设备下倾角需求 0°～±7°时,将 AAU 安装在美化罩最下段,子抱杆截面圆心到美化罩内壁的距离应不小于 469 mm,AAU 设备上边缘切线绕塔轴心直径不应小于 1 840 mm。

2.2.4　实训项目八:RRU3804 硬件认知

一、实训目的

(1) 了解并熟悉 RRU 的组成结构。

（2）了解并熟悉 RRU 特点。

（3）了解并熟悉 RRU 接口的类型。

二、实训设备

RRU3804：一套。

三、实训原理

1. RRU 硬件结构

RRU/SRXU 的逻辑结构图如图 2.9 所示。

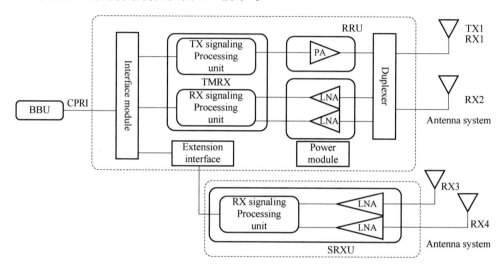

图 2.9　RRU/SRXU 的逻辑结构图

2. RRU3804 特点

（1）支持 12 dB，24 dB 增益的 TMA（塔放大器）。

（2）RTWP 统计及上报。

（3）驻波比统计及上报。

（4）支持 ASIG（Antenna Interface Standards Group）2.0。

（5）接收参考灵敏度典型值为－125.5 dBm（双天线的情况下）。

（6）RRU3804 连接 SRXU 可支持 4 天线接收分集。

3. RRU3804/3801E 外形和规格

RRU3804/3801E 外形和规格如图 2.10 所示。RRU3804/3801E 面板及接口如图 2.11 所示。

类型	RRU3804/3801E	
尺寸(带外壳)	RRU3804:520mm(H)×280mm(W)×155mm(D)	
重量	RRU3804 模块:≤15kg；RRU3804 及外壳:≤16kg	
电源输入	−48V DC	允许电压范围:−57～−36V DC
最大功耗	275W	
扇区×载波	1×4(RRU3804)/1×2(RRU3801E)	

图 2.10　RRU3804/3801E 外形和规格

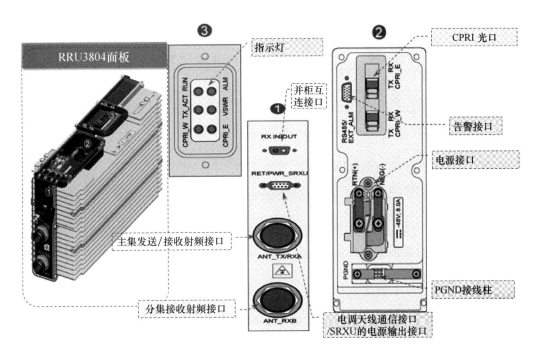

图 2.11　RRU3804/3801E 面板及接口

4. RRU3804/RRU3801E 指示灯

RRU3804/RRU3801E 指示灯如表 2.4 所示。

表 2.4 RRU3804/RRU3801E 指示灯

标识	颜色	状态	含义
RUN	绿色	常亮	有电源输入,但单板有故障
		常灭	无电源输入,或工作处于告警状态
		1 s 亮 1 s 灭	单板运行正常
		0.5 s 亮 0.5 s 灭	单板软件加载中
ALM	红色	常亮	告警状态(不包括 VSMR 告警)
		常灭	无告警(不包括 VSWR 告警)
TX_ACT	绿色	ON	工作状态
		OFF	无定义
VSWR	红色	常亮	有驻波告警
		常灭	无驻波告警
CPRI_W	红绿双色	绿色常亮	CPRI 链路正常
		红色常亮	光模块接收异常告警(近端 LOS 告警)
		红色 0.5 s 亮,0.5 s 灭	CPRI 失锁
		常灭	光模块不在位或光模块下电
CPRI_E	红绿双色	绿色常亮	CPRI 链路正常
		红色常亮	光模块接收异常告警(近端 LOS 告警)
		红色 0.5 s 亮,0.5 s 灭	CPRI 失锁
		常灭	光模块不在位或光模块下电

四、实训内容

(1) 画出 RRU3804 的组成框图。

(2) 熟悉 RRU3804 的功能。

(3) 观察 RRU3804 的接口。

(4) 根据实验室内基站内的 RRU3804、天线型号、馈线型号和衰减器的参数,按一级标准计算,求能满足要求的最小距离。

五、实训报告

(1) 完成实训报告。

(2) 根据实训内容,记录并填写内容,指导老师对学生的操作给出评语和评分。

实训项目八报告 RRU3804 硬件认知

实训地点			时间		实训成绩	
姓名		班级		学号		同组姓名	
实训目的						
实训设备						

实训内容	1. 画出 RRU3804 的组成框图。
	2. RRU3804 的特点是什么？
	3. RRU3804 接口描述

接口类型	连接器类型	连接线编号	连接线颜色	连接线去向

4. 请你根据实验室内基站内的 RRU3804、天线型号、馈线型号和衰减器的参数，按一级标准计算，求能满足要求的最小距离。

写出此次实训过程中的体会及感想，提出实训中存在的问题	
评语	

2.3 5G 基带处理单元

5G 对基站设备进行了重构:原来 4G 中 BBU 的一部分物理层处理功能下沉到 RRU, RRU 和天线结合成为 AAU;然后再把 BBU 拆分为 CU 和 DU,每个站都有一套 DU,然后多个站点共用同一个 CU 进行集中式管理,如图 2.12 所示。CU 和 DU 的切分是根据不同协议层实时性的要求来进行的。在这样的原则下,把原 BBU 中的物理底层下沉到 AAU 中处理,对实时性要求高功能放在 DU 中处理,而把对实时性要求不高的功能放到 CU 中处理。基于成本考虑,5G 初期只会进行 CU 和 DU 的逻辑划分,实际还都是运行在同一个基站上的,后续随着 5G 的发展和新业务的拓展,才会逐步进行 CU 和 DU 的物理分离。

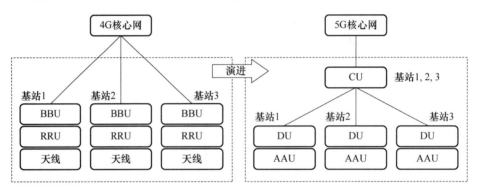

图 2.12 5G BBU 设备演进

CU 和 DU 分离的必要性如下:

(1) 对现有 RAN 架构进行分离可以有效实现无线基带处理资源的共享;

(2) RAN CU 内部的移动性不可见,从而降低 CN 的信令开销和复杂度,UE 在 CU 控制的 TRP 间移动时,UE 的信令过程和数据中断会降低;

(3) 采用 CU 将控制协议和安全协议集中化后,CU 的出现更加适应 NFC 的架构实现 Cloud RAN,增加了 RAN 侧的功能扩展性。

2.3.1 BBU5900 逻辑结构

BBU5900 逻辑结构采用模块化设计,由基带子系统、主控传输子系统、监控子系统、钟子系统、风扇模块和电源模块组成,如图 2.13 所示。

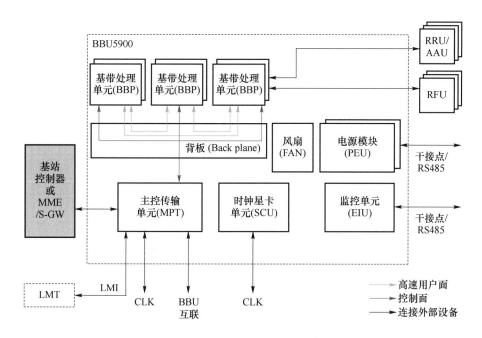

图 2.13　BBU5900 逻辑结构示意图

2.3.2　BBU5900 单板硬件组成

BBU5900 主要由主控板、基带板、星卡板、风扇模块、电源模块和环境监控单元组成,其适配的单板如表 2.5 所示。

表 2.5　BBU5900 适配的单板

单板类型	BBU5900 适配单板
主控板(支持 NR)	UMPTe(UMPTe1/UMPTe2) UMPTg(UMPTg1/UMPTg2/UMPTg3)
基带板(支持 NR)	UBBPg(UBBPg2a/UBBPg3)UBBPfw1
星卡板	USCUb14/USCUb11
风扇模块	FANf
电源模块	UPEUe
环境监控单元	UEIUb

图 2.14　BBU5900 实物图

BBU5900 单板槽位分布如图 2.15 所示。

Slot 16 FAN	Slot 0	Slot 1	Slot18 UPEU
	Slot 2	Slot 3	
	Slot 4	Slot 5	Slot19 UPEU
	Slot 6（主控）	Slot 7（主控）	

图 2.15　BBU5900 单板槽位分布

BBU5900 单板规格如表 2.6 所示。

表 2.6　BBU5900 单板规格

单板	硬件类型	规格	功能
UMPT	UMPTe3	DL/UL 吞吐量（单板能力）：10G 最大用户连接数：5G NR 5400，传输接口：2×FE/GE（电），2×10GE（光）	5G NR 主控板，支持 GPS& 北斗双模星卡，5G NR 场景配套 SRAN13.1 及以后版本，支持 LTE-FDD/LTE-TDD/NB-IoT/NR
	UMPTb9	DL/UL 吞吐量（单板能力）：2G 最大用户连接数：10800，支持 1×GE 光+1×GE 电	面向上下行解耦场景，利旧现网 FDD 主控板场景用 UMPTb9，支持 LTE-FDD/LTE-TDD/NB-IoT
UBBPe	UBBPfw1	6 个 CPRI 接口，3 个 SFP 口，最大接口速率 25 Gbit/s，3 个 QSFP 口，最大接口速率 100 Gbit/s，1 个 HEI 互联，5G NR：3×100 MHz 64T64R+3×20M 4R	5G NR 全宽基带板：实现 NR 基带信号处理功能。最大功耗 500 W
	UBBPe10	6 个 CPRI 接口，接口速率：2.5 Gbit/s/4.9 Gbit/s/9.8 Gbit/s；FDD：3×20M 4T4R	面向上下行解耦场景
	UBBPe11	6 个 CPRI 接口，接口速率：2.5 Gbit/s/4.9 Gbit/s/9.8 Gbit/s；FDD only：6×20M 4T4R	
	UBBPe9	6 个 CPRI 接口，接口速率：2.5 Gbit/s/4.9 Gbit/s/9.8 Gbit/s；TDD only：9×20M 8T8R	TDL 场景
UPEU	UPEUe	输出功率（W）：1pcs 1100W，2pcs UPEUe：2000 W（均流模式），双路电源输入，占用两个配电口，支持 8 路干接点告警	电源和监控板：支持电源均流，把 −48 V DC 转换成 +12 V DC
FAN	FANf	最大散热（W）：2100 W	BBU5900 中的风扇板

1）UMPT 单板

UMPT（Universal Main Processing Transmission unit）为通用主控传输单元，面板外观图如图 2.16 所示，UMPT 板上的 USB 端口用于通过 U 盘进行软件升级和本地操作维护，LMT 通过 USB 转 FE 口的适配线连接到 UMPT 板上的 USB 接口进行本地操作维护。

UMPT 单板的功能如下：

（1）完成基站的配置管理、设备管理、性能监视、信令处理等功能；

（2）为 BBU 内其他单板提供信令处理和资源管理功能；

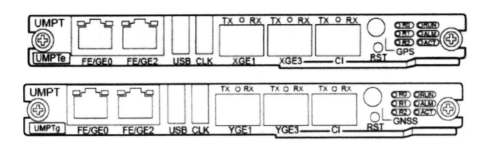

图 2.16　UMPT 单板外观图

（3）提供 USB 接口、传输接口、维护接口，完成信号传输、软件自动升级、在 LMT 或 U2000 上维护 BBU 的功能。

UMPT 单板接口规格如表 2.7 所示。

表 2.7　UMPT 单板接口规格

单板名称	传输接口数量	接口协议	端口容量/Mbit/s^{-1}
UMPTe(无星卡)	2	FE/GE 电传输	10/100/1000
UMPTe(GPS 星卡)	2	FE/GE/10GE 光传输	100/1000/10000
UMPTg	2	FE/GE 电传输	10/100/1000
	2	FE/GE/10GE 光传输	100/1000/10000

2）UBBP 单板

UBBP(Universal BaseBand Processing unit)单板是通用基带处理板。gNodeB 包含 3 款基带板，单板型号为 UBBPfw1、UBBPg2a 和 UBBPg3，面板外观图如图 2.17 所示。

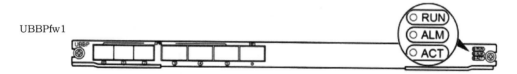

图 2.17　UBBP 单板外观图

UBBP 单板的主要功能如下：

（1）提供与射频模块通信的 CPRI 接口；

（2）完成上下行数据的基带处理功能；

（3）支持制式间基带资源重用，实现多制式并发。

UBBP 单板支持制式如表 2.8 所示。

表 2.8　UBBP 的制式

单板名称	单制式	多制式
UBBPfw1	LTE(TDD)/NR	
UBBPg2a	UMTS/LTE（FDD)/LTE（TDD)/LTE(NB-IoT)/NR	UL 共基带/UM 共基带/LM 共基带/TM 共基带/ULM 共基带
UBBPg3	UMTS/LTE（FDD)/LTE（TDD)/LTE(NB-IoT)/NR	UL 共基带/UM 共基带/LM 共基带/TM 共基带/ULM 共基带/ TN 共基带

UBBP 单板的 CPRI 接口速率规格如表2.9所示。

表 2.9　UBBP 的 CPRI 接口速率规格

模式	CPRI 接口速率	支持小区数
eCPRI	1×25Gbit/s	Sub6G 64T64R/32T32R 小区带宽为 20/30/40/50 MHz：2 个 小区带宽为 60/70/80/90/100 MHz：1 个
eCPRI	1×10 Gbit/s	Sub6G 64T64R/32T32R 小区带宽为 20 MHz：2 个 小区带宽为 30/40 MHz：1 个
CPRI	1×25 Gbit/s	支持小区数（Sub6G 8T8R） 小区带宽为 20/30/40/50/60/70/80/90/100MHz：2 个
CPRI	1×10 Gbit/s	Sub6G 8T8R 小区带宽为 20/30/40 MHz：2 个 小区带宽为 50/60/70/80 MHz：1 个

3）FAN 单板

FAN 是 BBU5900 的风扇模块，单板型号为 FANf，面板外观图如图 2.18 所示。

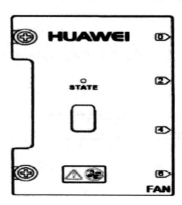

图 2.18　FAN 单板外观图

FAN 模块的主要功能包括：

（1）为 BBU 内其他单板提供散热功能；

（2）控制风扇转速和监控风扇温度，并向主控板上报风扇状态、风扇温度值和风扇在位信号；

（3）支持电子标签读写功能。

4）UPEU 单板

UPEUe（Universal Power and Environment interface Unit type e）是通用电源环境接口单元，单板型号为 UPEUe，面板外观图如图 2.19 所示。

UPEUe 的主要功能如下：

（1）UPEUe 用于将－48 V DC 输入电源转换为＋12 V 直流电源；

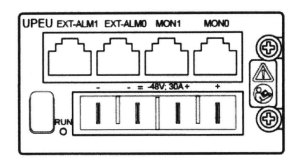

图 2.19　UPEU 单板外观图

（2）提供 2 路 RS485 信号接口和 8 路开关量信号接口，开关量输入只支持干接点和 OC（Open Collector）输入。

5）UEIU 单板

UEIUb（Universal Environment Interface Unit type b）是环境监控单元，单板型号为 UEIUb，面板外观图如图 2.20 所示。

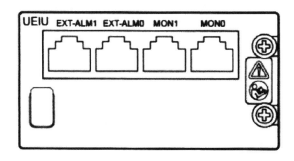

图 2.20　UEIU 单板外观

UEIU 的主要功能包括：

（1）提供 2 路 RS485 信号；

（2）提供 8 路开关量信号，开关量输入只支持干接点和 OC 输入；

（3）将环境监控设备信息和告警信息传输给主控板。

6）USCU 单板

USCU（Universal Satellite card and Clock Unit）为通用星卡时钟单元，单板型号为 USCUb11、USCUb14。USCUb11、USCUb14 面板外观一样，面板外观图如图 2.21 所示。

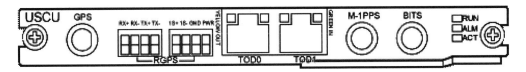

图 2.21　USCU 单板外观图

USCU 的主要功能如下：

（1）USCUbll 提供与外界 RG PS（如客户利旧设备）和 BITS 设备的接口，不支持 GPS；

（2）USCUbl4 单板含 U B LOX 单星卡，不支持 RGPS。

BBU5900 单板槽位配置说明如表 2.10 所示。

表 2.10　BBU5900 单板槽位配置

名称	选配/必配	最大配置	槽位	配置说明
UMPTe3	必配	2	Slot7	单个 UMPTe3 优先配置在 Slot7 槽位
UBBPfw1	必配	3	Slot0/Slot2/Slot4	BBU5900 中槽位配置优先级：Slot0＞Slot2＞Slot4
FANf	必配	1	Slot16	只能配置在 Slot16 槽位（BBU BOX 自带 1pcs，无须额外配置）
UPEUe	必配	2	Slot18 或 Slot19	电源环境监控模块。槽位优先级：Slot19＞Slot18；（BBU Box 已自带 1 块 UPEUc，最多再额外配置 1pcs）
USCU	选配	1	Slot0～Slot5	Slot4＞Slot2＞Slot0＞Slot1＞Slot3＞Slot5
UEIU	选配	1	Slot18	无

说明：

（1）UPEUe 电源环境监控模块根据功耗来配置，大于等于 2 块基带板时配置第二块 UPEUe。

（2）典配 BBU 功耗为 1000 W；满配 BBU 功耗为 2100 W。

2.3.3　BBU5900 单板指示灯

BBU5900 单板的指示灯包括：状态指示灯、接口指示灯和其他指示灯，如图 2.22 所示。

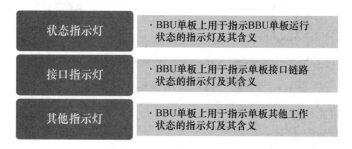

图 2.22　BBU5900 单板指示灯

1. 状态指示灯

（1）BBU5900 单板上的状态指示灯（见图 2.23）

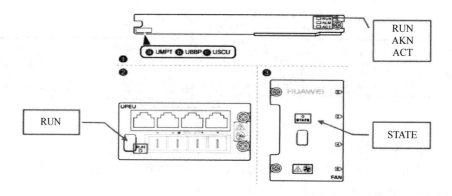

图 2.23　BBU5900 单板状态指示灯

（2）状态指示灯含义

BBU5900 状态指示灯如表 2.11 所示。

表 2.11　BBU5900 状态指示灯

图例	面板标识	颜色	状态	说明
	RUN	绿色	常亮	有电源输入,单板存在故障
			常灭	无电源输入或单板处于故障状态
			闪(1 s 亮,1 s 灭)	单板正常运行
			闪烁(0.125 s 亮,0.125 s 灭)	单板正在加载软件或数据配置;单板未开工
	ALM	红色	常亮	有告警,需要更换单板
			常灭	无故障
			闪烁(1 s 亮,1 s 灭)	有告警,不能确定是否需要更换单板
图①	ACT	绿色	常亮	主控板:主用状态; 其他非主控板:单板处于激活状态,正在提供服务
			常灭	主控板:非主用状态; 非主控板:单板没有激活或单板没有提供服务
			闪烁(0.125 s 亮,0.125 s 灭)	OML(Operation and Maintenance Link)断链; 其他非主控板:不涉及
			闪烁(1 s 亮,1 s 灭)	测试状态,例如:U 盘进行射频模块驻波测试。只有 UMPTa1 和工作在 UMTS 制式下的 UMPTb1、UMPTb2 才存在这种点灯状态
			闪烁(以 4s 为周期,前 2s 内, 0.125s 亮,0.125s 灭, 重复 8 次后常灭 2s)	主控 UMPT:未激活该单板所在框配置的所有小区 S1 链路异常; 其他单板:不涉及
图②	RUN	绿色	常亮	正常工作
			常灭	无电源输入或单板处于故障状态
图③	STATE	红绿双色	绿灯闪烁(0.125 s 亮,0.125 s 灭)	模块尚未注册,无告警
			绿灯闪烁(1 s 亮,1 s 灭)	模块正常运行
			红灯闪烁(1 s 亮,1 s 灭)	模块有告警
			常灭	无电源输入

2. 接口指示灯

（1）FE/GE 接口指示灯

FE/GE 接口指示灯位于主控板和传输板上,这些指示灯在单板上没有丝印显示,它们分布在 FE/GE 电口或 FE/GE 光口的两侧,有 LINK 和 ACT 两种。BBU5900 FE/GE 接口指示灯如表 2.12 所示。

表 2.12　BBU5900 FE/GE 接口指示灯

面板标识	颜色	状态	说明
FE/GE0 或 FE/GE1	绿色（LINK）	常亮	连接成功
		常灭	没有连接
	橙色（ACT）	闪烁	有数据收发
		常灭	没有数据收发

（2）CPRI 接口指示灯

位于 CPRI 接口上方，CPRI 接口指示灯用于指示 CPRI 接口连接状态。BBU5900 CPRI 接口指示灯如表 2.13 所示。

表 2.13　BBU5900 CPRI 接口指示灯

面板标识	颜色	状态	说明
CPRIx	红绿双色	绿灯常亮	CPRI 链路正常
		红灯常亮	光模块收发异常
		红灯闪烁（0.125 s 亮，0.125 s 灭）	CPRI 链路上的射频模块存在硬件故障
		红灯闪烁（1 s 亮，1 s 灭）	CPRI 失锁
		常灭	光模块不在位

3. 其他指示灯

（1）互联接口指示灯

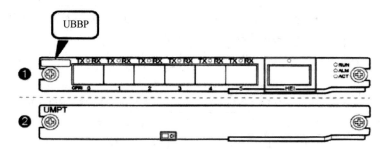

图 2.24　BBU5900 互联接口指示灯

表 2.14　BBU5900 互联接口指示灯

图例	面板标识	颜色	状态	说明
图①	HEI	红绿双色	绿灯常亮	连接成功
			红灯常亮	光模块收发异常
			红灯闪烁（1 s 亮，1 s 灭）	互联链路失锁
			常灭	光模块不在位
图②	CI	红绿双色	绿灯常亮	互联链路正常

（2）TOD 指示灯含义

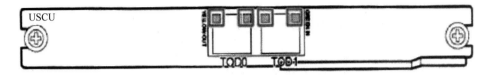

图 2.25　BBU5900 单板 TOD 指示灯

表 2.15　BBU5900 TOD 指示灯

面板标识	颜色	状态	说明
TODn	绿色	常亮	接口配置为输入
	橙色	常亮	接口配置为输出

2.3.4　BBU 安装

在 BBU 安装时，可以根据站点的环境灵活地安装，具体的安装场景包括以下几种。

（1）BBU 内置在 DRRU 插框中挂墙安装，如图 2.26 所示。

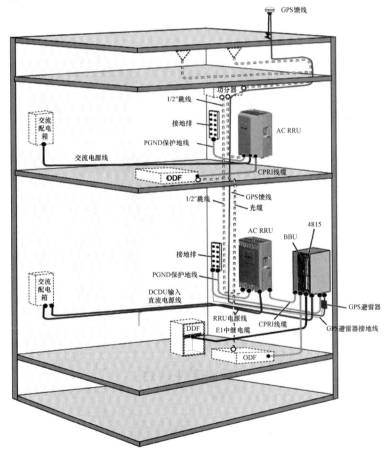

图 2.26　室内安装

（2）BBU 安装在室内集中安装架上或其他机柜内,如图 2.27 所示。

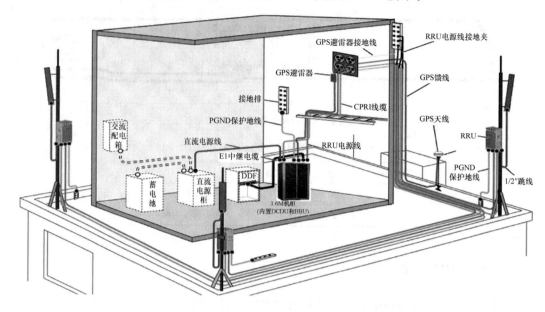

图 2.27　BBU 安装于机柜内

（3）BBU 室外安装在 OMB 中,抱杆/挂墙安装,如图 2.28 所示。

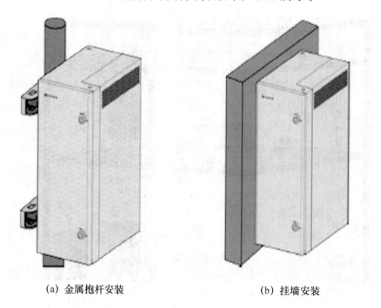

（a）金属抱杆安装　　　　　　（b）挂墙安装

图 2.28　OMB 安装方式

2.3.5　实训项目九:BBU3900 系统硬件认知

一、实验目的

（1）了解并熟悉 BBU 的组成结构。

（2）了解并熟悉 BBU 的特点。

（3）了解并熟悉 BBU 的接口。

二、实训设备

BBU3900 一套。

三、实训原理

1. DBS3900 概述

DBS3900 是 UTRAN 无线接入网第四代分布式基站。DBS3900 系统由 BBU3900、RRU3804 或 RRU3801E 和天馈系统组成,如图 2.29 所示。BBU3900 安装在标准 19-Inch 机柜中。

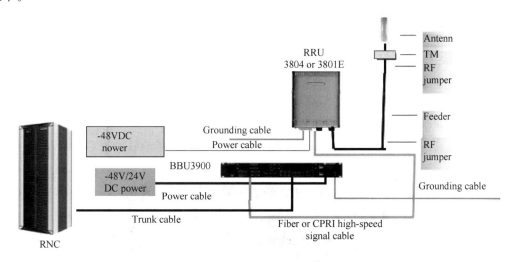

图 2.29 DBS3900 系统组成

2. BBU3900 的特点

BBU3900 是基带处理模块,提供 NodeB 系统与 RNC 连接的接口单元。

BBU3900 的主要功能包括:

(1) 提供与 RNC 通信的物理接口,完成 NodeB 与 RNC 之间的信息交互;

(2) 提供与 RRU/WRFU 通信的 CPRI 接口;

(3) 提供 USB 接口。安装软件和配置数据时,USB 存储盘自动对 NodeB 软件升级;

(4) 提供与 LMT 连接的维护通道;

(5) 完成上下行数据处理功能;

(6) 集中管理整个 NodeB 系统,包括操作维护和信令处理;

(7) 提供系统时钟。

3. BBU3900 逻辑结构

BBU3900 采用模块化设计,根据各模块实现的功能不同划分为:传输子系统、基带子系统、控制子系统和电源模块,如图 2.30 所示。

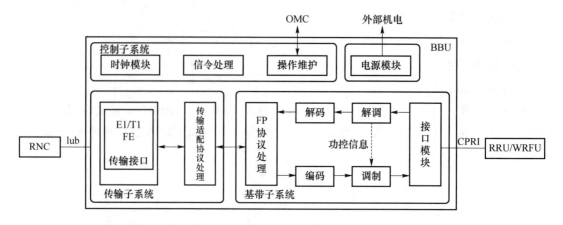

图 2.30　BBU3900 逻辑结构示意图

4. BBU3900 硬件组成

BBU3900 实物及必配单板位置图如图 2.31 所示。

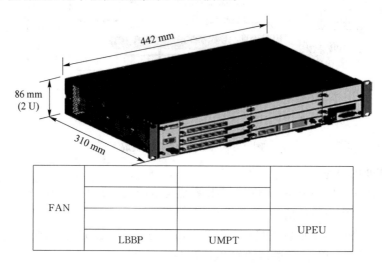

图 2.31　BBU3900 实物及必配单板位置图

BBU3900 单板包括：

（1）主控传输板：UMPT

UMPT（Universal Main Processing Transmission unit）为通用主控传输单元，是 BBU3900 的主控传输板，管理整个 eNodeB，完成操作维护管理和信令处理，并为整个 BBU3900 提供时钟。

UMPT 常用型号 UMPTb2 面板如图 2.32 所示。

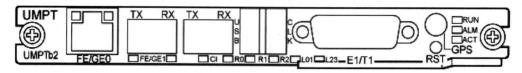

图 2.32　UMPTb2 面板

（2）基带处理板：LBBP

LBBP（LTE BaseBand Processing unit）是 LTE 基带处理板，包括 LBBPd1、LBBPd2、LBBPd3 和 LBBPd4。提供与射频模块的 CPRI 接口；完成上下行数据的基带处理功能。

LBBP 常用型号 LBBPd1、LBBPd2、LBBPd3 和 LBBPd4 面板如图 2.33 所示。

图 2.33　LBBPd1、LBBPd2、LBBPd3 和 LBBPd4 面板

（3）星卡时钟单元：USCU

USCU（Universal Satellite card and Clock Unit）是通用星卡时钟单元，其单板型号为 USCUb11。提供与外界 RGPS（如局方利旧设备）和 BITS 设备的接口，不支持 GPS。

USCU 常用型号单板 USCUb11 面板如图 2.34 所示。

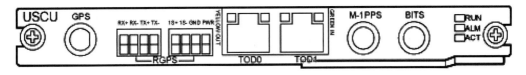

图 2.34　USCUb11 面板

（4）防雷板：UFLP

UFLP（Universal FE Lightning Protection unit）为通用 FE/GE 防雷单元。支持 2 路 FE/GE 信号的防雷功能。UFLP 常用型号 UFLPb 面板如图 2.35 所示。

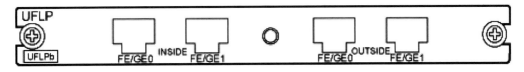

图 2.35　UFLPb 面板

（5）电源模块：UPEU

UPEU（Universal Power and Environment Interface Unit）是 BBU3900 的电源模块，其单板型号是 UPEUc。UPEUc 将－48 V DC 输入电源转换为＋12 V 直流电源。一块 UPEUc 输出功率为 360 W，电源模块 UPEUc 可以提供 650 W 供电能力。提供 2 路 RS485 信号接口和 8 路开关量信号接口，开关量输入只支持干节点（无源节点）和 OC 输入。UPEUc 面板如图 2.36 所示。

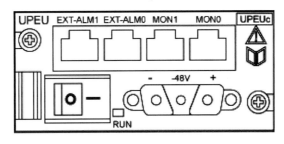

图 2.36　UPEUc 面板

（6）环境接口板：UEIU

UEIU（Universal Environment Interface Unit）是 BBU3900 的环境接口板，主要用于将环境监控设备信息和告警信息传输给主控板。

UEIU 提供 2 路 RS485 信号接口；提供 8 路开关量信号接口，将环境监控设备信息和告警信息传输给主控板。UEIU 面板如图 2.37 所示。

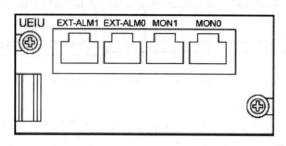

图 2.37　UEIU 面板

（7）风扇模块：FAN

风扇模块 FAN 主要用于风扇的转速控制及风扇板的温度检测，上报风扇和风扇板的状态，并为 BBU 提供散热功能。FAN 常用型号 FANc 面板如图 2.38 所示。

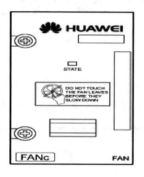

图 2.38　FANc 面板

（8）通用扩展传输处理单元：UTRP

UTRP（Universal Extension Transmission Processing Unit）单板用于扩展传输资源，支持 E1/T1 接口，仅支持 IP over E1/T1 传输模式。UTRP 面板如图 2.39 所示。

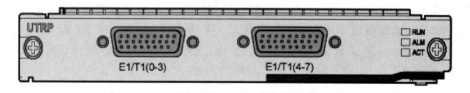

图 2.39　UTRP 面板

四、实训内容

（1）画出 BBU3900 的组成框图。

（2）熟悉 BBU3900 的功能。

（3）观察 BBU3900 的单板和接口。

（4）根据实验室内基站内的 BBU3900 的连接，画出与 RRU 和控制器的线缆连接图。

五、实训报告

（1）完成实训报告。

（2）根据实训内容，记录并填写内容，指导老师对学生的操作给出评语和评分。

实训项目九报告　BBU3900 硬件认知

实训地点			时间		实训成绩	
姓名		班级	学号		同组姓名	
实训目的						
实训设备						

实训内容	1. 画出 BBU3900 的组成框图。
	2. BBU3900 的特点是什么？
	3. BBU3900 主要单板和模块描述

单板和模块类型	接口描述	指示灯描述	外部图形	内部图形
WBBP(LBBP)				
WMPT(UPT)				
UBFA(FAN)				
UPEU				
UTRP				
UELP				
UFLP				
USCU				
HCPM				
HECM				

4. 请根据实验室内基站内的 BBU3900 的连接，画出与 RRU 和控制器的线缆连接图。

写出此次实训过程中的体会及感想,提出实训中存在的问题	
评语	

2.3.6　实训项目十:WCDMA-BSC6900 系统硬件认知

一、实验目的

(1) 了解并熟悉 BSC6900 的组成结构。

(2) 了解并熟悉 BSC6900 的特点。

(3) 了解并熟悉 BSC6900 的接口。

二、实训设备

BSC6900:一套。

三、实训原理

1. BSC6900 概述

RNC(Radio Network Controler)和 NodeB 一起构成移动接入网络 UTRAN。RNC 主要实现系统信息广播、切换、小区资源分配等无线资源管理功能。WCDMA 的 RNC 设备主要有 BSC6900。RNC 在 UMTS 网络中的位置如图 2.40 所示。

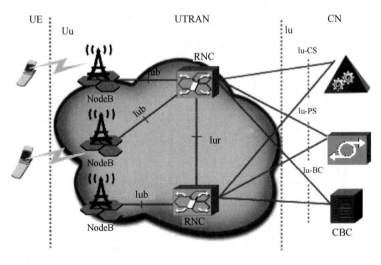

图 2.40　RNC 在 UMTS 网络中的位置

2. BSC6900 各单板介绍

RNC 逻辑上由交换子系统、业务处理子系统、接口处理子系统、时钟同步子系统、操作维护子系统、供电子系统和环境监控子系统组成。

(1) BSC6900 逻辑架构——交换子系统

交换子系统实现 BSC6900 业务数据流、控制信令流、维护信号流的交换。

交换子系统包括 MAC 交换逻辑模块和 TDM 交换模块，在系统总体结构中的位置如图 2.41 所示。

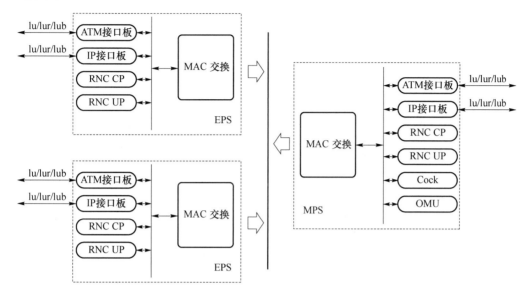

图 2.41　交换子系统在系统总体结构中的位置

交换子系统主要由 SCUa/SCUb 单板、TNUa 单板、插框的高速背板通道、SCUa/SCUb 单板的框间连接线组成。SCU 单板实物图，如图 2.42 所示。

（2）BSC6900 逻辑架构——业务处理子系统

业务处理子系统为 BSC6900 提供各项业务的处理机制，完成标准协议中控制器功能。

业务处理子系统包括 RNC CP（Control Plane）/RNC UP（User Plane）两个逻辑模块，在系统总体结构中的位置如图 2.41 所示。

业务处理子系统主要由 SPUa/SPUb 信令处理单板、DPUb/DPUe 业务处理单板共同组成。

① SPUa 单板，SPUa（Signaling Processing Unit REV：a）：信令处理板 a 版本如图 2.43 所示。

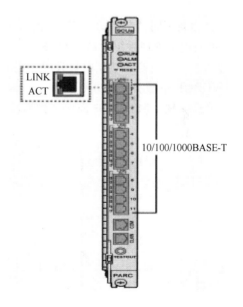

图 2.42　SCU 单板实物图

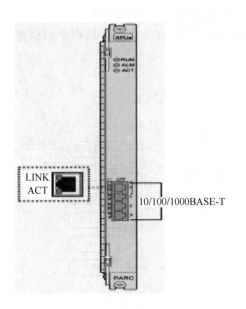

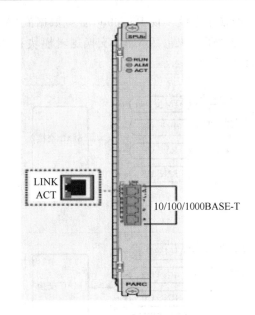

图 2.43　SPUa 单板实物图　　　　　图 2.44　SPUb 单板实物图

　　通过加载不同的软件,SPUa 单板可分为主控 SPUa 单板和非主控 SPUa 单板。主控 SPUa 单板用于管理系统内部 UMTS 用户面、控制面和传输面的资源,完成 UMTS 控制面业务处理功能。非主控 SPUa 单板只用于完成 UMTS 控制面业务处理功能。

　　② SPUb 单板,SPUb(Signaling Processing Unit REV:b):信令处理板 b 版本。SPUb 单板所图 2.44 所示。

　　通过加载不同的软件,SPUb 单板可分为主控 SPUb 单板和非主控 SPUb 单板。主控 SPUb 单板用于管理系统内部 UMTS 用户面、控制面和传输面的资源,完成 UMTS 控制面业务处理功能。非主控 SPUb 单板只用于完成 UMTS 控制面业务处理功能。

　　③ DPUb 单板介绍,DPUb(Data Processing Unit REV:b):通用数据处理板 b 版本。DPUb 单板实现 UMTS 用户面业务数据流的处理和分发功能。DPUb 单板实物图如图 2.45 所示。

图 2.45　DPUb 单板实物图　　　　　图 2.46　DPUe 单板实物图

④ DPUe 单板，DPUe（Data Processing Unit REV：e）：通用数据处理板 e 版本。DPUe 单板实物图如图 2.46 所示。

（3）时钟同步子系统结构

时钟同步子系统为 BSC6900 提供工作所需的时钟，产生 RFN（RNC Frame Number），并为基站设备提供参考时钟。时钟同步子系统在系统总体结构中的位置如图 2.41 所示。

时钟同步子系统主要由 GCUa/GCGa 单板组成。GCUa/GCGa 单板用于完成时钟功能，如图 2.47 所示。

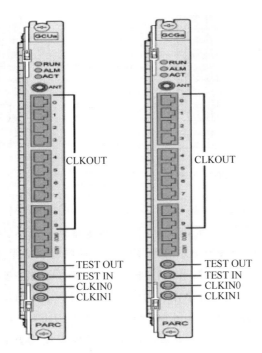

图 2.47　GCUa/GCGa 单板

（4）接口处理子系统单板

接口处理子系统为 BSC6900 提供丰富的传输接口和传输资源，处理传输网络层协议消息，实现 BSC6900 内部数据与外部数据间的交互。接口处理子系统主要由 Iu/Iur/Iub 接口板组成。

接口处理子系统包括 ATM、IP 两种接口，在系统总体结构中的位置如图 2.41 所示。

① FG2a 单板，FG2a（8-port FE or 2-port electronic GE interface unit REV：a）：8 路 FE 或 2 路 GE 自适应电接口板 a 版本。FG2a 单板选配在 MPS 和 EPS 插框中，配置数目根据需要确定。FG2a 单板配置在 MPS 插框中 14～23 号槽位；FG2a 单板配置在 EPS 插框中 14～27 号槽位。FG2a 单板如图 2.48 所示。

② UOIa 单板，UOIa（4-port ATM over Unchannelized Optical STM-1/OC-3c Interface unit REV：a）：4 路 ATM/Packet over 非通道化 STM-1/OC-3c 接口板 a 版本。UOIa 单板选配在 MPS 和 EPS 插框中，配置数目根据需要确定。UOIa 单板配置在 MPS 插框中 14～23 号槽位；UOIa 单板配置在 EPS 插框中 14～27 号槽位。UOIa 单板如图 2.49 所示。

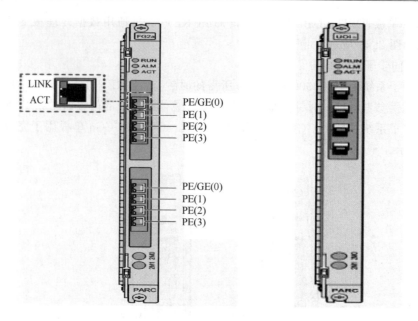

图 2.48　FG2a 单板实物图　　　　　图 2.49　UOIa 单板实物图

（5）RNC 操作维护子系统结构

操作维护子系统为 BSC6900 提供全方位的管理和维护平台,应用于日常维护、应急维护、升级、扩容等多种场景。操作维护子系统为 BSC6900 提供管理功能包括:数据配置管理、安全管理性能管理、告警管理、加载管理、升级管理。操作维护子系统主要由 OMUa 单板或 OMUc 单板组成。操作维护子系统在系统总体结构中的位置如图 2.41 所示。

OMU 单板,OMUa(Operation and Maintenance Unit REV:a):操作维护管理板 a 版本。BSC6900 固定配置 1~2 块 OMUa 单板。OMUa 单板宽度为其他单板的两倍,故每一块 OMUa 单板需要占用两个单板槽位,可配置在 MPR 机柜最下方 MPS 插框中 0~3,20~23,24~27 号槽位。对于存量局点 OMUa 单板可安装在 20~23 号槽位,对于新建局点可安装在 24~27 号槽位。OMU 单板实物图如图 2.50 所示。

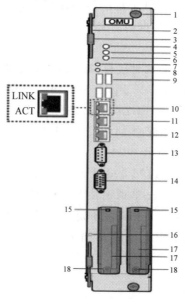

1. 松不脱螺钉	2. 扳手	3. 自锁弹片	4. RUN 指示灯
5. ALM 指示灯	6. ACT 指示灯	7. RESET 按钮	8. SHUTDOWN 按钮
9. USB 接口	10. ETH0 网口	11. ETH1 网口	12. ETH2 网口
13. COM 串口	14. VGA 接口	15. HD 指示灯	16. OFFLINE 指示灯
17. 硬盘	18. 硬盘固定螺钉		

图 2.50　OMU 单板实物图

四、实训内容

（1）画出 BBU6900 的组成框图。

（2）熟悉 BBU6900 的功能。

（3）观察 BBU6900 的单板和接口。

（4）根据实验室内基站内的 BBU6900 的连接，画出与 RRU 和控制器的线缆连接图。

五、实训报告

（1）完成实训报告。

（2）根据实训内容，记录并填写内容，指导老师对学生的操作给出评语和评分。

实训项目十报告　WCDMA-BSC6900 系统硬件认知

实训地点			时间		实训成绩	
姓名		班级		学号		同组姓名	
实训目的						
实训设备						
实训内容	1. 画出 BSC6900 的硬件结构组成框图。 2. BSC6900 的功能是什么？					

续 表

单板和模块类型	接口描述	指示灯描述	外部图形	内部图形
TNUa				
SCUa				
XPU/SPU				
DPUe				
DPUc				
DPUd				
FG2a				
UOIa				
GCUa/GCGa				
OMU				

实训内容

3. BSC6900 主要单板和模块描述。

4. 请你根据实验室内基站内的连接,画出 BSC6900 与 BBU3900 和集线器的线缆连接图。

写出此次实训过程中的体会及感想,提出实训中存在的问题	
评语	

2.4 5G 基站配套部件

1. EPU02D-02(升压配电盒)

EPU02D-02 实物图如图 2.51 所示。

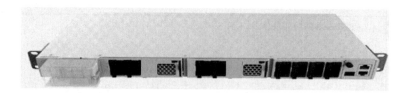

图 2.51 EPU02D-02 实物图

EPU02D-02 技术指标如表 2.16 所示。

表 2.16　EPU02D-02 技术指标

参数	升压配电盒 EPU02D-02
安装方式	支持 19inch 标准机架安装
输入电压	−48 V(−57～−38.4 V)
输入电源线	正负极各 2 路 25 方,最长 10 m
输出电压	−57V DC
等电位线	6 方(安装在局方机柜时需要)
输出功率	7200 W
−57 V 输出	8 路对外接口,但由于电源模块本身限制,只能提供 7 路输出: 其中 4 路为−48 V,30 A,可给 1×BBU5900(单电源)+1 个 BBU3910 供电 其他 4 路为−57 V,30 A,可给 3 个 AAU5612 供电
告警	1 路故障总告警干结点和 1 路 485−已被自身占用
可配套机柜	ILC29 VER. B,IMB05,ILC29 VER. D,ILC29 VER. E,APM30H VER. E 版本,TMC11H VER. E 版本,客户综合柜
保护等级	IP20

2. ETP48100-B1(AC/DC 转换模块)

ETP48100-B1 实物图如图 2.52 所示。

图 2.52　ETP48100-B1 实物图

ETP48100-B1 技术指标如表 2.17 所示。

表 2.17　ETP48100-B1 技术指标

参数	ETP48100-B1
功能	提供将 220 V AC 转−48 V DC ,为 BBU,AAU 供电
输入电流	输入交流空开 20 A,1 路 220V AC 输入
尺寸	442 mm×43.6 mm×310 mm
重量	小于等于 8.9 kg
输出电压	−58～−42V DC
输出功率	3000 W

3. OPM50M(室外电源模块)

OPM50M 实物图如图 2.53 所示。

图 2.53　OPM50M 实物图

OPM50M 技术指标如表 2.18 所示。

表 2.18　OPM50M 技术指标

参数	OPM50M VER.B
功能	提供将 220 V AC 转−48 V DC，给 BBU3910A 或宏站 DC RRU 或者 AAU 供电
尺寸	400 mm×100 mm×300 mm(高×宽×长)
重量	12 kg
防护	IP65
AC 输入	1 路 220 V AC/380V AC 输入接口，支持现场做线。 输入电源线：2.5 方电缆
DC 输出	输出功率：3000 W。 输出端口：5 路 DC 输出接口，支持现场做线，支持 3.3～8.2 方双芯屏蔽电缆
供电能力	(1) 支持给 3 个 RRU 供电； (2) 支持给 2 个 AAU5612 供电
安装方式	支持独立挂墙、抱杆、旗装、平装
室外应用防雷	内置防雷，不需要额外配置防雷模块
监控	RS485/干节点/PLC(电力监控)
接地线	16 方
备电	支持备电

4. SPM60A(交流 RRU 防雷盒)

SPM60A 实物图如图 2.54 所示。

图 2.54　SPM60A 实物图

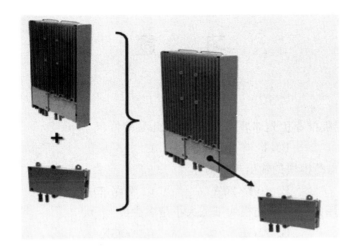

图 2.55　SPM60A 嵌入 AC/DC 示意图

SPM60A 技术指标如表 2.19 所示。

表 2.19　SPM60A 技术指标

参数	指标
功能	提供实现交流电源的防雷防护功能,用于交流 RRU/AAU 室外
重量	小于等于 1.5 kg
尺寸(长×宽×高)	50 mm×87.5 mm×174 mm
防雷等级	交流 60 kA
安装方式	抱杆和挂墙安装,SPM60A 发货已包含安件
应用场景	配套交流 RRU 室外应用

NOTE:

SPM60A 防雷规格和老 SPD60 规格一致;

SPM60A 除兼容老 SPD 的安装方式外,更可以嵌入到刀片式 AC/DC 中,外观更优。

小　　结

　　5G 在 4G 基础上对移动通信提出了更高的要求,5G 的性能目标是高数据速率、减少延迟、节省能源、降低成本、提高系统容量和大规模设备连接。国际标准化组织 3GPP 定义了 eMBB、mMTC 和 uRLLC 三大 5G 应用场景。

　　5G 的网络架构主要包括 5G 接入网和 5G 核心网,其中 NG-RAN 代表 5G 接入网,5GC 代表 5G 核心网。5G 接入网存在两种组网方式,即独立部署组网(SA)和非独立部署组网(NSA)。

　　华为 5G 基站设备解决方案由产品功能模块(BBU、AAU/RRU)和配套设备组成。BBU5900 逻辑结构采用模块化设计,由基带子系统、主控传输子系统、监控子系统,时钟子系统,风扇模块和电源模块组成;AAU 功能上主要由接口处理单元,射频单元和天线组成。

习　题

一、单选题

1. 5G 基站主控板推荐优先部署在 BBU5900 几号槽位（　　）。

A. 0　　　　　　　B. 3　　　　　　　C. 6　　　　　　　D. 7

2. DCDU-12B 电源模块的输出规格为（　　）。

A. 10 路 30A　　　B. 10 路 20A　　　C. 7 路 30A　　　D. 7 路 20A

3. 5G AAU 使用的 eCPRI 光模块带宽大小是多少（　　）。

A. 10GE　　　　　B. 25GE　　　　　C. 50GE　　　　　D. 100GE

4. 按照标准 5G 站点解决方案，BBU5900 部署大于等于 2 个 UBBPfw1 全宽基带板时，需要配置 UPEUe 电源模块的数量为（　　）。

A. 1 个　　　　　　　　　　　　　　B. 2 个

C. 1 个或者 2 个均可以　　　　　　　D. 以上均不对

5. BBU5900 安装在第三方机柜时为防止系统风量不足，建议相邻 BBU 之间预留（　　）U 或以上间距，并安装挡风板，避免风道回流。

A. 1U　　　　　　　B. 3U　　　　　　　C. 5U　　　　　　　D. 6U

6. 5G 全宽基带板推荐部署在 BBU5900 的槽位优先级顺序为（　　）。

A. 0＞2＞4　　　B. 4＞2＞0　　　C. 4＞2＞0＞1＞3＞5　　D. 5＞3＞1

7. UPEUe 的输出功率是（　　）。

A. 350 W　　　　　B. 650 W　　　　　C. 1 100 W　　　　D. 2 000 W

8. 5G 频谱规划中属于 C-Band 的频率是（　　）。

A. 800 MHz　　　　B. 2.6 GHz　　　　C. 4.9 GHz　　　　D. 35 GHz

9. 在 5G 编码之争中，华为主导的（　　）最终成为 5G 控制信道编码标准。

A. LDPC 码　　　　B. Polar 码　　　　C. Turbo 码

10. 5G AAU 典型天线个数为（　　）。

A. 64T64R　　　　B. 32T32R　　　　C. 8T8R　　　　　D. 4T4R

11. 中国移动当前 NSA 组网网络架构的组成为（　　）。

A. LTE＋NR＋EPC　　B. LTE＋NR＋NGC　　C. NR＋NGC

二、判断题

1. FANc 和 FANd 风扇板可以放置在 BBU5900 机框中使用。　　　　　　（　　）

2. BBU5900 的槽位编号是从左往右编排，再从上到下编排。　　　　　　（　　）

3. 5GAAU 模块使用双电源线供电方案时需要外接 ODM，输入 2 路电源线输出转成 1 路电源线。　　　　　　　　　　　　　　　　　　　　　　　　　　（　　）

4. BBU3900 与 BBU5900 槽位分布一致。　　　　　　　　　　　　　　（　　）

5. 当前 NSA 场景主流的组网方案是 Option 3x 方案。　　　　　　　　（　　）

6. 5G 标准站点解决方案中 AAU 拉远距离需小于 100 m，超出 100 m 的场景需单独申请特殊场景方案。　　　　　　　　　　　　　　　　　　　　　　　（　　）

7. 5G AAU 支持级联。　　　　　　　　　　　　　　　　　　　　　　　　（　　）

8. AAU 本身有保护接地，在安装好保护接地线的情况下，AAU 的电源线不需要剥开露出电源线屏蔽层进行固定。　　　　　　　　　　　　　　　　　　　　（　　）

9. 安装 AAU 电源线应注意：必须先连接 AAU 端连接器，再连接供电设备端连接器。如果连接顺序错误或电源线极性反接，可能导致 AAU 设备损坏或人身伤害。　　（　　）

10. 目前已经发布的 5G 试点频段低频主要有 2.6G、3.5G、4.9G、10G。　　　（　　）

11. UPEUd 电源板不能放置在 BBU5900 机框中使用。　　　　　　　　　　（　　）

三、简答题

1. 请画出 BBU5900 槽位分布图及对应的单板类型。

2. 请简述 5G 的三大应用场景及典型应用。

3. 谈谈 5G 网络运维工作可能会面临哪些挑战？

四、研讨题

1. 请提出 AAU 功率大引起内部温度高的解决方案。

2. 请提出 AAU 节能型供电的解决方案。

3. 请提出用 5G 基站对汽车定位的可行性方案。

第3章 5G综合基站通信电源

【本章内容简介】

5G综合基站通信电源概述,高低压配电、油机发电系统、交直流配电、空调设备、整流与变换设备、蓄电池等相关知识。

【本章重点难点】

高低压配电维护规程及维护保养方法;油机发电机组的工作原理,油机发电机组的使用和维护;空调设备的结构组成及原理;蓄电池的运营和维护。

交流系统包含有高压市电进线及分配、低压市电的分配、油机发电机组、交流配电、5G综合基站空调。相当于电源分级的第一级电源,主要作用是保证提供能源。

相对于油机发电,市电具有经济、环保等优点,在5G综合基站(即包含2G、4G的5G综合基站)电源系统的建设中,国家要求市电作为主要能源(除个别地区可利用太阳能、风力发电以外)。市电既然作为5G综合基站电源系统的能源提供者,应首先了解市电在引入5G综合基站前、后的工作流程和原理。

通信电源是整个5G综合基站通信设备的重要组成部分,通常被称为5G综合基站通信设备的"心脏",在5G综合基站中具有无可比拟的重要地位。如果通信电源供电质量不佳或中断,将会使通信质量下降甚至无法正常工作直至通信瘫痪,造成重大的经济损失,给人民生活带来了极大的不便,以及造成极坏的政治影响。

通信网的快速发展,5G综合基站通信电源专业得到了长足的进步,也发生了革命性的跃变,这体现在标准的制(修)订、供电系统的可靠性的提升、供电方式的完善、技术装备水平的提高、维护方式的变革、集中监控管理的实施等诸多方面。由于5G综合基站通信电源系统设备繁多,维护复杂,是一门要求既要有扎实的科学知识,又具有很强的实际动手能力的专业。必须先要了解其总体的组成情况,在此基础上,才能有目的地学习其中的各种5G综合基站通信电源设备及维护方法。

3.1 5G综合基站通信电源概述

3.1.1 5G综合基站通信电源的组成

在5G综合基站中主要的电源设备及设施有:交流市电引入线路、高低压局内变电站设备、自备油机发电机组、整流设备、蓄电池组、交直流配电设备等,以及空调、集中监控系统、接地系统等 5G 综合基站配套设备和设施。另外,在 5G 主设备和传输设备上还都配有板上电源(Power on board)。

确切地说,5G 综合基站通信电源是专指对 5G 综合基站通信设备及配套设备直接供电的电源。在一个实际的 5G 综合基站中,除了对 5G 综合基站通信设备供电的不允许间断的电源外,一般还包括有对允许中断的保证建筑负荷(比如电灯)、基站空调等供电的电源。图 3.1 是一个较完整的 5G 综合基站通信电源组成框图,它包含了通信电源和通信用空调电源及建筑负荷电源等。

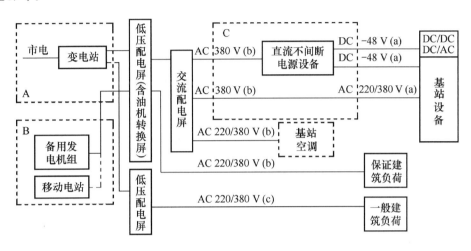

图 3.1 5G 综合基站通信电源组成框图

1. 市电引入

如图 3.1 中的 A 框,由于市电比油机发电等其他形式电能更可靠、经济、环保,所以市电仍是 5G 综合基站用电的主要能源。为提高市电的可靠性,大型 5G 综合基站的电源一般采用高压电网供电,为了进一步提高可靠性,一些重要的综合 5G 综合基站还采用两个区域变电所引入两路高压市电,并且由专线引入一路主用,一路备用。市电引入部分通常包含有局站变电所(含有高压开关柜、降压变压器等)、低压配电屏(含有计量、市电-油机电转换、电容补偿、防雷、分配等功能)等,通过这些变、配电设备,将高压市电(一般为 10 kV)转为低压市电(三相 380 V),然后为交、直流不间断电源设备及 5G 基站空调、建筑负荷提供交流能源。

2. 油机发电

如图 3.1 中的 B 框,当市电不可用时(比如停电、市电质量下降等),可用备用油机发电机组提供能源,某些 5G 综合基站配有移动油机发电机组(或便携式发电机)以应急 5G 综合基站供电的需要,比如 5G 综合基站的市电故障应急供电。

整个 5G 综合基站电源供电系统线路根据供电中断与否可分为:A 级(供电不允许中断)、B 级(供电允许短时间中断)、C 级(供电允许中断)三个等级。由于市电的中断在某些情况下是无法控制和避免的,对一些不能长时间停电的 5G 综合基站通信设备电源线路必须由备用油机发电机组在市电中断后一定时间内供出能替代市电的交流能源。此外,为了减小备用油机发电机组容量和节约能源,在市电中断后,备用油机发电机组仅供给 5G 综合基站主设备和传输设备,而不再对建筑负荷供电。

3. 直流不间断电源

由于通信的特点决定了 5G 综合基站通信电源必须不间断地为 5G 综合基站设备提供电源,而市电(油机电)做不到这一点。如图 3.1 的 C 框,要做的就是将市电(油机电)这种可能中断的电源转换为直流不间断电源对通信设备的供电。所以必须明确的是,直流不间断电源只是将市电(油机电)进行电能的转换和传输,它并不生产电能。

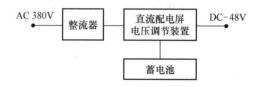

图 3.2　直流不间断电源系统

5G 通信设备的供电要求有交流、直流之分,因此通信电源也有交流不间断电源和直流不间断电源两大系统。

图 3.2 为直流不间断电源系统框示意图。

当市电正常时,由市电给整流器提供交流电源,整流器将交流电转换为直流电,一方面经由直流配电屏(又称直流配电单元)供出给通信设备,另一方面给蓄电池补充充电(即蓄电池一般处于充足电状态)。

当整流器由于以下原因发生停机:市电停电,市电质量下降到一定程度,整流器故障。此时,蓄电池在同一时间代替整流器经由直流配电屏给通信设备提供高质量的直流电,从而实现了直流电源的不间断供出。当然,考虑到蓄电池的供电时间有限,必须在蓄电池放完电之前,让整流器重新开机输出高质量直流电源给通信设备及蓄电池供电。针对上述整流器停机的第一、二种原因,应及时启动油机发电机组替代市电供出符合标准的交流电源;如果是上述的第三种原因,应及时修复或更换整流器(通常是易更换的整流模块)。

当由油机供电过程中,市电恢复正常,应优先用市电提供能源。在市电和油机电的转换过程中,虽然整流器的交流输入侧有短时间的中断,但由于蓄电池的存在,仍能保证直流输出不间断供电。

3.1.2　5G 综合基站通信电源的分级、要求及发展

1. 5G 综合基站通信电源的分级

由上述可知,5G 综合基站直流不间断电源系统,是从交流市电或油机发电机组取得能源,再转换成不间断的直流电源去供给 5G 综合基站通信设备。5G 综合基站通信设备内部再根据电路需要,通过 DC/DC 变换或 AC/DC 整流将单一的电压转换成多种交直流电压。因此,从功能及转换层次来看,可将整个电源系统划分为三个部分:将交流市电和油机发电机组称为第一级电源,这一级是保证提供能源,但可能中断;直流不间断电源称为第二级电源,主要保证电源供电的不间断;至于通信设备内部的 DC/DC 变换器、DC/AC 逆变器及 AC/DC 整流器则划为第三级电源,第三级电源主要是提供通信设备内部各种不同的交、直流电压要求,常由插板电源或板上电源提供。板上电源(Power on board)在我国又称为模块电源,由于功率相对较小,其体积很小,可直接安装在印制板上,由通信设备制造厂与通信设备一起提供。上述三级电源的划分如图 3.3 所示。

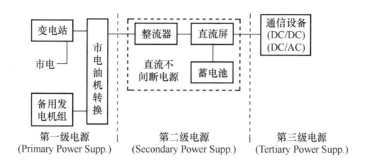

图 3.3　三级电源的划分

2．5G 综合基站设备对通信电源供电系统的要求

通过对 5G 综合基站通信电源系统总体的认识，为保证通信生产可靠、准确、安全、迅速，可以将 5G 综合基站设备对通信电源的基本要求归纳为：可靠、稳定、小型智能、高效率。

（1）可靠。可靠指通信电源不发生故障停电或瞬间中断。所以，可靠性是 5G 综合基站设备对通信电源最基本的要求。要确保通信畅通可靠，除了必须提高 5G 综合基站设备的可靠性外，还必须提高供电电源的可靠性。

为保证供电的可靠，要通过设计和维护两方面来实现。设计方面：一是尽量采用可靠的市电能源，包括采用两路高压供电；二是交流和直流供电都应有相应的优良的备用设备，如自启动油机发电机组（甚至能自动切换市电、油机电），蓄电池组等。维护方面：操作使用准确无误，经常检修分析，做到防患于未然，确保可靠供电。

（2）稳定。5G 综合基站通信设备都要求电源电压稳定，不能超过允许的变化范围。因此电源电压高了会损坏通信设备中的电子元器件，低了通信设备都不能正常工作。

对于直流供电电源：稳定还包括电源中的脉动杂波要低于允许值，也不允许有电压瞬变，否则会严重影响 5G 综合基站通信设备的正常工作。

对于交流供电电源：稳定还包括电源频率的稳定和应具有良好的正弦波形，防止波形畸变和频率的变化影响 5G 综合基站通信设备的正常工作。

（3）小型智能。随着集成电路、计算机技术的飞速发展和应用，5G 综合基站通信设备正越来越小型化、集成化。为适应 5G 综合基站通信设备的发展以及电源集中监控技术的推广，5G 综合基站通信电源设备也正在向小型化、集成化、智能化方向发展。

（4）高效率。随着 5G 综合基站通信设备容量的日益增加，以及大量 5G 综合基站用空调的使用，5G 综合基站用电负荷不断增大。为节约能源、降低生产成本，必须设法提高 5G 综合基站通信电源设备的效率。

3．5G 综合基站通信电源系统发展概述

从建国初期发展通信电源至今，随着对通信电源重视程度的不断加强，加上功率半导体技术、计算机控制技术和超大规模集成电路生产工艺的飞速发展，维护经验的积累和总结，我国的通信电源事业发生了巨大的变革，逐步走向世界先进水平。

（1）电源设备的变革。

① 整流设备。从 20 世纪 50 年代末的饱和电抗器控制的稳压稳流硒整流器，60 年代的硅二极管取代硒整流片的稳压稳流硅整流器，60 年代末 70 年代初稳压稳流晶闸管整流器，一直到 80 年代末 90 年代初的高频开关整流器，我国通信用整流设备经历了几代变革。90 年代以后，随着计算机控制技术、功率半导体技术和超大规模集成电路生产工艺的飞速发展，高频开

关整流器产品也越来越成熟,性价比逐步提升,目前已经逐步取代了晶闸管整流器,并且还在不断地朝着高频化、高效率、大功率、小型智能化、清洁环保的方向发展。

② 蓄电池。由于铅酸蓄电池具有电压稳定性好、进行大电流放电的特点,所以在5G综合基站通信电源中得到广泛使用。我国通信用铅酸蓄电池,20 世纪 60 年代以开口式为主。70 年代中期我国首次研制并开始使用防酸隔爆式铅酸蓄电池,80 年代消氢少维护电池被采用,70 年代末期国际上出现了阀控式密封铅酸蓄电池(VRLA)。由于阀控式密封铅酸蓄电池具有无酸雾溢出、免加水、能与其他电器设备同室安装等特点,随着其技术的成熟,从 90 年代起,我国开始推广阀控式密封铅酸蓄电池。由于目前大量使用的阀控式密封铅酸蓄电池属贫液型,存在着对环境温度变化适应性差的缺点,所以已经出现了富液式 VRLA,国际上也正在发展其他蓄电池,如新型锂蓄电池。

③ 发电机组。发电机组是 5G 综合基站重要的备用交流能源。20 世纪 60 年代使用手启动的普通机组,70 年代研制成功了自启动机组、无人值守机组,但可靠性不高。从 80 年代研制成功无人值守风冷机组、微计算机控制的自动化机组,到 90 年代开始对低噪声机组和对闭式循环蒸汽透平发电机组、自动化燃气轮机发电机组等进行应用研究,提高了发电机组的可靠性指标,具有自动化程度高和遥控功能的特点,便于实现少人或无人值守维护。要实现供电系统的无人值守,发电机组的可靠性一直是一个难点,随着机组技术含量的增加和可靠性的不断提高,这方面的问题正在不断地得到解决。

(2)维护方式的变革。以前,基站通信电源是人员密集型的分散维护,是一种有人值班、定时抄表、包机、预检预修的维护方式。这在当时设备技术档次低、可靠性差的情况下,为了保证供电是必要的。进入 20 世纪 90 年代以来,随着通信网络规模的不断扩大,电源设备的种类、数量也大幅增加,同时,计算机被广泛地应用,基站电源设备和系统的技术层次和可靠性大大提高。在这种情况下,为提高 5G 综合基站通信电源维护的效率、降低维护运行成本、进一步提高电源设备运行的稳定性和可靠性,要求电源供电系统、5G 综合基站空调和环境实现计算机集中监控管理。与集中监控相适应的技术维护方式必须是集中维护,要求维护人员一专多能,既有比较全面的理论知识,更要有丰富的实践经验。

如何将集中监控与分散供电有效的融合,在通信电源供电系统的可靠性、先进性、可维护性等方面不断提高供电系统品质,将成为今后很长一段时间内应致力研究的课题。

3.2 低压配电

3.2.1 低压配电系统

1. 低压配电概述

(1)市电分类。依据 XT005-95《通信局(站)电源系统总技术要求》,市电根据 5G 综合基站所在地区的供电条件,线路引入方式及运行状态,将市电供电分为以下三类。

① 一类市电供电(市电供应充分可靠)。一类市电供电是从两个稳定可靠的独立电网引入两路供电线路,质量较好的一路作主要电源,另一路作备用,并且采用自动倒换装置。两路供电线路不会因检修而同时停电,事故停电次数极少,停电时间极短,供电十分可靠。大型 5G 综合基站规定采用一类市电。

② 二类市电供电(市电供应比较可靠)。二类市电供电是从两个电网构成的环状网中引入一路供电线路,也可以从一个供电十分可靠的电网上引入一路供电线。允许有计划地检修停电,事故停电不多,停电时间不长,供电比较可靠。多数 5G 综合基站可采用二类市电。

③ 三类市电供电(市电供应不完全可靠)。三类市电供电是从一个电网引入一路供电线路,供电可靠性差,位于偏僻山区或地理环境恶劣的 5G 综合基站可采用三类市电。

(2)5G 综合基站低压交流供电原则。根据各地市电供应条件的不同,各 5G 综合基站容量大小不同,以及地理位置的差异等因素,可采用各种不同的交流供电方案,但都必须遵循以下基本原则。

① 市电是 5G 综合基站通信电源的主要能源,是保证通信安全、不间断的重要条件,必要时可申请备用市电电源。

② 市电引入,原则上应采用 6~10 kV 高压引入,自备专用配电变压器,避免受其他电能用户的干扰。

③ 市电和自备发电机组成的交流供电系统接线应力求简单、灵活,操作安全,维护方便。

④ 在交流供电系统中应装设功率因数补偿装置,功率因数应补偿到 0.9 以上。

⑤ 低压交流供电系统采用三相五线制供电。

2. 常见低压配电设备

较大容量的 5G 综合基站设置低压交流配电屏是用来接受与分配低压市电和备用油机发电机的电源。低压交流配电屏中安装的电气设备包括低压配电和市电油机电转换等设备。5G 综合基站中的低压交流配电主要用来进行受电、计量、控制、功率因数补偿、动力馈电和照明馈电等。市电、油机转换一般可实现两路市电或一路市电与发电机电源的自动或手动切换。5G 综合基站低压交流配电屏实物图如图 3.4 所示。

图 3.4　5G 综合基站低压交流配电屏

3. 常见的低压电器

在低压配电设备中常用的低压电器有以下 4 种。

(1)低压断路器。低压断路器也称为低压自动开关,主要作为不频繁地接通或分断电路之用。低压断路器具有过载、短路和失压保护装置。在电路发生过载、短路、电压降低或消失时,断路器可自动切断电路,从而保护电力线路及电源设备。

低压断路器按灭弧介质可分为空气断路器和真空断路器两种,按用途分可分为配电用断路器、电动机保护用断路器、照明用断路器和漏电保护用断路器等。配电用断路器又可分为非选择型和选择型两种。非选择型断路器因为是瞬时动作,所以常用作短路保护和过载保护;选择型断路器又可用作两段保护、三段保护和智能化保护。两段保护为瞬时与短延时或长延时两段。三段保护为瞬时、短延时和长延时三段。其中瞬时、短延时特性适用于短路保护,长延时特性适用于过载保护。智能化保护是近些年研制成功的高科技保护手段,是用微型计算机来控制各脱扣器并进行监视和控制,保护功能多,选择性能好。所以这种断路器称为智能型断路器。

另外,作为配电用断路器,按其结构形式又可分为塑料外壳式断路器和万能式断路器两大类。这两类低压断路器目前使用较为普遍。典型产品有塑料外壳式(DZ10 型)和框架式(DW10 型)两类,它们均由触头系统、灭弧装置、传动机构、自由脱扣机构及各种脱扣器等部分组成。如图 3.5 所示为低压断路器实物图。

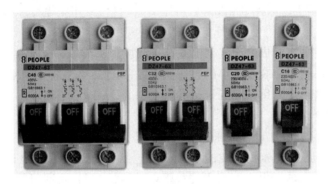

图 3.5　低压断路器实物图

(2) 低压刀开关。刀开关是低压电器中结构最简单的一种,广泛应用于各种配电设备和供电线路中,用来接通和分断容量不太大的低压供电线路以及作为低压电源隔离开关使用。

低压刀开关根据其工作原理、使用条件和结构形式的不同,可分为开启式负荷开关(HK1、HK2、TSW 系列等)、封闭式负荷开关(HH3、HH4 系列等)、隔离刀开关(HSl3、HD11系列等)、熔断器式刀开关(HR3 系列)和组合开关(HZ10 系列)。如图 3.6 所示为低压刀开关实物图。

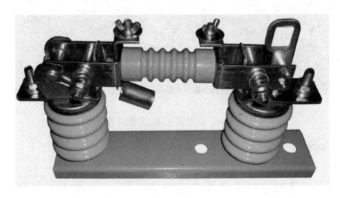

图 3.6　低压刀开关

(3) 熔断器。熔断器是一种最简单的保护电器,在低压配电电路中,主要用于短路保护。它串联在电路中,当通过的电流大于规定值时,以它本身产生的热量,使熔体熔化而自动分断电路。熔断器与其他电器配合,可以在一定的短路电流范围内进行有选择的保护。

低压熔断器种类很多,根据其构造和用途可分为开启式、半封闭式和封闭式。封闭式熔断器又可分为有填料和无填料熔断器,有填料熔断器中有螺旋式和管式,无填料熔断器中有插入式和管式。图 3.7 所示分别为螺旋式、管式和无填料熔断器实物图。

(a) 螺旋式　　　　　　(b) 管式　　　　　　(c) 无填料

图 3.7　螺旋式、管式和无填料熔断器

① 熔断器的结构和主要参数。熔断器主要由熔体和安装熔体的熔管或熔座两部分构成。熔体是熔断器的主要部分,常做成丝状或片状。熔体的材料有两种,一种是低熔点材料,如铅、锌、锡以及锡铅合金等;另一种是高熔点材料,如银和铜。熔管是熔体的保护外壳,在熔体熔断时兼有灭弧的作用。

每一种熔体都有两个参数,即额定电流与熔断电流。额定电流是指长时期通过熔断器而不熔断的电流值。熔断电流通常是额定电流的两倍。一般规定通过熔体的电流为额定电流的 1.3 倍时,应在 1 小时以上熔断;为额定电流的 1.6 倍时,应在 1 小时内熔断;达到熔断电流时,在 30~40 秒后熔断;当达到 9~10 倍额定电流时,熔体应瞬间熔断。熔断器对过载反应是很不灵敏的,当发生轻度过载时,熔断时间很长,因此,熔断器不能作为过载保护元件。

熔管有 3 个参数:额定工作电压、额定电流和断流能力。额定工作电压是从灭弧角度提出的,当熔管的工作电压大于额定电压时,在熔体熔断时,可能出现电弧不能熄灭的危险。熔管的额定电流是由熔管长期工作所允许温升决定的电流值,所以熔管中可装入不同等级额定电流的熔体,但所装入熔体的额定电流不能大于熔管的额定电流值。断流能力是表示熔管在额定电压下断开电路故障时所能切断的最大电流值。

② 熔断器的选用原则。选用熔断器,一般应符合下列原则。

• 根据用电网络电压选用相应电压等级的熔断器。

• 根据配电系统可能出现的最大故障电流,选用具有相应分断能力的熔断器。

• 在电动机回路中用作短路保护时,为避免熔体在电动机启动过程中熔断,对于单台电动机,熔体额定电流≥(1.5~2.5)×电动机额定电流;对于多台电动机,总熔体额定电流≥(1.5~2.51)×容量最大一台电动机的额定电流+其余电动机的计算负荷电流。

• 对电炉及照明等负载的短路保护,熔体的额定电流等于或稍大于负载的额定电流。

• 采用熔断器保护线路时,熔断器应装在各相线上。在二相三线或三相四线回路的中性线上严禁装熔断器,这是因为中性线断开可能会引起各相电压不平衡,从而造成设备烧毁事故。在公共电网供电的单相线路的中性线上应装熔断器,电业的总熔断器除外。

• 各级熔体应相互配合,下一级应比上一级小。

（4）接触器。接触器适用于远距离频繁接通和分断交、直流主电路及大容量控制电路。接触器可分为交流接触器和直流接触器两种。接触器主要由主触头、灭弧系统、电磁系统、辅助触头和支架等组成。如图 3.8 所示为接触器实物图。

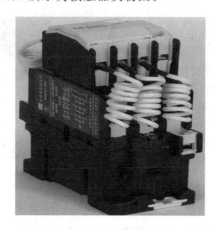

图 3.8　接触器实物图

4. 电容补偿

在三相交流电所接负载中，除白炽灯、电阻电热器等少数设备的负荷功率因数接近于 1 外，绝大多数的三相负载如异步电动机、变压器、整流器和空调等的功率因数均小于 1，特别是在轻载情况下，功率因数更为降低。用电设备功率因数降低之后，带来的影响有：

- 使供电系统内的电源设备容量不能充分利用；
- 增加了电力网中输电线路上的有功功率的损耗；
- 功率因数过低，还将使线路压降增大，造成负荷端电压下降。

在线性电路中，电压与电流均为正弦波，只存在电压与电流的相位差，所以功率因数是电流与电压相角差的余弦，称为相移功率因数，即

$$PF = \frac{P}{S} = \frac{UI\cos\varphi}{UI} = \cos\varphi \tag{3-1}$$

在非线性电路中（如开关型整流器），交流电压为正弦波形，电流波形却为畸变的非正弦波形，同时与正弦波的电压存在相位差。此时全功率因数为

$$PF = \frac{P}{S} = \frac{U_L I_1 \cos\varphi}{U_L I_R} = \frac{I_1 \cos\varphi}{I_R} = \gamma\cos\varphi \tag{3-2}$$

式中：P——有功功率；

$\quad\quad S$——视在功率；

$\quad\quad U_L$——电网电压；

$\quad\quad I_1$——基波电流有效值；

$\quad\quad \cos\varphi$——相移功率因素；

$\quad\quad I_R$——电网电流有效值；

$\quad\quad \gamma$——失真功率因数，也称电流畸变因子，它是电流基波有效值与总有效电流值之比。从公式中可以看出，电路的全功率因数为相移功率因数 $\cos\varphi$ 与失真功率因数 γ 两项的乘积。

提高功率因数的方法主要有：

① 提高自然功率因数，即提高变压器和电动机的负载率到 $75\%\sim80\%$，以及选择本身功率因数较高的设备；

② 对于感性线性负载电路,采用移相电容器来补偿无功功率,便可提高 $\cos\varphi$;

③ 对于非线性负载电路(在通信企业中主要为整流器),则通过功率因数校正电路将畸变电流波形校正为正弦波,同时迫使它跟踪输入正弦电压相位的变化,使高频开关整流器输入电路呈现电阻性,提高总功率因数。

3.2.2 低压配电维护规程及维护保养方法

1. 低压配电维护规程

(1) 自动断路器跳闸或熔断器烧断时,应查明原因再恢复使用,必要时允许试送电一次。

(2) 熔断器应有备用,不应使用额定电流不明或不合规定的熔断器。直流熔断器的额定电流值应不大于最大负载电流的 2 倍,5G 综合基站熔断器的额定电流值应不大于最大负载电流的 1.5 倍。交流熔断器的额定电流值,照明回路按实际负荷配置,其他回路不大于最大负荷电流的 2 倍。

(3) 引入 5G 综合基站的交流高压电力线应采取高、低压多级避雷装置。

(4) 交流供电应采用三相五线制,零线禁止安装熔断器,在零线上除电力变压器近端接地外,用电设备和 5G 综合基站近端不许接地。

(5) 交流用电设备采用三相四线制引入时,零线不准安装熔断器,在零线上除电力变压器近端接地外,用电设备和 5G 综合基站近端应重复接地。

(6) 电力变压器、调压器安装在室外的其绝缘油每年检测一次,安装在室内的其绝缘油每两年检测一次。

(7) 每年检测一次接地引线和接地电阻,其电阻值应不大于规定值。

(8) 停电检修时,应先停低压、后停高压;先断负荷开关,后断隔离开关。送电顺序则相反。切断电源后,三相线上均应接地线。

(9) 加强对配电设备的巡视、检查。主要内容如下:

① 继电器开关的动作是否正常,接触是否良好;

② 熔断器的温升应低于 80 ℃;

③ 螺钉有无松动;

④ 电表指示是否正常。

(10) 低压配电设备周期维护保养方法

周期性维护检测作业是对通信动力、空调系统进行全面设备维护、安全运行检查和性能检测,并对检查出的隐患做出及时的整改,是保障 5G 综合基站通信电源系统正常运行的主要手段。现给出常见的低压配电设备周期维护检测保养的工作项目。

① 用灰刷、干抹布和吸尘器清洁低压配电设备内部积灰,1 次/月。

② 检查设备和模拟告警指示是否正常,1 次/月。

③ 用红外测温仪测量或 4 位半万用表检查接触器、空气开关接触是否良好,熔断器、补偿电容的温升是否超标,1 次/月。

④ 手动加减补偿电容组,检查电容补偿屏的工作是否正常,查看电容补偿柜每组电容的补偿电流,1 次/月。

⑤ 用红外测温仪测量屏内各输出线缆的接头温升是否异常,检查各线缆连接有无松动,1 次/月。

⑥ 用钳形电流表检查进线回路和各输出回路的零线电流是否异常,1 次/月。

⑦ 用电力质量分析仪检查各进线回路的正弦畸变率是否合格,1 次/月。

⑧ 检查避雷器是否良好,1 次/年。

⑨ 测量接地电阻(干季)是否合格,1 次/年。

校正仪表,1 次/年。

3.2.3 实训项目十一:三相交流电压的测量

1. 实训目的

(1) 学会用数字式万用表测量电压。

(2) 学会用交、直流钳形电流表测量电流。

(3) 学会使用 F-43B 电力谐波分析仪。

2. 主要实训器材

(1) 数字式万用表:2 个。

(2) 交直流钳形电流表:1 个。

(3) F43B 电力谐波分析仪:1 个。

3. 实训原理

(1) 电压的测量

电压的测量通常使用万用表,测量方法主要有直读法。

根据被测电路的状态,将万用表放在适当的电压量程上,测试表棒直接并联在被测电路两端,电压表的读数即为被测电源的有效值电压。直读法测试接线如图 3.9 所示。

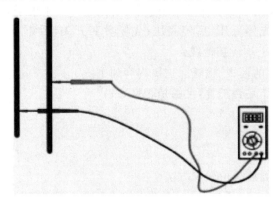

图 3.9 直读法测量电压

以上方法适用于低压电的测量。对于高压电,为了保证测试人员和测量设备的安全,一般采用电压互感器将高压变换到电压表量程范围内,然后通过表头直接读取。在电压测量回路中,电压互感器的作用类似于变压器。值得一提的是进行电压互感器的安装和维护时,严禁将电压互感器输出端短路。

(2) 电流的测量

电流的测试一般选用钳形表、电流表或万用表。要进行电路中电流的测量,一般总是把电流表串接在电路中,这中间必将要中断电路,而当进行大电流测量时,就更显得无能为力了。

① 交、直流钳形表的工作原理。

交、直流钳形表它除能测量交流电流外,还能测量直流电流,并兼测电压及电阻。它主要运用霍尔元件(磁敏电阻),由磁场变化,改变霍尔元件的阻值,变动电路参数测得电气特性值。

图 3.10 为交直流钳形表测量原理图。

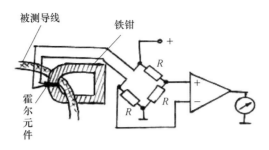

图 3.10　交直流钳形表测量原理图

直流电流时,钳形铁心没有完整的闭合回路而吸合,在整个测量直流电流时可随意钳开或闭合铁钳。

其中霍尔元件,受被测导线周围所产生的电磁场大小影响,改变了它的导通(电阻)大小,控制电路的输出电压,经有效值检波电路输出直流电压(电流),通过模/数转换为数字信号,驱动数因它在磁场回路中插入霍尔元件,使整个磁场回路不能完全闭合,则在测量字显示器显示电流值。

② 交、直流钳形表的使用方法。

交流电流的测试一般选用精度不低于 1.5 级的交流钳形表、电流表或万用表。交流钳形表实物图如图 3.11 所示。

测试大电流时,一般选用交流钳形表测量。测试时将钳形表置于 AC 挡,选择适当的量程,张开钳口,将表钳套在电缆或电源线上,直接从钳形表上读出电流值。测试接线如图 3.12(a)所示。如果被测试的电流值与钳形表的最小量程相差很大时,为减少测量误差,可以将电源

图 3.11　交直流钳形
电流表实物图

线在钳形表的钳口上缠绕几圈,然后将表头上读出的电流值除以缠绕的导线圈数,测试接线如图 3.12(b)所示。当对测量精度要求较高且电流不大时,可选用交流电流表(或万用表)进行测量。测量时将电流表串入被测电路中,从表上直接读出电流值。交流电流表测量电流接线图如图 3.13 所示。

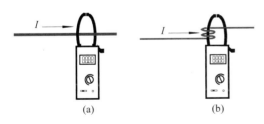
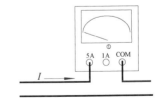

图 3.12　钳形表测试电流接线图　　　　图 3.13　交流电流表测量电流接线图

4. 实训内容与步骤

(1) 学会使用数字式万用表,并会测量电压。

(2) 学会使用交直流钳形电流表,并会测量电流。

(3) 注意事项:万用表、电流表正确连接,选择正确合适的量程。

(4) 完成实训项目十一报告:三相交流电压的测量。

实训项目十一报告　三相交流电压的测量

实训地点			时间		实训成绩	
姓名		班级		学号		同组姓名	

实训目的	
实训设备	

实训内容	1. 写出用数字万用表测量三相交流线电压和相电压的操作步骤。
	2. 写出三相电 A、B、C 所对应的供电导线的颜色,在三相四线制的 5G 综合基站供电中,中线的作用是什么?中线上能接保险管吗?为什么?
	3. 将测量数据填入下表。

3. 将测量数据填入下表。

线电压/V			相电压/V			测量设备
U_{AB}	U_{BC}	U_{CA}	U_{AN}	U_{BN}	U_{CN}	
						数字万用表
						5G 综合基站监控系统
						开关电源

请根据实验室内 5G 综合基站内交流配电箱内三相交流电的测量总结出对交流参数测量时的注意事项	
写出此次实训过程中的体会及感想,提出实训中存在的问题	
评语	

3.2.4　实训项目十二：电力谐波分析仪的操作与使用

1. 实训目的

学会用 F43B 电力谐波分析仪测量交流参数(交流电压、电流、频率、功率、功率因数、电压失真系数),并判断指标是否合格。

2. 主要实训器材

F43B 电力谐波分析仪 1 台。

3. 实训原理

(1) 交流输出频率及频率稳定精度的测量

交流电压的频率及稳定精度应在规定的交流负荷变化范围内测量。主要测量仪表有频率计、电力谐波分析仪、通用示波器等。下面主要介绍电力谐波分析仪的测量方法。

选用电力谐波分析仪进行测量时,将功能切换至电压挡,将两根表棒并接在被测电路的两端,直接从表头上读出频率值。单相、三相电力谐波分析仪实物图如图 3.14 所示。采用单相电力谐波分析仪测得的交流输出频率波形如图 3.15 所示。

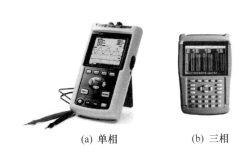

(a) 单相　　　　　(b) 三相

图 3.14　电力谐波分析仪实物图

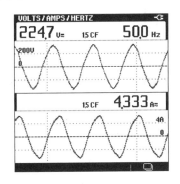

图 3.15　交流输出频率波形

选用万用表进行测试时,则应该将万用表的功能挡打在频率挡。其他测试要求与电力谐波分析仪相同。

(2) 交流电压波形正弦畸变因数的测量

在 5G 综合基站电源设备中,除了线性元件外,还大量使用各种非线性元件,如整流电路、逆变电路、日光灯和霓虹灯等。非线性元件的大量使用使得电路中产生各种高次谐波。高次谐波在基波上叠加,使得交流电压波形产生畸变。为反映一个交流波形偏离标准正弦波的程度,把交流电源各次谐波的有效值之和与总电压有效值之比称为正弦畸变因数,也称为正弦畸变率,用 RMS(THD-R%)表示。正弦畸变率为无量纲量。

如果供电系统正弦畸变率过大,则会对供电设备、用电设备产生干扰,使通信质量降低。严重的时候甚至会造成通信系统误码率增大,使开关电源不能正常工作,也可能造成供电系统跳闸。特别是 3 次、5 次、7 次、9 次谐波,应引起 5G 综合基站动力维护人员的注意。

在对称三相制中三相电流平衡,且各相功率因数相同则零线电流为 0。如果电流中存在 3 和 3 的倍数次谐波,各相的谐波电流不再有 120°的相位差的关系,它们在零线中不但不能相互抵消,反而叠加在一起,使得零线 3 和 3 的倍数次谐波电流值为相线中的 3 倍。另外,过大的零线电流,不但增加线路损耗,还会引起零地间电压过高,线路采用四极开关时可能会引起开关跳闸。另外,由于 5 次、7 次电压谐波的波峰和 50Hz 基波的波峰重合,叠加后严重影响交流电压波形。

测试仪表可选用电力谐波分析仪或失真度测试仪。测试电压谐波时电力谐波分析仪直接并接在交流电路上,调整波形/谐波/数字按钮至谐波功能挡,直接读出被测信号的谐波含量。图 3.16 为采用单相电力谐波分析仪测得的正弦电压畸变因数图形。

（3）三相电压不平衡度的测量

三相电压不平衡度是指三相供电系统中三相电压不平衡的程度,它是指电压负序分量有效值和正序分量有效值的百分比。三相电流不平衡度用 ε_i 表示。用三相电力谐波分析仪可以直接测出三相电压和电流的不平衡度。图 3.17 为用三相电力谐波分析仪测量出的不平衡度图形。

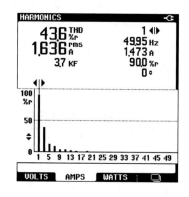

U_A	U_B	U_C	$3U_0$
0.00 V	0.00 V	0.00 V	0.00 V
U_0	U_1	U_2	#u
0.00 V	0.00 V	0.00 V	0.00%
I_A	I_B	I_C	$3I_0$
0.000 A	0.000 A	0.000 A	0.000 A
I_0	I_1	I_2	#i
0.000 A	0.000 A	0.000 A	0.00%

图 3.16 正弦电压畸变因数图形　　　　图 3.17 不平衡度图形

图 3.17 所显示数据为三相电压幅值 U_A、U_B、U_C 和 3 倍零序电压 $3U_0$、零序电压 U_0、正序电压 U_1、负序电压 U_2、电压不平衡度 #u;三相电流幅值 I_A、I_B、I_C 和 3 倍零序电流 $3I_0$、零序电流 I_0、正序电流 I_1、负序电流。

（4）交流供电系统的功率和功率因数的测量

在三相交流电路中,总的有功功率等于各相有功功率之和,当三相负载对称相等时,三相有功功率等于三倍的单相有功功率,即 $P=3U_相 I_相 \cos \varphi_相$。$\cos \varphi_相$ 为一相的功率因数,要根据每相的负载性质(阻性、感性、容性)而定。这时,只需用单相电力谐波分析仪测出一相的有功功率即可求得三相交流电路中的总有功功率。当三相负载不对称时,则需用三相电力谐波分析仪测量出各相功率,三相总功率等于各相功率之和,即 $P=P_A+P_B+P_C$,这种测量功率的方法称为三瓦法。

在目前的电源系统维护中,用单相电力谐波分析仪进行测量时,只需将红表棒搭接在相线上,黑表棒搭接在零线上,电流钳按正确的电流方向套在相线上。将 V/A/W 功能键设定在功率挡,波形/谐波/数值功能键设定在数值挡,便可以从表头上直接读出视在功率(S)、有功功率(P)、无功功率(Q)和功率因数(PF)。

如果用电设备内部采用三角形接法,即只有三根相线而没有零线时,测量该设备的三相功率时需要用三相电力谐波分析仪测量,在显示屏上可直接读出三相用电设备的功率参数。

功率和功率因数的测量也可采用功率计来测量。5G 综合基站电源的交流参数表如表 3.1 所示。

表 3.1 5G 综合基站电源交流参数表

项 目	表示符号	单 位	额定值	允许偏差
线电压	U_{ab},U_{bc},U_{ac}	V	380	$-15\%\sim+10\%$
相电压	U_a,U_b,U_c	V	220	$-15\%\sim+10\%$
零地电压	U_{NG}	V	<1	
频率	f	Hz	50	±2
电压失真度	δ_U		$<5\%$	
三相不平衡度	ε_U		$<4\%$	

4. 实训内容与步骤

(1) 测量 A 相交流参数

① 正确连接测试线:

将红表棒夹在 A 相相线上,黑表棒夹在零线排上,电流钳接正确的电流方向套在相线上,供电方向与电流钳指示的电流方向一致。

② 按绿键开机,通过按动 V/A/W 功能键、波形/谐波/数值功能键测得所有交流参数。

③ 正确读出所需全部数据。

- 开机,V/A/W 功能键处在电压挡,波形/谐波/数值功能键处在波形挡,可直接读出 A 相频率。
- V/A/W 功能键处在电压挡,连续按两下波形/谐波/数值功能键,使其处在数值位置。在这一屏幕中可读出 A 相的以下数据:电压有效值 RMS,电压失真系数%THD—R;
- V/A/W 功能键按一下,使其处在电流挡,波形/谐波/数值功能键不动即处在数值位置。在这一屏幕中可读出 A 相的以下数据:电流有效值 RMS。
- V/A/W 功能键按一下使其处在功率挡,波形/谐波/数值功能键不动即处在数值位置。在这一屏幕中可读出 A 相的以下数据:有功功率 kW(W),视在功率 kVA(VA),功率因数 PF,无功功率 kVAR(VAR)。

(2) 测量 B 相交流参数

① 正确连接测试线:

将红表棒夹在 B 相相线上,黑表棒夹在零线排上,电流钳接正确的电流方向套在相线上,供电方向与电流钳指示的电流方向一致。

② 按绿键开机。通过按动 V/A/W 功能键、波形/谐波/数值功能键测得所有交流参数;

③ 正确读出所需全部数据。

- 一开机,V/A/W 功能键处在电压挡,波形/谐波/数值功能键处在波形挡,可直接读出 B 相频率;
- V/A/W 功能键处在电压挡,连续按两下波形/谐波/数值功能键,使其处在数值位置。在这一屏幕中可读出 B 相的以下数据:电压有效值 RMS,电压失真系数%THD—R。
- V/A/W 功能键按一下,使其处在电流挡,波形/谐波/数值功能键不动即处在数值位置。在这一屏幕中可读出 B 相的以下数据:电流有效值 RMS。
- V/A/W 功能键按一下使其处在功率挡,波形/谐波/数值功能键不动即处在数值位置。在这一屏幕中可读出 B 相的以下数据:有功功率 kW(W),视在功率 kVA(VA),功率因数 PF,无功功率 kVAR(VAR)。

（3）测量 C 相交流参数

① 正确连接测试线：

将红表棒夹在 C 相相线上，黑表棒夹在零线排上，电流钳接正确的电流方向套在相线上，供电方向与电流钳指示的电流方向一致。

② 按绿键开机。通过按动 V/A/W 功能键、波形/谐波/数值功能键测得所有交流参数。

③ 正确读出所需全部数据。

- 一开机，V/A/W 功能键处在电压挡，波形/谐波/数值功能键处在波形挡，可直接读出 C 相频率。
- V/A/W 功能键处在电压挡，连续按两下波形/谐波/数值功能键，使其处在数值位置。在这一屏幕中可读出 C 相的以下数据：电压有效值 RMS，电压失真系数％THD—R。
- V/A/W 功能键按一下，使其处在电流挡，波形/谐波/数值功能键不动即处在数值位置。在这一屏幕中可读出 C 相的相关数据：电流有效值 RMS。
- V/A/W 功能键按一下使其处在功率挡，波形/谐波/数值功能键不动即处在数值位置。在这一屏幕中可读出 C 相的以下数据：有功功率 kW（W），视在功率 kVA（VA），功率因数 PF，无功功率 kVAR（VAR）。

（4）判断

① 选择三相中最差的交流电压有效值 RMS，若在（187～242 V）范围内，属合格；否则为不合格。

② 选择三相中最差的交流频率 f，若在（48～52 Hz）范围内，属合格；否则为不合格。

③ 选择三相中最差的功率因数 PF：

- 若变压器容量＜100 kVA，则 PF＞0.85 属合格；否则为不合格。
- 若变压器容量＞100kVA，则 PF＞0.9 属合格；否则为不合格。

④ 选择三相中最差的正弦畸变率（THD—R）：若＜5％属合格；否则为不合格。

5．注意事项

（1）在 F43B 的使用过程中，应注意屏幕对比度的调节。

（2）用该表测电流的钳口为铁心闭合回路，即有磁场的闭合路不能用它直接测量直流电流，以防不能取回该电流钳口，在测试中应引起注意。

（3）思考题

① 功率因数低，对设备有何影响？

② 为什么 F43B 不能用它直接测量直流电流？

6．实训内容

（1）写出交流电压波形正弦畸变因数的测量步骤。

（2）测量出 5G 综合基站电源交流参数。

（3）写出三相电压不平衡度的测量步骤。

（4）完成实训项目十二报告：电力谐波分析仪的操作与使用。

实训项目十二报告　电力谐波分析仪的操作与使用

实训地点			时间		实训成绩		
姓名		班级		学号		同组姓名	
实训目的							
实训设备							

实训内容

1. 写出交流电压波形正弦畸变因数的测量步骤。

2. 基站电源交流参数表

项目	表示符号			单位	额定值	允许偏差	实际偏差
线电压	U_{ab}	U_{bc}	U_{ac}	V	380	$-15\%\sim+10\%$	
相电压	U_a	U_b	U_c	V	220	$-15\%\sim+10\%$	
电流值	I_A	I_B	I_C	A			
零地电压	U_{NG}			V	<1		
频率	f			Hz	50	±2	
电压失真度	δ_U				$<5\%$		
三相不平衡度	ε_U				$<4\%$		

3. 写出三相电压不平衡度的测量。

记录并分析交流输出频率波形图、记录交流电压波形正弦畸变因数和三相电压不平衡度的实测图片	
写出此次实训过程中的体会及感想，提出实训中存在的问题	
评语	

3.3 油 机 发 电

在5G综合基站中,主设备及其他直流负载、交流负载是靠市电供给电源的(直流负载依靠市电整流后提供)。一旦市电发生中断,交流负载同步断电,立即停止工作;蓄电池组提供直流负载工作的时间是有限的,随着蓄电池容量的逐渐下降,直流负载停止工作的情况也很快就会出现。所以,在市电停电时,油机发电和及时开启供电是非常重要的。图3.18为油机在5G综合基站通信电源中供电示意图。

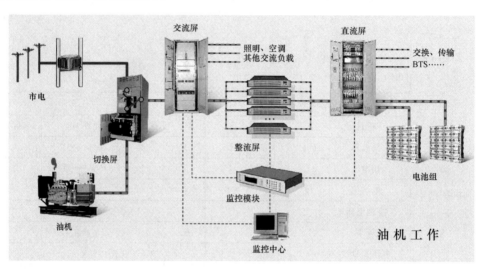

图3.18 油机在5G综合基站通信电源中供电示意图

3.3.1 汽油发电机组系统

通信系统中的汽油发电机组通常是用于5G综合基站的后备电源。在市电不稳或者停电的时候,5G综合基站就可以用汽油发电机组作后备电源。汽油发电机组是指以汽油为燃料,是将其他形式的能源转换成电能的机械设备。汽油机发电机组一般由汽油机和发电机组成,如图3.19所示为便携式汽油发电机组实物图。下面主要介绍汽油机的结构和工作原理。

图3.19 便携式油机发电机组

1. 油机工作原理

油机是将化学能转化为机械能的机器,它的转化过程实际上就是工作循环的过程,简单来说就是通过燃烧气缸内的燃料,产生动能,驱动发动机气缸内的活塞往复的运动,由此带动连在活塞上的连杆和与连杆相连的曲柄,围绕曲轴中心作往复的圆周运动,而输出动力的。

油机按照工作循环分二冲程和四冲程两类。

二冲程的优点是:构造简单、体积小、质量轻、成本低;工作平稳震动小;短距离提速快。缺点:油耗高(使用混合油、润滑油、汽油);温度高、污染大;排气噪声大。所以汽油发电机组多采用四冲程。四冲程汽油机是由进气、压缩、作功和排气完成一个工作循环。优点是:效率高、省油、运行平稳;缺点是:结构复杂、成本较高。

2. 汽油发电机组的主要结构

(1) 燃油系统。燃油系统由油箱、汽油滤清器、化油器等组成,如图 3.20 所示。发动机工作时,油箱内的汽油经开关、汽油滤清器过滤后,再经油管流入化油器;空气则经空气滤清器过滤进入化油器。化油器将汽油与空气混合成可燃的混合气,由进气管进入气缸。

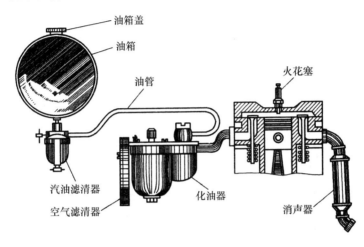

图 3.20　汽油机燃油系统

化油器是汽油发动机燃油供给系统中的一个关键部件,其工作状况直接影响到发动机的工作平稳性及动力、经济指标。其作用是将汽油根据一定的量雾化成细小的油滴喷撒到空气中,并与适量的空气均匀混合,根据发动机不同工况的需要,形成浓稀程度不同的雾状可燃混合气,及时提供给发动机,从而保证发动机连续正常的运转。

化油器按结构特征可分为转阀式节气门和柱塞式节气门两大类。发动机启动前,轻按验油杆,使浮子下降,待汽油从浮子室盖的通气孔溢出为止。这时浮子室的油平面高于正常工作时的油平面,于是一小部分汽油自主喷油管溢出后储存在化油器进气管道里。启动时,关小阻风门(大约开启 1/4 的角度),当活塞下行时,气缸产生吸力,因进入进气管道的空气量少,化油器管道内形成较高的真空吸力,于是低速喷油孔喷油并和储存在进气管道里的汽油一起进入混合室的少量空气混合,形成浓的混合气进入气缸,使发动机易于启动。启动后,应将阻风门逐渐开大。

(2) 点火系统。汽油机的混合气进入气缸被压缩后,还必须经过点火燃烧,才能使发动机产生动力。点火系统的作用就是适时地使火花塞产生一个较强烈的电火花,其温度在 2 000 ~ 3 000 ℃,足以点燃混合气。火花塞有 2 个相互绝缘的电极,2 个电极之间有 0.5 ~ 0.7 mm 的间隙。当 2 个电极之间加有足够高的电压时,电极间隙内的介质(在气缸内这个介质是混合气)被击穿而形成电火花(以下简称火花)。实验证明,火花塞两电极之间形成火花所必须的电压数值,主要和两电极的间隙大小及间隙中气体压力的大小成正比。在一定的气体压力下,两电极的间隙越大,形成火花所需要的电压就越高,电极间隙一定时,间隙中的气体压力越高,形成火花所需要的电压就越高。

在适当时机能够形成电火花的装置称为电点火装置。通常分为两大类型：一类是有触点式点火系统，也称"白金点火"，国外部分产品及我国早期产品都是采用这种点火系统。有触点式点火系统又分为蓄电池式和磁电机式两种。另一类是无触点式点火系统，主要为："电容放电磁电机点火"装置(Capacitor Discharge Ignition)简称 CDI 点火系统或电子点火系统。

火花塞是点火系统最重要的部件之一。火花塞的作用是将点火系统产生的高压电引进燃烧室并产生电火花，适时地点燃气缸内被压缩的可燃混合气。点火系统的功能最终体现在火花塞的工作上。

火花塞在工作中直接与高温高压气体相接触，其本身又通有高电压，所以它必须有耐高温、高压的机械强度，也要具有耐高电压的良好绝缘性能。图 3.21 所示为火花塞结构。

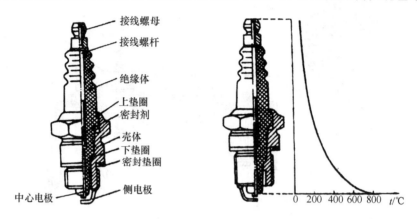

图 3.21　火花塞结构

① 中心电极和侧电极。中心电极和侧电极采用耐高温氧化、抗化学腐蚀、导电性能和传热性能良好的金属材料制作。点火系统的高压电经接线螺母、接线螺杆及导电的密封剂输向中心电极。侧电极焊在壳体下端面上。在工作时侧电极是搭铁的，又称搭铁电极。中心电极与侧电极之间的间隙称为电极间隙，又称火花间隙。适宜的电极间隙是点火系统正常工作的重要条件。点火系统所要求的电极间隙根据机型不同稍有差异。老式发动机一般为 0.5～0.6 mm，新式发动机一般为 0.6～0.8 mm。

② 绝缘体。绝缘体用于使中心电极与侧电极保持良好的绝缘性能，此外还用于固定中心电极并传导给中心电极的热量。

绝缘体应具有良好的绝缘性、耐热性、导热性和机械强度，通常用氧化铝陶瓷制作。绝缘体上部通常制成多棱状，以加大外表面的绝缘距离和增加散热面积。绝缘体下部与气缸上燃气相接触的部位称为裙部，裙部的尺寸和形状对火花塞的受热和传热有重要的影响。

③ 壳体。壳体与绝缘体封固为一体。上下垫圈用以使壳体与绝缘体之间保持良好的密封性能。钢壳上部是便于用扳手拆装的六角面。下部是旋入气缸盖的螺纹，在火花塞与气缸盖的接触面之间有一片紫铜密封垫圈，用以防止气缸内的高温高压气体泄漏。

3.3.2　油机发电机组的测量

由于线路检修、灾难性气候以及突发性事故等原因的存在，市电的不中断供电往往难以实现。为减少交流停电时间，油机发电机组(以下简称油机)便成了一种不可缺少的 5G 综合基站备用电源设备。

配置油机后,还必须切实做好油机的日常维护和保养工作,才能保证在需要使用时油机能正常的启动,并可靠地向 5G 综合基站通信设备输送符合指标要求的交流电源。油机发电机组平时的维护保养,除了定期检查冷却水、机油、燃油和启动电池外,对电气特性的检测是必不可少的。另外,油机的正常启动和工作,除了与油机本身有关,还与油机运行环境的温度、湿度和气压等因素有关,因此测试油机时往往需要记录环境的温度、湿度和气压。

油机发电机组平时的维护,除了定期检查水位、油位等外,特别对于电气特性的检测是必不可少的。油机的电气特性主要有额定电压、额定频率、空载电压整定范围、电压和频率的稳态调整率、波动率、瞬态调整率、瞬态稳定时间、电压波形正弦畸变率、三相电压不平衡度和绝缘电阻等。下面对油机发电机组的绝缘电阻、输出电压、频率、正弦畸变率、功率因数和噪声的测量进行介绍。

1. 绝缘电阻的测量

要求油机发电机组保证不出现“四漏”(漏油、漏水、漏气、漏电),漏电只有通过绝缘电阻的检测才能发现。为使输出电压可靠、稳定,要求发电机的转子与定子之间的绝缘电阻值达到一定数值以上。

绝缘电阻的测量无论在什么季节测量转子对地、定子对地及转子与定子之间的绝缘电阻(在三相电中只要测量一相就可以,因三相线圈是互通的),都应符合要求。

目前不少发电机是采用无刷励磁系统(通过三级转换由转子产生励磁功能,并控制励磁电流的大小保证输出电压稳定),则很难找到便于测量的转子线圈,即无法测量绝缘电阻,这时只作定子线圈的绝缘电阻测试。测量方法与步骤如下。

(1) 油机在冷态(启动前)及热态(启动加载运行 1 h 后)分别测量各绝缘电阻;

(2) 用耐压 1 000 V 的兆欧表测量绝缘电阻值;

(3) 测量定子(发电机三相电输出端子中的任一相),对地进行测量;

(4) 测量转子(发电机三相转子线圈中的任一相),对地进行测量;

(5) 测量定子与转子之间的绝缘电阻(定子与转子之间任何一相);

(6) 无论在什么季节及冷态和热态情况下,绝缘电阻值应≥2 MΩ。

注:① 当无法找到转子线圈时,(4)、(5)两点内容不作测试。

② 测量前应把油机的控制板脱开,以防损坏板内电路。

2. 输出电压的测量

发电机组的输出电压与发电机组中的转速及励磁电流有关,而转速又决定了输出交流电的频率,只有在决定了频率的情况下,再测量其输出电压的额定值,即先进行满载时调整交流电频率为额定值(50 Hz),然后去掉负载(为空载)测量其输出电压为整定(400 V)。

当加载(若能改变加载情况则逐级加载,25%,50%,75%,100%)实际负载(或逐级减载)稳定后,测得输出电压,经计算得稳态电压调整率 δ_U 应符合要求。计算公式如下:

$$\delta_u = \frac{U - U_1}{U_1} \times 100\% \tag{3-3}$$

式中:U——空载时输出的整定电压;

U_1——负载渐变后的稳定输出电压,取最大值和最小值,若三相电取平均值。

测量方法与步骤如下:

(1) 发电机加满载调整输出交流电频率为整定值(50 Hz);

（2）发电机去载（为空载）调整输出交流电压为整定值（400 V）；

（3）待逐级加载 25％，50％，75％，100％（或实际负载），待稳定后测得各次的三相平均电压、计算稳态调整率，应符合要求≤±4％；

（4）待逐级减载 75％，50％，25％至空载（或去实际负载）待稳定后测得各次的三相平均电压计算稳态调整应符合要求≤±4％。

3．输出频率的测量

油机的转速决定了发电机输出交流电的频率，对于输出交流的整定频率，在发电机组满载时调整至额定值（50 Hz）在测试中的减载及加载时不再调整。

$$\delta f = \frac{f_2 - f_1}{f} \times 100\% \tag{3-4}$$

可用发电机控制屏上的频率表或电动谐波分析仪测试频率，当减载 75％，50％，25％（或实际负载至空载），及逐级加载 25％，50％，75％，100％（或加实际负载）稳定后，测得交流电频率经计算得稳态频率调整率应符合要求。

式中：f——满载时的额定频率；

f_1——负载渐变后的稳定频率，取各读数中的最大值和最小值；

f_2——额定负载的频率。

当测试中所加负载为实际负荷时，f_1 用空载时频率值代替 $f = f_2$ 为实际加载时频率值代替。

测量方法及步骤如下：

（1）发电机为满负荷（或加实际负载时）调整输出频率为额定值；

（2）逐级减载 75％，50％，25％至宽载（或去实际负载）测得输出交流电频率，以最大偏差值为依据；

（3）用公式计算稳态频率调整率 δf，应符合要求≤±4％。

4．正弦畸变率的测量

发电机在空载输出额定电压稳定的情况下，用电力谐波分析仪测量输出电压的正弦畸变率 THD-R 值应符合要求＜5％。

5．交流电输出功率因数 cos φ 的测量

发电机组输出为额定电压（空载）后加载纯电阻性额定负载（或实际负载），在发电机组的控制屏上 cos φ 或用电动谐波分析仪测得功率因数 cos φ 应符合要求。

测量方法与步骤如下：

（1）发电机组在空载情况下，调整输出电压为整定值（400 V）；

（2）加载额定值的纯电阻负载（或实际负载）；

（3）读控制屏上 cos φ 表或用电力谐波分析仪测各单相电功率时的 cos φ 值，应符合要求＞0.8（滞后）。

注：发电机组的以上各项测试所需加负载时，都应采用纯电阻性负载。

6．噪声的测量

在油机空载和带额定负载状态下，用噪声仪测量油机前、后、左、右各处的噪声大小。噪声仪离油机水平距离 1 m，垂直高度约 1.2 m。对于静音型机组，可以分别测量静音罩打开和关闭时油机的噪声，两者对比可以反映出静音罩的隔声效果。对于已经投用的油机，则在油机室外 1 m 处分别测量各点噪声，测出的噪声值应符合当地环保部门的要求。

根据《中华人民共和国环境噪声污染防治法》(1997 年 3 月 1 日起施行,适用于城市区域。乡村生活区域可参照本标准执行),各类地区的噪声标准如表 3.2 所示。

表 3.2　各类地区噪声标准

地区类别	昼间噪声标准	夜间噪声标准	地区类别说明
0	50	40	0 类标准适用于疗养区、高级别墅区、高级宾馆区等特别需要安静的区域。位于城郊和乡村的这一类区域分别按严于 0 类标准 5 分贝执行
1	55	45	1 类标准适用于以居住、文教机关为主的区域。乡村居住环境可参照执行该类标准
2	60	50	2 类标准适用于居住、商业、工业混杂区
3	65	55	3 类标准适用于工业区
4	70	55	4 类标准适用于城市中的道路交通干线道路两侧区域,穿越城区的内河航道两侧区域。穿越城区的铁路主、次干线两侧区域的背景噪声(指不通过列车时的噪声水平)限值也执行该类标准

注:油机室外噪声测量时需考虑周围环境背景噪声的影响。如果背景噪声与油机噪声比较接近,则测出的噪声实际为两者的叠加值;只有背景噪声小于油机噪声 10 dB 时,背景噪声才可以忽略不计。

3.3.3　油机发电机的使用和维护

1. 小型汽油机的保养维护

(1) 日常保养如下:

① 检查空气滤清器。

② 在启动发动之前,检查机油液位,并关注机油至高位线位置。

③ 检查"操作前的检查"中所述的所有部位。

④ 50 h 保养(每星期)。

- 清洁和清洗空气滤清器滤芯,如在多尘的环境中使用,应增加保养次数;
- 更换发动机油(在运转了第 1 个 25 h 后,必须进行初次机油更换);
- 检查火花塞,必要时应予清洁和调整;
- 检查和清洁燃油断油阀。

⑤ 100 h 保养;

- 更换火花塞;
- 更换空气滤清器滤芯;
- 清除气缸盖、气门和活塞上的积炭;
- 检查和更换炭刷。

(2) 3 年保养如下:

① 检查控制板各部分。

② 检查转子和定子。

③ 更换发动机安装橡胶垫。

④ 大修发动机。

⑤ 更换燃油管路。

（3）进行保养如下：

① 机油的更换：每 50 h 更换一次机油。对于新发动机，在第 1 个 25 h 后应更换机油。

· 在发动机尚热时拆下放油螺塞和注油口盖来排出机油；

· 重新装上放油螺塞，向发动机加注机油直至达到注油口盖的高位处；

· 用新的及高质量的润滑油加至规定的数量。如果使用污秽和已变质的机油或机油数量不足，则会引起发动机损伤而大大缩短它的使用寿命。

② 空气滤清器的维护：使空气滤清器保持正常的条件是极为重要的。因安装不正确，维护不正确或不良的滤芯会使灰尘进入而导致发动机损伤和磨损。务必始终保持滤芯清洁。

· 取下空气滤清器，用煤油清洗并晾干；

· 用清洁的机油润湿滤芯后，用手用力挤压它；

· 最后，将滤芯放入壳体内并装好。

③ 清洁和调整火花塞。

· 如果火花塞被积碳玷污，用火花塞清洁器和钢丝刷将积碳清除；

· 将电极间隙调整 0.7～0.8mm；

④ 清洗燃油粗滤器：燃油粗滤器用于滤去燃油中的灰尘和水。

· 拆下粗滤器盖，倒掉水和灰尘；

· 用汽油清洗滤网和粗滤器盖；

· 将盖拧到本体上并予拧紧，应确保不漏燃油。

2. 常见故障处理

油机的故障原因是多方面造成的，在实际操作过程中，充分发挥操作人员的主观能动性，通过看、听、摸、嗅等感觉，发现油机的异常表现，从而发现问题、解决问题、消除故障。

判断油机故障的一般原则是：结合结构、联系原理、弄清现象、结合实际、从简到繁、由表及里、按系分段、查找原因。下面列举几个常见的故障和排除方法。

（1）油机不能启动。油机不能启动原因及故障排除方法如表 3.3 所示。

表 3.3　油机不能启动原因及故障排除方法

故障原因	排除方法
检查阻风门杆是否位于它的正确位置	将阻风门杆置于"CLOSE"位置
检查燃油开关是否已打开	如关闭着，请打开燃油开关
检查发动机是否没有被连接到用电设备	如已连接，请关断被连接设备上的电源开关并拔出电源插头
检查火花塞盖是否松出	如松出，请将火花塞盖推回到规定位置
检查火花塞盖是否污垢	拆下火花塞，擦干净电极

（2）当电源插座无电输出时。电源插座无电输出时，故障排除方法如表 3.4 所示。

表 3.4　电源插座无电流输出时故障排除方法

故障原因	排除方法
检查电路断路器是否在"ON"位置或保险丝是否断路	在确认电气设备的总功率在容许的极限范围内及用电设备无故障后，将电路断路器置于"ON"位置，如果断路器仍动作，请就近与油机维修店联系
检查交流和直流端子的连接是否松动	必要时紧固连接部分
检查是否在用电设备已连接到发电机的状态下试图进行发动机的启动	关断用电设备上的开关并从电源插座脱开电缆，在发电机正常启动后再连接

3.4　5G 综合基站空调设备

空气调节简称"空调",5G 综合基站内的空调即用控制技术使 5G 综合基站内空气的温度、湿度、清洁度、气流速度和噪声达到所需的要求。目的为改善 5G 综合基站内部环境条件以满足 5G 综合基站通信设备的工作要求。空调的功能主要有制冷、制热、加湿、除湿和温湿度控制等。目前 5G 综合基站配套的多为房间空调器。如图 3.22 所示为 5G 综合基站空调实物图。

图 3.22　5G 综合基站空调实物图

3.4.1　空调基础知识

1. 房间空调器的类型和特点

小型整体式(如窗式和移动式)和分体式空调器统称为房间空调器。国家标准规定,房间空调器的制冷量在 9 000 W 以下(现最高为 12 000 W),使用全封闭式压缩机和风冷式冷凝器,电源可以是单相,也可以是三相。它是局部式空调器的一类,广泛用于家庭、办公室等场所,因此,又把它称为家用空调器。

房间空调器形式多种多样,具体分类和型号含义如图 3.23、图 3.24 所示。整体式的房间空调器主要指窗式空调器,也包括移动式空调器。整体式空调和分体式空调结构示意图分别如图 3.25、图 3.26 所示。

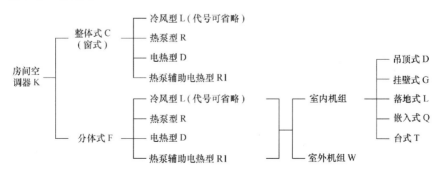

图 3.23　房间空调器的分类

139

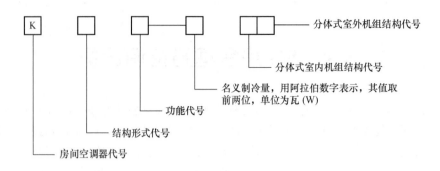

图 3.24　房间空调器型号

空调器型号举例如下所述。

KC-31：单冷型窗式空调器，制冷量为 3 100 W。

KFR-35GW：热泵型分体壁挂式空调器，制冷量为 3 500 W。

KFD-70LW：电热型分体落地式空调器，制冷量为 7 000 W。

注：热泵型空调器的制热量略大于制冷量。

如果考虑房间空调器的主要功能，空调器可分为：冷风型（单冷型），省略代号；热泵型，代号为 R；电热型，代号为 D；热泵辅助电热型，代号为 RD。后三种统称为冷热型空调器。

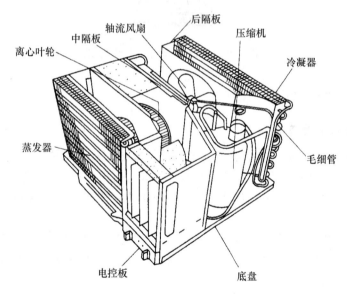

图 3.25　整体（窗式）式空调器的结构

（1）冷风型空调器。这种空调只吹冷风，用于夏季室内降温，兼有除湿功能，为房间提供适宜的温度和湿度。冷风型空调器又称单冷型空调器。它的结构简单，可靠性好，价格便宜，是空调器中的基本型。它的使用环境为 18～43 ℃。

（2）冷热型空调器。这种空调器在夏季可吹冷风，冬季可吹热风。制热有两种方式：热泵制热和电加热。两种制热方式兼用时称热泵辅助电热型空调器。

① 热泵型空调器。在制冷系统中通过两个换热器，即蒸发器和冷凝器的功能转换来实现冷热两用。在冷风型空调器上装上电磁四通换向阀后，可以使制冷剂流向改变，原来在室内侧的蒸发器变为冷凝器，来自压缩机的高温高压气体在此冷凝放热，向室内供热；而室外侧的冷凝器变为蒸发器，制冷剂在此蒸发吸收外界热量。

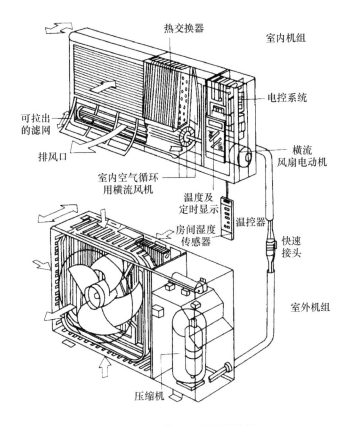

室内机组

热交换器

电控系统

可拉出的滤网

排风口

室内空气循环用横流风机

横流风扇电动机

温度及定时显示

房间湿度传感器

温控器

快速接头

室外机组

压缩机

图 3.26　分体式空调器的结构

由于环境温度的影响,室外换热器无自动除霜装置的热泵型空调器,只能用于 5 ℃以上的室外环境,否则室外换热器因结霜堵塞空气通路,导致制热效果极差。有自动除霜的热泵型空调器,可以在−5～43 ℃的环境温度下工作,在制热运行中会出现短暂的除霜工况而停止向室内供热。在低于−5 ℃的室外环境下,热泵型空调器不再适用,而必须用电热型空调器制热。

② 电热型空调器。在制热工况下,空调器靠电加热器对空气加热,加热的元件一般为电加热管、螺旋形电热丝和针状电热丝。后两种结构因安全性差,一般不推广使用。这种空调器可以在寒冷环境下使用,工作的环境温度＜43 ℃。

③ 热泵辅助电热型空调器。这是一种在制热工况下利用热泵和电加热共同制热的空调器,制热功率大,同时又比较节电,但结构比较复杂,价格稍贵。这种空调器的室外机组中增加一个电加热器,在低温的室外环境下,它对吸入的冷风先进行加热,这样室外机换热器不易结霜,提高了机器的制热效果。应注意的问题是冬季使用它的用电总功率,可能会超过电表的容量。例如一台 3 匹(压缩机功率)热泵辅助电加热型空调器,制冷时功率为 2.5 kW 左右,但在制热时功率为 5.5 kW 左右,其中 3 kW 是电加热功率。但与电热型空调相比,仍属于节能型空调器,因为它的制热量为 8 kW 左右,比消耗电功率 5.5 kW 大得多。

2. 空调器的工作环境与性能指标

房间空调器根据制冷量来划分系列。

窗式空调器制冷量一般为 1 800～5 000 W,分体式空调器一般制冷量为 1 800 W～12 000 W,在以上范围内又根据制冷量的不同,划分成若干个型号,构成系列。

（1）房间空调器的使用条件如下。

① 环境温度。房间空调器通常工作的环境温度如表 3.5 所示。

表 3.5　空调器工作的环境温度

型　　式	代　　号	使用的环境温度/℃
冷风型	L	18～43
热泵型	R	－5～43
电热型	D	＜43
热泵辅助电热型	RD	－5～43

由表 3-5 中可知，空调器最高工作温度限制在 43 ℃ 以下，热泵型空调器的最低工作环境温度为 －5 ℃。这是因为空调器的压缩机和电动机封闭在同一壳体内，电动机的绝缘等级决定了对压缩机最高温度的限制。如果环境温度过高，则压缩机工作时冷凝温度随之提高，使压缩机排气温度过热，造成压缩机超负荷工作，使过载保护器切断电源而停机。另外，电动机的绝缘因承受不了过高温度而遭到破坏，甚至电动机烧毁。对于热泵型空调器，如果环境温度过低，其蒸发器里的制冷剂得不到充分的蒸发，被吸入压缩机，产生液击事故，并导致机件磨损和老化。对于电热型空调器，冬季工况下压缩机不工作，只有电热器在工作，因此对最低环境温度无严格限制。对于热泵型和热泵辅助电热型空调器，若不带除霜装置，则其使用的最低环境温度为 5 ℃，如果低于 5 ℃，则在室外的蒸发器就要结霜，使气流受阻，空调器就不能正常工作。若带除霜装置，则使用的最低环境温度可以为 －5 ℃。

当外界气温高于 43 ℃ 时，大多数空调器就不能工作，压缩机上的热保护器自动将电源切断，使压缩机停止工作。

空调器的温度调节依靠温控器自动调节，温控器一般把房间温度控制在 16～30 ℃，并能在调定值 2 ℃ 的范围内自动工作。

② 电源。国家标准规定：电源额定频率为 50 Hz，单相交流额定电压为 220 V 或三相交流电额定电压为 380 V。使用电源电压值允许差为 ±10%。

（2）空调器的性能参数，有以下 10 项。

① 名义制冷量——在名义工况下的制冷量，单位为 W；

② 名义制热量——冷热型空调在名义工况下的制热量，单位为 W；

③ 室内送风量——即室内循环风量，单位为 m^3/h；

④ 输入功率，单位为 W；

⑤ 额定电流——名义工况下的总电流，单位为 A；

⑥ 风机功率——电动机配用功率，单位为 W；

⑦ 噪声——在名义工况下机组噪声，单位为 dB；

⑧ 制冷剂种类及充注量——例如 R22，单位为 kg；

⑨ 使用电源——单相 220 V，50 Hz 或三相 380V，50Hz；

⑩ 外形尺寸——长 × 宽×高，单位为 mm。

注：制冷量指单位时间所吸收的热量。

空调器铭牌上的制冷量称为名义制冷量，单位为瓦（W），还可以使用的单位为千卡/小时（kcal/h），两者的关系为

$$1 \text{ kW} = 860 \text{ kcal/h}$$

或　　　　　　　　　　　　1000 kcal/h＝1.16 kW

国家标准规定名义制冷量的测试条件为:室内干球温度为 27 ℃,湿球温度为 19.5 ℃;室外干球温度为 35 ℃,湿球温度为 24 ℃。标准还规定,允许空调的实际制冷量可比名义值低 8%。

(3) 空调器的性能系数。性能系数又称能效比或制冷系数,用 EER 表示,EER 是"Energy and Efficiency Rate"的缩写,即能量与制冷效率的比率。有些书刊和资料上,把制冷量与总耗能量的比率,称作制冷系数,其含义是指空调器在规定工况下制冷量与总的输入功率之比。其单位为 W/W,即性能系数 EER ＝ 实测制冷量/实际消耗总功率(W/W)。

性能系数的物理意义就是每消耗 1 W 电能产生的冷量数,所以制冷系数高的空调器,产生同等冷量就比较省电。如制冷量为 3000 W 的空调器,当 EER＝2 时,其耗电功率为 1500 W。当 EER＝3 时,其耗电功率为 1000 W。所以能效比(制冷系数)是空调的一个重要性能指标,反映空调的经济性能。

一般工厂产品样本上没有性能系数这项数据,但可用下式计算:

性能系数 ＝ 铭牌制冷量/铭牌输入功率(W/W)。这样计算出来的性能系数比实际运行的性能系数要大,因为实际的制冷量比名义值要小 8%。实际上国内外实测的性能系数一般也只有铭牌值的 92% 左右。

(4) 空调器的噪声指标。空调器的噪声一般要求低于 60 dB(A),这样噪声的干扰较小。不同空调器的噪声指标如表 3.6 所示。有时由于安装空调器的支承轴不牢固,整机振动大,发出较大噪声,这时必须对其进行调整。

表 3.6　空调器噪声指标

名义制冷量(W 或 kcal/h)	噪声(dB(A))			
	整 体 式		分 体 式	
	室内侧	室外侧	室内侧	室外侧
2500/2200 以下	≤54	≤60	≤42	≤60
2800～4000/2500～3500	457	≤64	≤45	≤62
4000/3500 以上	≤62	≤68	≤48	≤65

(5) 空调器的名义工况。空调器的性能指标是按名义工况条件下测量得到的。房间空调器名义工况按国标 GB 7725—87 规定,如表 3.7 所示。

表 3.7　空调器名义工况参数

工况名称	室内空气状态		室外空气状态	
	干球温度/℃	湿球温度/℃	干球温度/℃	湿球温度/℃
名义制冷工况	27	19.5	35	24
名义热泵制热工况	21	—	7	6
名义电热制热工况	21	—		

(6) 空调器的输入功率。国产空调器的输入功率一般以瓦(W)或千瓦(kW)为单位,标在铭牌上或说明书中。

进口空调器往往以匹表示空调器的规格,它是指压缩机的输入功率,以匹(马力)为单位,1匹空调器即压缩机输入功率为 1 匹马力(1 匹马力 = 735 瓦)。

3.4.2 实训项目十三:5G 综合基站空调设备认知

1. 实训目的

(1)学会认知各种类型空调。

(2)会认空调的基本结构。

(3)了解空调的维修工具的操作使用。

2. 主要实训器材

(1)窗式、分体式、变频式空调 10 台。

(2)空调专用维修工具 1 套。

3. 实训原理

空调器的结构,一般由以下四部分组成。

- 制冷系统。它是空调器制冷降温部分,由制冷压缩机、冷凝器、毛细管、蒸发器、电磁换向阀、过滤器和制冷剂等组成一个密封的制冷循环。
- 风路系统。它是空调器内促使房间空气加快热交换部分,由离心风机、轴流风机等设备组成。
- 电气系统。它是空调器内促使压缩机、风机安全运行和温度控制部分,由电动机、温控器、继电器、电容器和加热器等组成。
- 箱体与面板。它是空调器的框架、各组成部件的支撑座和气流的导向部分,由箱体、面板和百叶栅等组成。

(1)制冷系统的主要组成和工作原理

制冷系统是一个完整的密封循环系统,组成这个系统的主要部件包括压缩机、冷凝器、节流装置(膨胀阀或毛细管)和蒸发器,各个部件之间用管道连接起来,形成一个封闭的循环系统,在系统中加入一定量的氟利昂制冷剂来实现制冷降温。

空调器制冷降温,是把一个完整的制冷系统装在空调器中,再配上风机和一些控制器来实现的。制冷的基本原理按照制冷循环系统的组成部件及其作用,分别由四个过程来实现,如图 3.27 所示。

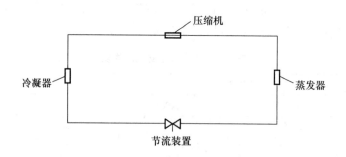

图 3.27　制冷系统循环图

压缩过程:从压缩机开始,制冷剂气体在低温低压状态下进入压缩机,在压缩机中被压缩,提高气体的压力和温度后,排入冷凝器中。

冷凝过程:从压缩机中排出来的高温高压气体,进入冷凝器中,将热量传递给外界空气或冷却水后,凝结成液体制冷剂,流向节流装置。

节流过程:又称膨胀过程,冷凝器中流出来的制冷剂液体在高压下流向节流装置,进行节流减压。

蒸发过程:从节流装置流出来的低压制冷剂液体流向蒸发器中,吸收外界(空气或水)的热量而蒸发成为气体,从而使外界(空气或水)的温度降低,蒸发后的低温低压气体又被压缩机吸回,进行再压缩、冷凝、节流、蒸发,依次不断地循环和制冷。

1) 冷风型(单冷型)空调器。单冷型空调器制冷系统如图 3.28 所示。蒸发器在室内吸收热量,冷凝器在室外将热量散发出去。

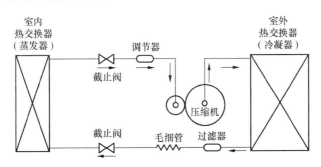

图 3.28　单冷型空调器制冷系统

单冷型空调器结构简单,主要由压缩机、冷凝器、干燥过滤器、毛细管以及蒸发器等组成。单冷型空调器环境温度适用范围为 18~43 ℃。

2) 冷热两用型空调器。冷热两用型空调器又可以分为电热型、热泵型和热泵辅助电热型三种。

① 电热型空调器。电热型空调器在室内蒸发器与离心风扇之间安装有电热器,夏季使用时,可将冷热转换开关拨向冷风位置,其工作状态与单冷型空调器相同。冬季使用时,可将冷热转换开关置于热风位置,此时,只有电风扇和电热器工作,压缩机不工作。

② 热泵型空调器。热泵型空调器的室内制冷或制热,是通过电磁四通换向阀改变制冷剂的流向来实现的,如图 3.29 所示。在压缩机吸、排气管和冷凝器、蒸发器之间增设了电磁四通换向阀,夏季提供冷风时室内热交换器为蒸发器,室外热交换器为冷凝器。冬季制热时,通过电磁四通换向阀换向,室内热交换器为冷凝器,而室外热交换器转为蒸发器,使室内得到热风。

热泵型空调器的不足之处是,当环境温度低于 5 ℃时不能使用。

③ 热泵辅助电热型空调器。热泵辅助电热型空调器是在热泵型空调器的基础上增设了电加热器,从而扩展了空调器的工作环境温度,它是电热型与热泵型相结合的产品,环境温度适用范围为 -5~43 ℃。

(2) 制冷系统主要部件

1) 制冷压缩机。压缩机在制冷系统里面的主要作用是把从蒸发器来的低温低压气体压缩成高温高压气体,为整个制冷循环提供源动力。

目前家用空调中主要使用的有活塞式、旋转式、涡旋式三种压缩机。一般来说 5G 综合基站大部分用的是 3 匹及所有 3 匹以上空调,用的都是涡旋式压缩机。图 3.30 是这种压缩机的内部结构简图。

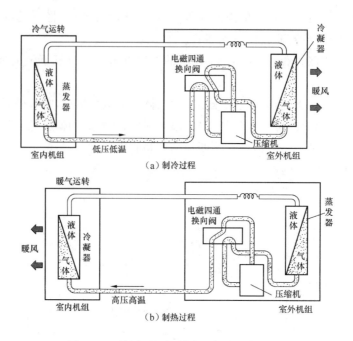

图 3.29　热泵型空调制冷和制热运行状态

2）热力膨胀阀。热力膨胀阀,又称感温调节阀或自动膨胀阀,它是目前氟利昂制冷中使用最广泛的节流机构。它能根据流动蒸发器的制冷剂温度和压力信号自动调节进入蒸发器的氟利昂流量,因此,这是以发信器、调节器和执行器三位组成一体的自动调节机构。热力膨胀阀根据结构的不同,可分为内平衡和外平衡两种形式。热力膨胀阀实物图如图 3.31 所示。

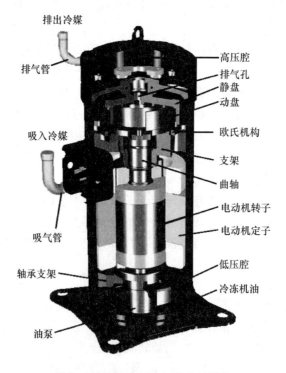

图 3.30　涡旋式压缩机的内部结构

图 3.31　热力膨胀阀实物图

热力膨胀阀的工作原理:通过感温包感受蒸发器出口端过热度的变化,导致感温系统内充注物质产生压力变化,并作用于传动膜片上,促使膜片形成上、下位移,再通过传动片将此力传递给传动杆从而推动阀针上下移动,使阀门关小或开大,起到降压节流作用,以及自动调节蒸发器的制冷剂供给量并保持蒸发器出口端具有一定的过热度,得以保证蒸发器传热面积的充分利用,减少液击冲缸现象的发生。

3)毛细管。毛细管是最简单的节流机构,通常用一根直径为 0.5~2.5 mm,长度为 1~3 m 的紫铜管就能使制冷剂节流、降温。其实物图如图 3.31 所示。

制冷剂在管内的节流过程极其复杂。在毛细管中,节流过程是经毛细管总长的流动过程中完成的。在正常情况下,毛细管通过的制冷剂量主要取决于它的内径、长度与冷凝压力。如长度过短或直径太大,则使阻力过小,液体流量过大,冷凝器不能供给足够的制冷剂液体,降低了压缩机的制冷能力;相反如毛细管过长或直径太细,则阻力又过大,阻止足够的制冷剂液体通过,使制冷剂液体过多地积存在冷凝器内,造成高压过高,同时也使蒸发器缺少制冷剂,造成低压过低。因此,毛细管的尺寸必须选择合适,才能保证制冷系统的正常运行。流入毛细管的液体制冷剂,受到冷凝压力影响,当冷凝压力越高,液体制冷剂流量增大,反之就减小。

4)四通电磁换向阀。热泵空调器是通过电磁换向阀改变制冷剂的流动方向的。当低压制冷剂进入室内侧换热器,空调器向室内供冷气;当高温高压制冷剂进入室内侧换热器时,空调器向室内供暖气。

电磁换向阀主要由控制阀与换向阀两部分组成,其实物图如图 3.32 所示。通过控制阀上电磁线圈及弹簧的作用力来打开和关闭其上毛细管的通道,以使换向阀进行换向。

5)干燥过滤器。过滤器装在冷凝器与毛细管之间,用来清除从冷凝器中排出的液体制冷剂中的杂质,避免毛细管中被阻塞,造成制冷剂的流通被中断,从而使制冷工作停顿。干燥过滤器实物图如图 3.33 所示。

图 3.32　四通电磁换向阀实物图

图 3.33　干燥过滤器实物图

窗式空调器的过滤器,其结构比较简单,即在铜管中间设置两层铜丝网,用来阻挡液体制冷剂中的杂物流过;对设有干燥的过滤器,在器体中还装有分子筛(4A 分子筛),用来吸附水分。如果这些水分不吸走,有可能在毛细管出口或蒸发器进口的管壁内结成冰,使制冷剂的流动困难,甚至发生阻塞,使空调器无法实现制冷降温。

制冷系统中水分的来源,主要是空调器使用一段时间后,由于安装不妥等原因产生振动,从而使系统中的管道产生一些微小的泄漏,使外界空气渗入的结果。

（3）制冷剂

制冷剂是制冷循环中工作的介质。在蒸汽压缩机制冷循环中,利用制冷剂的相变传递热量,即制冷剂蒸发时吸热,凝结时放热。因此,制冷剂应具备下列特征:易凝结,冷凝压力不要太高,蒸发压力不要太低,单位容积制冷量大,蒸发潜热大,比容小。此外,还要求制冷剂不爆炸、无毒、不燃烧、无腐蚀、价格低廉等。常见的有 R12、R22 等。

4. 实训内容

（1）学会空调铜管割管器使用方法。

（2）学会空调铜管扩口器使用方法。

（3）了解空调铜管的焊接方法。

（4）掌握空调故障的一般维修方法。

（5）找到各型空调的压缩机、冷凝器、毛细管、蒸发器的位置。

（6）完成实训项目十三报告:5G 综合基站空调设备认知。

实训项目十三报告 5G 综合基站空调设备认知

实训地点		时间		实训成绩	
姓名		班级		学号	同组姓名
实训目的					
实训设备					
实训内容	1. 5G 综合基站空调设备的作用是什么?				
	2. 在实训室内的空调中拍下室外机和室内机的图片,并在图片上标出压缩机、冷凝器、节流装置(膨胀阀或毛细管)和蒸发器的位置。				
	3. 如果 5G 综合基站空调出现了冰堵或脏堵故障,请提出维修方法。				

你认为 5G 综合基站空调的室内机和室外机应安装在什么位置最合适？请提出设计方案	
写出此次实训过程中的体会及感想，提出实训中存在的问题	
评语	

3.4.3　5G 综合基站空调的测试

以程控交换机为代表的微电子通信产品的广泛应用，使 5G 综合基站对环境要求也越来越高。现在大部分 5G 综合基站普遍采用普通空调。

空调系统主要由制冷、除湿、加热、加湿和送风等组成，如图 3.34 所示。

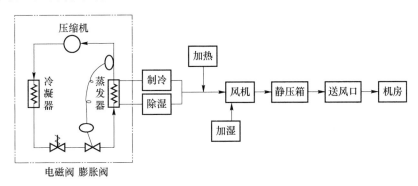

图 3.34　空调系统组成

1. 制冷系统高低压的测试

高压是指压缩机排出口至节流装置入口前，正常值为 1 500～2 000 kPa；低压是指节流装置出口至压缩机吸入口处，正常值为 400～580 kPa。低压告警设定值为 137～210 kPa；高压告警设定值为 2 200～2 400 kPa。

测量用仪表包括多头组合压力表、钳形电流表、点温度计和红外线测温仪。

测试制冷系统压力是否正常，可用压力表直接测量制冷系统高低压压力；用交流钳形电流表测压缩机工作电流，将测得电流与厂家提供的标准工作电流进行比较；用点温计或手持红外线测温仪测蒸发器出口端和冷凝器出液口端温度再换算成压力。

（1）压力表测试法。把压力表直接接到压缩机吸排气三通阀处，直接读数即可。测试部位如图 3.35 所示。

（2）钳形电流表测量法。用钳形电流表测压缩机空气开关输出端电流，将测得电流与厂家提供的标准工作电流进行比较。

（3）点温计、手持红外线测温仪测量法。用点温计测蒸发器出口端温度并将温度换算出压力，即为低压；点温计测冷凝器出液口端温度并将温度换算成压力，即为高压。温度测量图如图3.36所示。

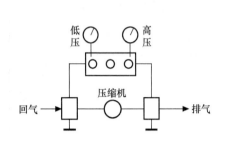

图3.35　压缩机高低压力测试图　　　　　图3.36　温度测量图

例如：测得蒸发器出口端温度为6℃，冷凝器出液口端温度为50℃。查R22在饱和状态下的热力性质表，6℃时对应的绝对压力为602 kPa，50℃时，对应的绝对压力为1 942 kPa。

表压和绝对压力的关系为：表压 ＝ 绝对压力－大气压力

所以：大气压力＝98 kPa

低压＝602－98＝504 kPa

高压＝1 942－98＝1 844 kPa

（4）冷凝压力过高的可能原因：

① 冷凝器结垢或结灰；

② 制冷剂加入过多；

③ 制冷系统有空气存在；

④ 系统有局部堵塞等。

（5）蒸发压力过低的可能原因：

① 冷凝压力过低；

② 蒸发器翅片结灰；

③ 室内机空气过滤器堵塞严重；

④ 制冷系统制冷剂少；

⑤ 供液系统局部堵塞或膨胀阀供液小；

⑥ 室内机温度设定值过低等。

2. 过热度测量与调整

过热度是指制冷剂气体的实际温度高于它的压力所对应的饱和温度。这里指的过热度是指蒸发器出口至压缩机入口两点的温差。

（1）过热度测量。

① 确定过热度标准。空调机组出厂时都有一个的过热度，如力博特空调过热度为5.6～8.3℃，海洛斯空调过热度为8℃左右。

② 选定测量仪器。测量过热度使用的仪表为点温计或红外线测温仪。测量部位和方法如图3.37所示。

③ 测量出过热度。用点温计或红外线测温仪测蒸发器出口温度（t_1）和压缩机入口温度（t_2），过热度＝t_2-t_1，将结果与出厂标准值进行比较。

（2）过热度对制冷系统的影响。过热度大小对制冷系统会造成如下的危害。

① 过热度小说明供液量大,压缩机易产生液击,损坏压缩机。

② 过热度大说明供液量小,结果使压缩机制冷量下降,室温降不下来,运转时间延长,部件使用年限缩短,运转费用增加。

（3）过热度的调整方法。

① 调整热力膨胀阀的开启度。

② 移动热力膨胀阀感温包位置。

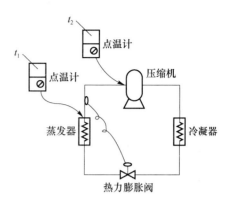

图 3.37　过热度测量

3. 室内机空气循环系统技术指标和测量

（1）送回风温度设定、控制与测量。

① 温度设定依据:5G 综合基站温度应保持在 15～25 ℃;空调机出厂时的运行工况,室内机回风温度为 24 ℃,相对湿度为 50%,室外温度为 35 ℃。因此,机房回风温度设定在 22 ℃±2 ℃比较合理。

② 温度设定过高、过低的危害:温度设定值过低,那么空调实际运行工况的制冷量要小于出厂时的制冷量,其结果空调运行时间延长,费用增加,设备使用年限缩短。如温度设定值过高,结果满足不了 5G 综合基站温度要求。

③ 测量用仪表:温湿度仪。

④ 测量方法:目测空调室内机显示屏或用温湿度仪测空调室内机的回风口和送风口温度。

（2）回风湿度设定、控制与测量。

① 湿度设定依据:5G 综合基站相对湿度应保持在 30%～70% 范围之内;在满足 5G 综合基站设备工作温度要求的情况下,使空调机组不除湿、不加湿。因此,5G 综合基站相对湿度的设定要根据当时 5G 综合基站环境相对湿度而定(目前空调机组相对湿度设定值一般都设在 40%～60% 的范围)。

例如:5G 综合基站环境相对湿度为 65%,那么设定值应设在 45%～65%,如 5G 综合基站环境相对湿度在 40% 时,那么设定值应设在 40%～60%。

② 5G 综合基站环境相对湿度过高过低的危害:高湿使电器元件表面结露,影响电器元件的绝缘性能以及设备的正常使用;低湿会产生不同电位元件之间放静电,元器件吸灰、变形。

当相对湿度等于 30% 时,静电电压等于 5 kV;

当相对湿度等于 20% 时,静电电压等于 10 kV。

③ 测量用仪表:温湿度仪。

④ 测试方法:目测空调室内机显示屏或用温湿度仪测空调室内机回风口相对湿度。

4. 压缩机、室内风机、室外风机、加热器和加湿器电流的测量

（1）测量使用的仪表:交流钳形电流表。

（2）测量方法:测量各负载空气开关输出端电流,将测得读数记录与厂家提供的标准进行比较。

3.5 开关电源系统

一般所指的高频开关电源,是指具有交流配电模块、直流配电模块、监控模块、整流模块等组成的直流供电电源系统,它的关键技术和名称的由来就是其中的高频开关整流器,由于目前大都是模块化结构,所以有时也称高频开关整流器为高频开关整流模块。

3.5.1 整流与变换设备

20 世纪 80 年代以后,随着功率器件的发展和集成电路技术的逐步成熟,使得开关电源的发展成为可能。高频开关电源取代传统的相控晶闸管稳压电源也是历史发展的必然趋势,也顺应了通信对电源提出的要求。

可靠性是电源系统一个永恒的课题。随着集成技术的发展成熟,结构设计的趋于合理,高频开关电源采用的元器件的数量大大减少,电解电容器、光耦合器及风扇等决定电源寿命的器件质量也得到提高,以及增加了各种保护功能,使高频开关整流器的 MTBF(平均无故障时间)延长,从而提高了可靠性。

稳定高质量的直流电输出是衡量整流器的一个重要的指标。高频化以及高性能、高增益控制电路的采用,使高频开关整流器的稳压精度大大提高,各种滤波电路的应用使得输出杂音减小,其供电质量较相控整流器有了明显的提高。

小型化是高频开关整流器相比传统相控整流器的一大优势。由于变压器工作频率的提高以及集成电路的大量使用,使得高频开关整流器的体积大大缩小。有些高频开关整流器内部有 CPU。对于整个开关电源系统而言,都设有监控模块,采用智能化管理,可与计算机通信,实现集中监控。

高效率也是高频开关整流器发展的趋势。功率器件生产技术的进步,使其功耗减小;计算机辅助设计使得开关整流器设计拓扑和参数趋于合理,即所谓的最简结构和最佳工况;功率因数校正技术的采用等,使得高频开关整流器的效率大大提高。

高频开关整流器的特点可归纳为以下几点。

(1) 质量轻、体积小。与相控电源相比较,在输出相同功率的情况下,体积及质量减小很多。

(2) 节能高效。一般效率在 90% 左右。

(3) 功率因数高。当配有有源功率因数校正电路时,其功率因数近似为 1,且基本不受负载变化的影响。

(4) 稳压精度高、可闻噪声低。在常温满载情况下,其稳压精度都在 5% 以下。

(5) 维护简单、扩容方便。因结构为模块式,可在运行中更换模块,将损坏模块离机修理而不影响通信。因此,在初建时,可预计终期容量机架,整流模块可根据扩容计划逐步增加。

(6) 智能化程度较高。配有 CPU 和计算机通信接口,组成智能化电源设备,便于集中监控,无人值守。

当然,高频开关整流器也在不断改进和完善之中,目前国内外在这个领域的研究方向和有待解决的问题主要有以下几方面。

(1) 解决高频化与噪声的矛盾问题。提高工作频率能使动态响应更快,这对于配合高速微处理器工作是很重要的,也是减小体积的重要途径。但是过高的工作频率不但使得损耗增加,同时增加了更多的高频噪声,这些噪声既会对整流器自身工作带来影响,也会使得其他电子设备受到干扰。

(2) 如何进一步提高效率,提高功率密度。当整流器工作频率提高到一定程度以后,就会出现过多的损耗和噪声。一方面,损耗的增加会制约整机效率的提高;另一方面,额外的噪声也必须增加更多的噪声抑止电路,也就加大了整流器的复杂性和体积,使得整流器的可靠性和功率密度下降。

(3) 开发高性能的功率器件、电感器、电容器和变压器,提高整机的可靠性。新型高速半导体器件的研究开发一直是开关电源技术发展进步的先锋。目前正在研究的高性能碳化硅半导体器件,一旦普及应用,将使开关电源技术发生革命性的变化。此外新型高频变压器、高频磁性元件和大容量高寿命的电容器的开发,将大大提升整流器的可靠性和使用寿命。

3.5.2　实训项目十四:开关电源系统硬件认知

1. 实验目的

(1) 了解 PRS3004AP 开关电源系统的结构。

(2) 掌握开关电源系统的组成、功能、接口、线缆连接。

(3) 掌握 CU3000AK 监控模块的操作方法。

2. 实训设备

珠江电源:PRS3004AP。

3. 实训原理

高频开关系统由交流配电单元、整流模块、直流配电单元和监控模块组成开关电源系统。交流配电单元负责将输入三相交流电分配给多个整流模块;整流模块完成将交流转换成符合通信要求的直流电直流配电单元负责将蓄电池组接入系统与整流模块输出并联,再将一路不间断的直流电分成多路分配给各种容量的直流通信负载;监控单元是整个开关电源系统的“总指挥”,起着监控各个模块的工作情况,协调各模块正常工作的作用。PRS3004AP 柜式系统结构示意图如图 3.38 所示;开关电源系统示意图如图 3.39 所示。

(1) PRS3004AP 柜式系统电源特征

1) 整流模块采用有源功率因数补偿技术,功率因数值达 0.99。

2) 交流输入电压正常工作范围宽至 90～290 V。

3) 整流模块采用全桥软开关技术,效率最高可达 92% 以上。

4) 完善的电池管理。有负载下电和电池低电压保护(LVLD＋LVBD)及二次下电功能,能实现温度补偿、自动均浮充控制、自动调压、电池容量计算、在线电池测试等功能。

5) 整流模块采用无损伤热插拔技术,即插即用,更换时间小于 1 min。

6) 网络化设计,提供多种通信接口(如:RS485、干接点),组网灵活,可实现本地和远程监控,无人值守。

7) 完善的交、直流侧防雷设计,适应多雷暴地区。

8) 完备的故障保护、故障告警功能。

9) 全正面的操作和维护,可以靠墙安装,有效节约空间。

10) 超低辐射。采用先进的电磁兼容设计,整流模块能够满足《通信电源设备电磁兼容性限值及测量方法》(中华人民共和国通信行业标准 YD/T983)中对传导和辐射干扰的要求。

11) 安全可靠。系统设计全面符合安全标准 EN60950 和 GB4943。

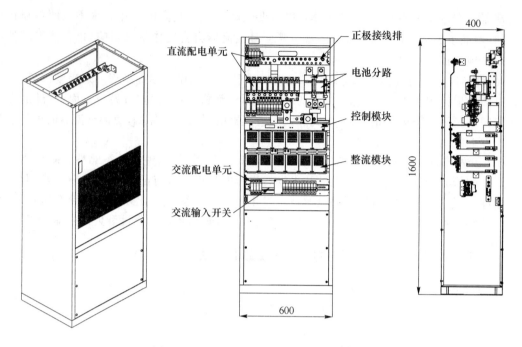

图 3.38 PRS3004AP 柜式系统结构示意图

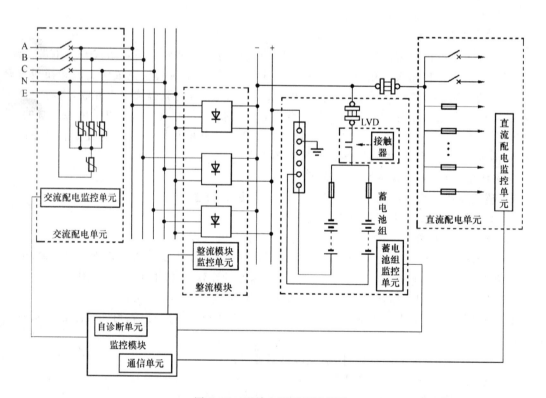

图 3.39 开关电源系统示意图

（2）PRS3004AP 柜式系统电源安全守则

高压	交流引入线为高压工作线路,操作过程一定要确保交流输入断电,操作过程中对不许动用的开关要加上临时禁止标识牌
注意	（1）交流线路端子节点及其他不必要的裸露之处,要充分绝缘 （2）上电之前必须良好接地 （3）模块具有热插拔功能,但在插入模块前必须保证模块面板指示灯全灭 （4）严禁在雷雨天气下进行高压、交流电操作

（3）PRS3004AP 柜式系统电源组成

1）交流配电单元

负责将输入三相交流电分配给多个整流模块（一般用单相交流电居多）。交流输入采用三相五线制,即 A、B、C 三根相线和一根零线 N、一根地线 E。首先接有 MOA 避雷器,保护后面的电器遭受高电压的冲击,再接有三个空气开关控制三相交流电的输入与否。

2）整流模块

完成将交流转换成符合通信要求的直流电。

通信要求：输出的直流电压要稳定、输出的直流电压所含交流杂音小、输出电压应在一定范围内可以调节,以满足其后并接的蓄电池充电电压的要求。

均流功能：多个整流模块并联工作,需合理分配负载电流。

选择性过电压停机功能：其中某个整流模块出现输出高压时,该模块能正常退出而不影响其他模块的工作。

3）直流配电单元

负责将蓄电池组接入系统与整流模块输出并联,再将一路不间断的直流电分成多路分配给各种容量的直流通信负载。配有一组或两组蓄电池,在相应线路中接有熔丝保护和测量线路电流的分流器。

4）蓄电池组的低压脱离 LVD 装置

作用：当系统输出电压在正常范围内时,该常开触点是动作闭合的,蓄电池组并入开关电源系统参与工作的;当整流模块停机,蓄电池组单独对外界负载放电时,当电池电压达到一个事先设定的保护电压值时,为了保护电池组不至于过放电而损坏,常开触点释放打开,从而断开了电池组与系统的连线。

5）CU3000AK 监控模块

CU3000AK 监控模块用于监控各个模块的工作情况,协调各模块正常工作的作用。CU3000AK 监控模块外形如图 3.40 所示。

监控模块分为交流配电单元监控单元、整流模块监控单元、蓄电池组监控单元、直流配电单元监控单元、自诊断单元和通信单元六个功能单元。

CU3000AK 监控模块可实现以下功能：

① 多路系统和环境模拟量参数和开关量检测;

② 具备 RS485 和 TCP/IP 协议网络接口,通过上位机可随时进行查询、设置和控制,实现"三遥"功能,利于集中管理;

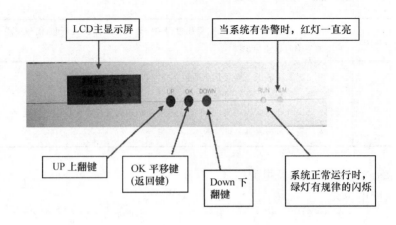

图 3.40　CU3000AK 监控模块

③ 系统采用 LCD 液晶屏和键盘可实现本地的人机交互操作；

④ 电池充放电自动管理；

⑤ 电池测试功能；

⑥ 具有六路干结点输出；

⑦ 可灵活设置干结点的输出类型；

⑧ 具有实时时钟；

⑨ 1000 条告警记录；

⑩ 模块循环休眠功能；

⑪ 前面板有 LED 指示灯,声光告警功能。

（4）上位机对监控单元远程监控功能

数据类型	具体信号	备注
模拟数据	三相交流电压、电流,母排电压、电池电流、负载电流,用户模块电流,电池温度、环境温度、环境湿度	监控模块向上位机传送参数和告警量
开关量和告警状态	模块故障(SMR1～SMR32)、直流欠压、直流过压、一次下二次下电、模块开关机(SMR1～SMR32)、负载熔丝状态、快充、电池测试、电池熔丝状态、电池均浮充状态、备用传感器状态(IN1～IN4)、备用继电器状态(OUT1～OUT6)、直流欠压、直流过压、一次下电、二次下电、负载熔丝状态、电池熔丝状态、电池过流、负载过流、交流空开短开,交流过欠压、缺相	
设置参数	均充电压、浮充电压、快充电压、直流输出过压告警点、电池欠压告警点、电池下电告警点、电池容量、电池限流系数、温度补偿系数、均充转浮充电流系数、浮充转均充电流系数	上位机向监控模块设置参数和命令
控制命令	模块开/关机、温度补偿开/关、备用继电器断开/闭合和手动均充	
告警记录	校时,时间段内告警记录查询,读告警记录	

（5）监控模块对整流模块的管理

管理类型	条　　件
电池低压	输出电压在设定的电池低压下时,系统后台输出告警,告警 LED 亮,电压恢复后,告警消失;恢复电压与告警点存在一定回差
电池下电	系统在电池放电状态下,输出电压低于设定的一次下电电压时,系统断开一次下电继电器并输出 LED 告警,输出电压低于设定的二次下电电压时系统断开二次下电继电器并输出 LED 告警;在电压恢复到设定的下电恢复电压时,闭合继电器
电池均浮充管理	电池充电电流大于设定的电池最大充电电流时,系统对电池进行恒流均充,恒流均充到均充电压时,系统进行恒压均充,恒压均充电流小到均充转浮充电流以下时,电流浮充,浮充电流大于浮充转均充电流时,系统均充、浮充连续时间到设定时间则自动转均充,恒压均充时间超过设定均充持续时间,自动转浮充,手动均充则转均充
温度补偿	在电池温度传感器接入条件下,温度补偿开的情况下,电池温度高于 25 ℃温度补偿,低于 25 ℃负温度补偿,补偿最大值不超过 2 V,补偿值＝(温度－25 ℃)×系数
快充	以设定的电压供电池充电设定的时间,时间完成自动转浮充
电池测试	自动测试电池保持能量及电池可用容量

（6）监控对系统输出管理功能

① 检测:不停地监测系统的交流电压、电流,母排电压,负载电流、电池电流、电池温度、环境温湿度、门禁、烟雾、水浸、电池熔丝、负载熔丝等状态;

② 控制:根据系统输出电压控制系统的一次、二次下电。

（7）声光告警功能

指示灯	亮/灭	信号
红灯	亮	交流过压告警、交流欠压告警、交流掉电告警、模块故障告警、风机故障、直流欠压告警、直流过压告警、电池下电、模块开关机、电池熔丝断、负载熔丝断、门禁告警、烟雾告警、水浸告警
	灭	无以上任何告警
绿灯	闪烁	通信正常时

（8）LCD 显示屏功能

人机界面为 LCD 显示系统状态、参数、按键操作设置参数。

1）模拟量检测显示:系统电压、负载电流、电池电流、环境温度、电池温度等。

2）开关状态显示:均浮充、快充、告警等。

3）系统参数显示:均浮充电压、快充电压等。

4）系统参数修改:均浮充电压、快充电压、快充时间等。

操作方式

（9）CU3000AK 监控模块的三种操作方式

① 本地操作——由 CU3000AK 监控模块前面板上的"UP"键"Down"键及"OK"键进行。

② 后台计算机操作——经 CU3000AK 监控模块上的 RS485 通信接口直接与装有 CU3000AK 操作软件的后台计算机连接,由操作软件界面进行。

③ 远程操作——经 CU3000AK 监控模块后面板的 TCP/IP 通信接口与远程通信的、装

有 CU3000AK 操作软件的计算机相连,可实现远程监控。

（10）LCD 操作键

前面板仅有三个操作按键"UP、Down、OK",进行各级菜单、功能转换、参数设定等。

① UP——上翻键:菜单上翻转,改变参数设定、数值增加等操作。

② OK——平移键(返回键):向同级、同层次菜单进行转移,返回操作。

③ Down——下翻键:菜单下翻转,改变参数设定、数值减少等操作。

（11）主显示屏显示说明

主显示屏——系统接入电池或整流模块工作后立即显示系统的基本信息。

显示系统的输出电压:53.5 V(出厂设定值或前次开机设定的电压值)。

显示系统的输出负载电流:×××A 。

具有屏保功能:无论在何种操作、显示状态下停滞 30 s 后,即返回这个显示屏——主显示屏。同时屏幕背光关闭处于屏保状态、等待下次操作。

在屏保状态下,按任何键屏保状态取消,再按某一键则进行入相应操作程序。

（12）环镜及维护要求

1）工作环境要求

工作温度:−30～55 ℃。

储存温度:−40～70 ℃。

环境湿度:0～80％(40±2 ℃)。

大气压力:70～106 kPa。

工作电压:40～60 V DC。

2）监控模块的维护

① 通信中断原因分析及维护。

• 设置原因:监控单元与上位机设置不一致。

维护:通过 LCD 显示屏重新设置监控单元地址。

• 监控模块 CPU 电路故障或二次整流模块电路故障。

维护:通知厂家进行维修。

• 网络故障:网络路由器配置不正确或损坏,或操作软件的 IP 地址、端口号设置不正确。或电源的 IP 通信模块损坏。

维护:检查路由器及 IP 设置是否正确,PING 设备的 IP 是否网络故障。

② 若上报数据有误(包括模拟量和开关量)且保持不变,或控制状态与下发命令不一致,或参数设置与实际执行情况不符时,可能是以下原因:

• 输入信号有误;

• 输入电路损坏;

• 整流模块故障。

维护:通知厂家进行维修。

4. 实训内容

（1）学会通信电源系统的启动和关断的操作使用方法。

（2）学会监控模块操作和使用方法。

（3）完成实训项目十四报告:开关电源系统硬件认知。

实训项目十四报告 开关电源系统硬件认知

实训地点			时间		实训成绩	
姓名	班级		学号		同组姓名	

实训目的	
实训设备	

实训内容	1. 画出开关电源系统示意图。
	2. 简述开关电源系统的故障处理与维护方法。
	3. 开关电源系统内部结构认知。

单元类型	接口描述	指示灯描述	外部图片
交流配电			
整流模块			
直流配电			
监控模块			

请根据实验室内开关电源系统的各部分图,列出图中所认识的元器件名称	
写出此次实训过程中的体会及感想,提出实训中存在的问题	
评语	

3.6 蓄 电 池

铅酸蓄电池是通信电源系统关键设备,一旦市电发生故障全靠蓄电池及时供电。倘若电池不能满足供电容量和质量的要求,就会造成通信瘫痪或通信质量差。

铅酸蓄电池的发明距今已有 140 余年的历史,以往的铅酸蓄电池均为开口式或防酸隔爆式,充放电时析出的酸雾污染及腐蚀环境,又需经常维护,补加酸和水。自 20 世纪 50 年代起,科学技术发达国家先后解决了防酸式铅酸电池的致命缺点,而可以把铅蓄电池密封起来。进入 20 世纪 80 年代,随着分散式供电方案启用,需求基础电源设备与通信设备同装一室,激励了密封固定型铅酸电池的生产。进入 20 世纪 90 年代后,阀控密封铅酸蓄电池生产技术有了很大进展,进入了成熟期。

阀控式密封铅酸蓄电池的发展之所以如此迅速,是因为它具有以下特点。

(1)电池荷电出厂,安装时不需要辅助设备,安装后即可使用;

(2)在电池整个使用寿命期间,无须添加水,调整酸比重等维护工作,具有"免维护"功能;

(3)不漏液、无酸雾、不腐蚀设备,可以和通信设备安装在同一房间,节省了建筑面积和人力;

(4)采用具有高吸附电解液能力的隔板,化学稳定性好,加上密封阀的配置,可使蓄电池在不同方位安置;

(5)电池寿命长,25 ℃下浮充状态使用可达 10 年以上;

(6)与同容量防酸式蓄电池相比,阀控式密封蓄电池体积小、质量轻、自放电低。

国内外的阀控密封铅酸电池,目前大多参照美国、日本、德国等国技术而制作。

由于目前大量使用的阀控式密封铅酸蓄电池属贫液型,存在着对环境温度变化适应性差的缺点,所以已经出现了富液式阀控密封铅酸电池。如德国"HOPPECKE"电池公司的 OSP 系列电池,它由于采用外部氧循环方式,不必考虑在电池内部建立循环通道,所以可在电池内部加入足够多的电解液,因此不怕失水、不怕热。另外,由于电池外壳为半透明材料,便于观察其内部情况,掌握电池状态。国际上也正在发展其他蓄电池,如新型锂蓄电池。

阀控式密封铅酸蓄电池在通信电源系统中起到以下作用。

(1)与整流设备组合为直流浮充供电系统。平滑滤波:在市电正常时,虽然蓄电池不担负向通信设备供电的主要任务,但它与供电主要设备整流器并联运行,能改善整流器的供电质量。因为蓄电池内阻只有数十毫欧姆,远小于通信负荷电阻,对低次谐波电流呈现极小阻抗,如图 3.41(a)所示。荷电待用(包括直流供电系统和 UPS 系统):当市电异常或在整流器不工作的情况下,由蓄电池单独供电,担负起对全部负载供电的任务,起到备用作用,如图 3.41(b)所示。

(2)蓄电池在通信企业的其他用途。

① 在 UPS 系统中作后备电源:在正常情况下,负载由市电供应,同时将市电整流并对蓄电池补足电量。当市电中断时,逆变器利用蓄电池的储能,不间断地将直流电变为与市电同相位的交流电源。

② 在动力设备中作启动电源:是汽油或柴油发电机组的操作电源,启动过程具有极短的时间以及大功率输出的特点,并在低温环境下也能确保大电流放电。

阀控式铅酸蓄电池(Valve Regulated Lead Battery,VRLA)的优良性能,来源于其针对普通铅酸蓄电池的特点,从组成物质的性质、结构、工艺等方面,采用一系列新材料、新技术及可行措施而达到。

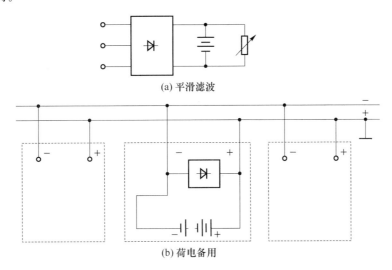

(a) 平滑滤波

(b) 荷电备用

图 3.41　蓄电池在通信电源系统中的应用

蓄电池的类别可按用途、极板结构等来分。

按不同用途和外形结构分有固定式和移动式两大类。固定型铅蓄电池按电池槽结构又分为半密封式及密封式。

按极板结构分为涂膏式(或称涂浆式)、化成式(又称形成式)、半化成式(或称半形成式)和玻璃丝管式(或称管式)等。

按电解液的不同分为:酸性蓄电池,以酸性水溶液作电解质。碱性蓄电池,以碱性水溶液作电解质。

按电解液数量可将铅酸电池分为贫液式和富液式。密封式电池均为贫液式,半密封电池均为富液式。

阀控式铅酸蓄电池的型号识别如图 3.42 所示。

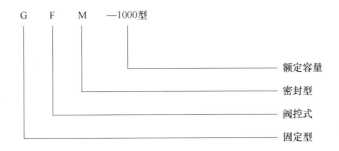

G　F　M　—1000型

额定容量

密封型

阀控式

固定型

图 3.42　阀控式铅酸蓄电池的型号识别

3.6.1　阀控蓄电池的结构与原理

1. 阀控式铅酸蓄电池的基本结构

阀控式铅酸蓄电池的结构如图 3.43 所示。

其主要组成：正负极板组、隔板、电解液、安全阀及壳体，此外还有一些零件如端子、连接条、极柱（接线柱）等。

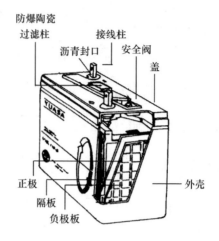

图 3.43　阀控式铅蓄电池结构

（1）正负极板组。正极板上的活性物质是二氧化铅（PbO_2），负极板上的活性物质为海绵状纯铅（Pb）。

铅酸蓄电池的极板大多为涂膏式，这种极板是在板栅上敷涂由活性物质和添加剂制成的铅膏，经过固化、化成等工艺过程而制成。

（2）隔板。阀控式铅酸蓄电池中的隔板材料普遍采用超细玻璃纤维。

它的主要作用有：

① 吸收电解液；

② 提供正极析出的氧气向负极扩散的通道；

③ 防止正、负极短路。

（3）电解液。铅蓄电池的电解液是用纯净的浓硫酸与纯水配置而成。它与正极和负极上活性物质进行反应，实现化学能和电能之间的转换。

（4）安全阀。一种自动开启和关闭的排气阀，具有单向性，内有防酸雾垫。只允许电池内气压超过一定值时，释放出多余气体后自动关闭，保持电池内部压力在最佳范围内，同时不允许空气中的气体进入电池内，以免造成自放电。

（5）壳体。蓄电池的外壳是盛装极板群、隔板和电解液的容器。它的材料应满足耐酸腐蚀、抗氧化、机械强度好、硬度大、水汽蒸发泄漏小、氧气扩散渗透小等要求。一般采用改良型塑料，如 PP、PVC 或 ABS 等材料。

2. 铅酸蓄电池的特性

（1）铅酸蓄电池的电压。

1）工作电压。工作电压指电池接通负载后在充放电过程中显示的电压，又称负载电压。在电池放电初始的工作电压称为初始电压。电池放电时电压下降到不宜继续放电时的最低工作电压称为终止电压。一般规定铅酸蓄电池 10 小时率的放电终止电压为 1.80 V，3 小时率和 1 小时率为 1.75 V。

2）浮充电压。在 5G 综合基站直流电源中，蓄电池采用全浮充工作方式。

在市电正常时，蓄电池与整流器并联运行，蓄电池自放电引起的容量损失便在全浮充过程被补足。这时,蓄电池组起平滑滤波作用。因为电池组对交流成分有旁路作用,从而保证了负载设备对电压的要求。在市电中断或整流器发生故障时,由蓄电池单独向负荷供电,以确保通信不中断。一般说电池组平时并不放电,负载的电流全部由整流器供给。

在全浮充工作方式下的蓄电池,充放电循环次数少,自放电和浅放电后的电量能迅速补足,所以正负极活性物质利用率转化次数少,使用寿命长。

浮充使用时蓄电池的充电电压必须保持一个恒定值,在该电压下,充放电量应足以补偿蓄电池由于自放电而损失的电量以及氧循环的需要,保证在相对较短的时间内使放过电的蓄电池充足电,这样就可以使蓄电池长期处于充足电状态。同时,该电压的选择应使蓄电池因过充电面造成损坏达到最低程度,此电压称之为浮充电压。

选择浮充电压的原则如下:

各种类型的铅酸蓄电池的浮充电压不尽相同,在理论上要求浮充电压产生的电流是以达到补偿自放电量及蓄电池单放电电量和维持氧循环需要。实际上还应考虑下列因素:

① 电池的结构状态;

② 正极板栅的腐蚀速率;

③ 电池内气体的排放;

④ 通信设备对浮充系统基础电压的要求。

根据浮充电压选择原则与各种因素对浮充电压的影响,国外一般选择稍高的浮充电压,范围可为 2.25～2.35 V,国内稍低,2.23～2.27 V。不同厂家对浮充电压的具体规定不一样。一般对浮充电压的规定为 2.25 伏/单体(环境温度为 25 ℃情况下),根据环境温度的变化,对浮充电压应作相应调整。

浮充电流设定的依据如下:

① 充电流应足以补偿每昼夜自放电损失的电量;

② 于铅酸蓄电池而言,应确保维护氧循环所需的电流;

③ 蓄电池单独放电后,能依靠浮充,很快地补足容量,以备下一次放电。

浮充电压的温度补偿如下。

浮充充电与环境温度有密切关系。通常浮充电压是指环境温度 25 ℃,所以当环境温度变化时,为使浮充电流保持不变,需按温度系数进行补偿,即调整浮充电压。在同一浮充电压下,浮充电流随温度升高而增大。若进行温度换算可得出:环境温度自 25 ℃升或降 1 ℃,每个电池端压随之减或增 3～4 mV 方可保持浮充电流不变。不同厂家电池的温度补偿系数不一样,在设置充电参数时,应根据说明书上的规定设置温度系数,如说明书没有写明,应向电池生产厂家咨询确定。

在各相同类型结构的阀控式密封铅蓄电池中,浮充电流随浮充电压增大而增加,随温度升高而增加。

通信设备对全浮充制电压的要求如下。

标称电压:指正极接地的全浮充供电系统(48 V)额定电压。

允许电压范围:上限或下限值是指 5G 综合基站通信设备上各类电源插板所能容忍的最大或最小的输入电压。上限值设定是以蓄电池全放电后,恢复充电的端电压而设定,这个值有的取 2.23～2.35 伏/个。下限值设定是依据该供电系统不需设置调压设备,仅以选取容量较大的电池,供电至规定的电压值。

综上所述,在 5G 综合基站供电系统中,铅酸蓄电池浮充电压选择必须考虑上述诸种因素。与常规铅酸蓄电池相比,其电压变化或温度变化所引起电流变化的敏感性要强,所以必须慎重选择铅酸蓄电池的浮充电压。

(2)铅酸蓄电池的充放电特性。

1)充电方法。铅酸蓄电池在使用过程中,按照不同的具体情况,有以下 3 种充电方法。

① 浮充充电。当整流器在浮充过程中断工作后,铅酸蓄电池单独向负荷供电。当整流器恢复工作后以 $0.1C_{10}$ A 的恒压限流对电池组充电,当整流器输出电压升高至浮充电压设定值后,进入浮充状态,使蓄电池内电流按指数规律衰减至浮充电流值时为充足。

② 快速充电。在某种情况下,要求电池尽快充足电,可采用快速充电,最大充电电流≤ $0.2C_{10}$ A,充电电流过大会使电池鼓胀,并影响电池使用寿命。

③ 均衡充电。蓄电池在使用过程中,有时会产生比重、端电压等不均衡情况。为防止这种不均衡扩展成为故障电池,所以要定期履行均衡充电。合适的均充电压和均充频率是保证电池长寿命的基础,对阀控铅酸蓄电池平时不建议均充,因为均充可能造成电池失水而早期失效。除此之外,凡遇下列情况也需进行均衡充电:一是单独向通信负荷供电 15 min 以上,二是电池深放电后容量不足。

均衡充电时时间不宜过长,因为均衡充电电压已属高压,若充电时间过长,不仅使铅酸蓄电池内盈余气体增多,影响氧再化合速率,而且使板栅腐蚀速度增加,从而损坏电池。当均衡充电的电流减小至连续 3 h 不变时,必须立即转入浮充电状态,否则,将会严重过充电而影响电池的使用寿命。

5G 综合基站用蓄电池的充电方式主要是浮充充电和均衡充电两种方式。为延长阀控电池的使用寿命,必须了解不同充电方式的充电特点和充电要求,严格按照要求对蓄电池进行充电。

2)铅酸蓄电池的充电特性。铅酸蓄电池在放电后应及时充电。充电时必须认真选择以下三个参数:恒压充电电压、初始电流、充电时间。不同蓄电池的充电电压值由制造厂家规定,充电电压和充电方法随电池用途不同可以不同。电池放电后的充电推荐恒压限流方法,即充电电压取 U(厂家定),限流值取 $0.1C_{10}$ A,充入电量为上次放电电量的 $1.1\sim1.2$ 倍即可。

3)铅酸蓄电池的放电特性。铅蓄电池投入运行,是对实际负荷的放电,其放电速率随负荷的需要而定。为分析长期使用后电池的损坏程度或为估算市电停电期间电池的持续时间,需测试其容量。推断电池容量的放电的方法,应从如下几个方面考虑:一是放电量,即全部放电还是部分放电;二是放电速率,即以 10 小时率还是以高放电率或是低放电率放电。

放电速率不同,放电终止电压也不相同,放电速率越高,放电终止电压越低。

温度对电池放出的容量也有较大影响,通常,环境温度越低,放电速率越大,电池放出的容量就小。

(3)铅酸蓄电池的容量。

1)电池容量的分类。电池容量是电池储存电量多少的标志,有理论容量、额定容量、实际容量之分。

理论容量是假设活性物质全部反应放出的电量。

额定容量是指制造电池时,规定电池在一定放电率条件下,应该放出最低限度的电量。固定型铅酸蓄电池规定在 25 ℃环境下,以 10 小时率电流放电至终了电压所能达到的容量称为额定容量,用符号 C_{10} 表示。10 小时率的电流值为 $I_{10}=C_{10}/10$。

实际容量是指在特定的放电电流,电解液温度和放电终了电压等条件下,蓄电池实际放出的电量。它不是一个恒定的常数。

阀控铅蓄电池规定的工作条件一般为:10 小时率电流放电,电池温度为 25 ℃,放电终了电压为 1.8 V。

2) 影响实际容量的因素。使用过程中影响容量的主要因素有:放电率、放电温度、电解液浓度和终止电压等。

① 放电率的影响。放电至终了电压的快慢称为放电率,放电率可用放电电流的大小,或者用放电到终了电压的时间长短来表示,分为时间率和电流率。一般都用时间表示,其中以 10 小时率为正常放电率。

对于一给定电池,在不同时率下放电,将有不同容量。表 3.8 所示为 GFM1 000 电池在常温下不同放电率放电时的容量。

表 3.8 GFM 1000 电池常温下不同放电率放电时的容量

放电率/Hr	1	2	3	4	5	8	10	12	20
容量/Ah	550	656	750	790	850	944	1000	1045	1100

从表 3.8 可知:放电率越高,放电电流越大。高倍率放电时容量降低。

② 电解液温度的影响。环境温度对电池的容量影响很大。在一定环境温度范围内放电时,使用容量随温度升高而增加,随温度降低而减小。但温度不能过高。若在环境温度超过 40 ℃ 条件下放电,则电池容量明显减小。

③ 终止电压的影响。电池的容量与端电压降低的快慢有密切关系。终止电压是按实际需要确定的,小电流放电时,终止电压要定得高些;大电流放电,终止电压要定得低些。

另外,电池容量还与电池的新旧程度、局部放电等因素有关。

3.6.2 铅酸蓄电池的运行与维护

铅酸蓄电池的使用寿命与生产工艺和产品质量有密切关系。除了这一先天因素以外,对于质量合格的铅酸蓄电池而言,其运行环境与日常维护都直接决定了铅酸蓄电池的使用寿命。可见,正确与合理地运行与维护对铅酸蓄电池的运行更显得重要。

1. 铅酸蓄电池维护的技术指标

(1) 定义如下。

① 容量:额定容量是指蓄电池容量的基准值,容量指在规定放电条件下蓄电池所放出的电量,小时率容量指 N 小时率额定容量的数值,用 C_N 表示。

② 最大放电电流:在电池外观无明显变形,导电部件不熔断条件下,电池所能容忍的最大放电电流。

③ 耐过充电能力:完全充电后的蓄电池能承受过充电的能力。

④ 容量保存率:电池达到完全充电后静置数十天,由保存前后容量计算出的百分数。

⑤ 密封反应性能:在规定的试验条件下,电池在完全充电状态,每安时放出气体的量(mL)。

⑥ 安全阀动作:为了防止因蓄电池内压异常升高损坏电池槽而设定了开阀压,为了防止外部气体自安全阀侵入,影响电池循环寿命,而设立了闭阀压。

⑦ 防爆性能:在规定的试验条件下,遇到蓄电池外部明火时,在电池内部不引爆、不引燃。

⑧ 防酸雾性能:在规定的试验条件下,蓄电池在充电过程,内部产生的酸雾被抑制向外部泄放的性能。

(2) 通信用铅酸蓄电池技术要求。

现将 YD/T 799—1996 的部分主要内容另列如下。

① 放电率电流和容量。依据 GB/T13337.2 标准,在 25 ℃环境下,蓄电池额定容量符号标注为:

C_{10}——10(小时)率额定容量(Ah),数值为 C_{10};

C_3——3(小时)率额定容量(Ah),数值为 $0.75C_{10}$;

C_1——1(小时)率额定容量(Ah),数值为 $0.55C_{10}$;

I_{10}——10(小时)率放电电流(A),数值为 $0.1C_{10}$A;

I_3——3(小时)率放电电流(A),数值为 $2.5C_{10}$A;

I_1——1(小时)率放电电流(A),数值为 $5.5C_{10}$A。

② 终止电压 u_f。

10(小时)率蓄电池放电单体终止电压为 1.8 V。

3(小时)率蓄电池放电单体终止电压为 1.8 V。

1(小时)率蓄电池放电单体终止电压为 1.75 V。

③ 充电电压、充电电流、端压偏差。

蓄电池在环境温度为 25 ℃条件下,浮充工作单体电压为 2.23~2.27 V,均衡工作单体电压为 2.30~2.35 V。各单体电池开路电压最高与最低差值不大于 20 mV。蓄电池处于浮充状态时,各单体电池电压之差应不大于 90 mV。最大充电电流不大于 $2.5I_{10}$A。

④ 蓄电池按 l 小时率放电时,两个电池间连接条电压降,在各极柱根部测量值应小于 10 mV。

2. 铅酸蓄电池对充电设备的技术要求

(1)稳压精度。稳压精度是指在输入交流电压或输出负载电流变化时,充电设备在浮充或均充电压范围内输出电压偏差的百分数。铅酸蓄电池一般都在浮充状态下运行,每个铅酸蓄电池的浮充端电压一般在 2.25 V 左右(在 25 ℃常温下)。如果充电整流器的稳压精度差,将会导致铅酸蓄电池的过充或欠充,故稳压精度应优于 1%。

(2) 自动均充功能。铅酸蓄电池需要定期进行均充电,铅酸蓄电池进行均充的目的就是为了确保电池容量被充足,预防落后电池的产生。

① 均充功能启用条件。凡遇下列情况需进行均衡充电:

• 浮充电压有两个以上低于 2.18 伏/个;

• 搁置不用时间超过 3 个月;

• 全浮充运行达 6 个月;

• 放电深度超过额定容量的 20%。

自动均充启动条件可以根据铅酸蓄电池的新旧程度和不同生产厂家的技术要求进行人工设置。

② 自动均充终止的判据。

• 充电量不小于放出电量的 1.2 倍。

• 充电后期充电电流小于 $0.005 C_{10}$A(C_{10}＝电池的额定容量)。

• 充电后期,充电电流连续 3h 不变化。

达到上述三个条件之一,可以终止均充状态自动转入浮充状态。

（3）电压—温度补偿功能。铅酸蓄电池对温度非常敏感,电池电压与环境温度有关,为能控制铅酸蓄电池浮充电流值,要求充电设备在温度变化时能够自动调整浮充电压,也就是应具有输出电压的温度自动补偿功能(即当电池温度上升时,浮充电流上升,充电设备能自动将浮充电压下降,使浮充电流保持不变)。对铅酸蓄电池浮充端电压一般(在 25 ℃)设置在 2.25 V,浮充电流一般在 0.45 mA/Ah 左右。温度补偿的电压值通常为以环境温度 25 ℃ 为界,温度每升高或降低 1 ℃,其浮充电压就相应降低或升高 3～4 毫伏/个。

电池环境温度应控制在 5～30 ℃,因为自放电和电池失水的速率都随温度的升高而加大,会导致电池因失水而早期失效。

（4）限流功能。充电设备输出限流和电池充电限流是两个不同的功能。充电设备的输出限流是对充电设备本身的保护,而电池充电限流是对电池的保护。整流设备输出限流是当输出电流超过其额定输出电流的 105% 时,整流设备就要降低其输出电压来控制输出电流的增大,达到保护整流设备不受损坏。而电池的充电限流是根据电池容量来设定的,一般为 $0.15C_{10}$（A）左右。

（5）智能化管理功能。由于对铅酸蓄电池浮充电压、均充电压、均充电流和温度补偿电压都需要严格控制,因而对铅酸蓄电池使用环境的变化、均充的开启和停止、均充的时间、均充周期等智能化管理就显得非常必要。

3. 铅酸蓄电池的日常维护

（1）铅酸蓄电池的安装。

① 安装方式。5G 综合基站的阀控密封铅酸电池不应专设电池室,而应与 5G 综合基站通信设备同装一室。可叠放组合或安装在机架上。阀控铅酸蓄电池有高形和矮形两种设计,高形设计的电池体积(高度)大、质量大,浓差极化大,影响电池性能,最好卧式放置。矮形电池可立放,也可卧放工作。安装方式要根据工作场地与设施而定。

② 注意事项如下。

- 不能将容量、性能和新旧程度不同的电池连在一起使用。
- 连接螺钉必须拧紧,但也不要拧紧力过大而使极柱嵌铜件损坏。脏污和松散的连接会引起电池打火爆炸,因此要仔细检查。
- 电池均为 100% 荷电出厂,必须小心操作,忌短路。因此,装卸、连接时应使用绝缘工具,戴绝缘手套,防止电击。
- 安装末端连接件和整个电源系统导通前,应认真检查正负极性及测量系统电压。
- 电池要远离热源和易产生火花的地方,要避免阳光直射。

（2）铅酸蓄电池使用维护工作内容。铅酸蓄电池不用加酸加水维护。为了保证电池使用良好,需要做一些必要的管理工作和使用维护与保养。

① 经常检查的项目。一般检查的项目:电池端电压、环境温度(测量电池温度为最好)、连接处有无松动或腐蚀,电池壳体有无渗漏或变形,极柱和安全阀周围是否不断有酸雾逸出。

② 电池投入运行早期的工作。提倡每半年或一年履行一次核对性容量放电,可抑制容量早期损失。随着电池运行期的增长,应相应减少核对性容量放电,在电池接近使用寿命终了时,不能再进行核对性容量放电。

③ 清理电池上的尘污。经常做好去除电池污秽工作,尤其是极柱和连接条上的尘土,防止电池漏电或接地。同时检查连接条有无松动,观察电池外观有无异常,如有异常应及时处理。

4. 铅酸蓄电池在维护过程中的注意事项

阀控蓄电池的使用寿命和机房的环境,整流器的设置参数,以及运行状况很有关系。同一品牌的蓄电池,当其在不同的环境和不同的维护条件下使用时,其实际使用寿命会相差很大。

(1) 为保证蓄电池的使用寿命,最好不要使蓄电池有过放电。稳定的市电以及油机配备是蓄电池使用寿命长的良好保证,而且油机最好每月启动一次,检查其是否能正常工作。

(2) 一些整流器(开关电源)的参数设置(如浮充电压、均充电压、均充的频率和时间、转均充判据、转浮充判据、环境温度、温度补偿系数、直流输出过压告警、欠压告警以及充电限流值等),应与各蓄电池厂家沟通后再具体确定。

(3) 每个 5G 综合基站的蓄电池配置容量应在 8~10 小时率比较合适。频繁的大电流放电会使蓄电池使用寿命缩短。

(4) 阀控蓄电池虽称"免维护"蓄电池,但在实际工作中仍需履行维护手续。每月应检查的项目如下:

① 单体和电池组浮充电压;

② 电池的外壳和极柱温度;

③ 电池的壳盖有无变形和渗液;

④ 极柱、安全阀周围是否渗液和酸雾溢出。

(5) 如果电池的连接条没有拧紧,会使连接处的接触电阻增大,在大电流充放电过程中,很容易使连接条发热,甚至会导致电池盖的熔化,情况严重的可能引发明火。所以维护人员应每半年做一次连接条的拧紧工作,以保证蓄电池安全运行。

(6) 为确保用电设备的安全性,要定期考察电池的储备容量,检验电池实际容量能达到额定容量的百分比,避免因其容量下降而起不到备用电源的作用。对于已运行三年以上的电池,最好每年进行一次核对性放电试验,放出额定容量的 30%~40%。每三年进行一次容量放电测试,放出额定容量 80%。

(7) 蓄电池放电时注意事项:应先检查整组电池的连接处是否拧紧,再根据放电倍率来确定放电记录的时间间隔,对于已开通的 5G 综合基站一般使用假负载进行单组电池的放电,在另一组电池放电前,应先对已放电的电池进行充电,然后才能对另一组电池进行放电。放电时应紧密注意比较落后的电池,以防某个单体电池的过放电。

5. 铅酸蓄电池一般故障分析与处理

铅酸蓄电池尽管有许多优点,但和所有电池一样也存在可靠性和寿命问题。铅酸蓄电池文献报道使用寿命为 15~20 年(25 ℃浮充使用),但实际在使用中,电池会出现提前失效的现象,容量降为 80%以下。蓄电池失效系指电池性能逐渐退化,直至不能使用。较短的使用寿命并不是铅酸蓄电池的本来属性,造成铅酸蓄电池性能下降的原因是多方面的,主要是通过正极板、负极板、隔板等情况的逐渐变质:有板栅的腐蚀与变形,电解液干涸,负极硫酸化,早期容量损失(PCL),热失控等原因。

(1) 铅酸蓄电池漏液。

① 电池外壳变形或者破损。处理方法:与生产厂家联系更换。

② 电池阀控密封圈失效或者极柱密封不严。处理方法:更换密封圈或者通知厂家更换电池。

③ 浮充电压过高或者电池温度过高。处理方法:检查浮充电压的设置值并进行重新调整;检查环境温度,如果过高应考虑安装空调器。

（2）浮充端电压不均匀。

① 电池内阻不均匀。处理方法:对该电池组进行均衡充电 12～24 h。

② 电池连接条电蚀及连接螺栓锈蚀。处理方法:对电蚀的连接条进行电蚀清除,对锈蚀的连接螺栓进行更新。

（3）单体电池浮充端电压偏低。

① 电池内部发生微短路。处理方法:均衡充电 12～24 h,如仍不能排除,就单独对该电池进行活化处理。

② 整流开关电源输出设置偏低。处理方法:检查整流开关电源输出电压设定值,重新调整其输出电压。

（4）铅酸蓄电池容量不足。

① 电池欠充。处理方法:均衡充电 12～24 h。

② 浮充电压偏低。处理方法:提高整流器浮充电压设置值。

③ 失水严重,内部干涸。处理方法:补加活化液后均衡充电 12 h。

（5）电池极柱或外壳温度过高。

① 连接螺栓松动。处理方法:检查连接螺钉并拧紧。

② 极柱与连接条接触处腐蚀。处理方法:清除极柱上的腐蚀并更换连接条。

③ 浮充电压过高。处理方法:检查整流开关电源的浮充电压设置值,并重新调整浮充电压。

④ 电池自放电大。处理方法:对该电池进行单独均充 12～24 h,静止 3 h 后,如果电池外壳温度仍过高,应考虑更换。

（6）电池充电电压忽高忽低。

① 连接条或者连接螺栓松动。处理方法:检查连接条及螺栓的接触,并拧紧螺钉。

② 整流开关电源输出电压不稳。处理方法:检查整理开关电源与蓄电池之间连接,如果连接可靠,就需进一步检查整流电源设备故障。

（7）电池漏电。引起电池漏电的原因一般是电池被灰尘覆盖或电池漏液残留物导致电池漏电。处理方法:清洁电池。

（8）单体电池外壳膨胀。

① 浮充电压太高。处理方法:检查整理开关电源输出电压,重新调整浮充电压设置值。

② 均充电压太高或者均充时间太长。处理方法:检查整流开关电源的均充设置,并重新调整。

③ 电池充电的初始电流过大。处理方法:检查整流开关电源的限流设置值,并重新调整。

④ 铅酸蓄电池的阀门堵塞。处理方法:检查阀门,更换橡皮圈并清洗滤帽。

3.6.3　实训项目十五:电池端电压测量

1. 实训目的

（1）掌握蓄电池端电压的测试方法。

（2）熟练掌握蓄电池单组离线操作的操作步骤。

2. 主要实训器材

（1）数字式万用表 1 个。

（2）钳形电流表 1 个。

（3）扳手若干。

（4）绝缘胶布若干。

3. 实训内容与步骤

（1）蓄电池端电压测试

1）确认蓄电池组处在浮充状态。

2）测量各单体电池的端电压，求得一组电池的平均值。

3）计算：将每个电池的端电压与平均值相减，取最大差值。

4）判断：最大差值$<\pm50$ mV，为合格，否则为不合格。

（2）蓄电池单组离线操作实训步骤

1）做方案；

2）确认需离线的电池处于浮充状态，电流小。

3）操作前检查有无安全因素如导体裸露等。

4）浮充电流小负荷最小时开始操作。

5）工具要用做好绝缘处理的扳手。

6）在电池馈线与电池组第一电池连接处将螺钉拆开先拆伏极，在拆开的临时绝缘处理，再拆正极电池馈线端正处作。

7）安装时确认电池端电压与系统电压相差不超过 0.5 V 先接正极，再接负极。

（3）注意事项

1）为使得测量蓄电池组端压的准确性，一般要求对所测量蓄电池组浮充 24 h 以后进行。

2）进行蓄电池单组离线操作时，检查蓄电池输入端无短路，并处于浮充状态。

3）进行蓄电池单组离线操作时，所使用工具手柄处应作绝缘处理，并对拆除的电池连接线端子作绝缘处理。

4）操作熟练，无不安全因数；熟练使用工具，操作中不能影响原系统运行。

4. 思考题

（1）蓄电池组端压均匀性测量前，是否一定要对蓄电池组进行 24 小时浮充，为什么？

（2）做离线的电池为什么必须处在浮充状态？

5. 实训内容

（1）电池外观的检查。

（2）电池端电压及偏差测量。

（3）阀控蓄电池在维护过程中的注意事项都有哪些。

（4）完成实训项目十五报告：电池端电压及偏差测量。

实训项目十五报告　电池端电压及偏差测量

实训地点			时间		实训成绩	
姓名		班级	学号		同组姓名	

实训目的	
实训设备	

<table>
<tr><td rowspan="22">实训内容</td><td>
1. 电池外观的检查。

</td></tr>
<tr><td>
2. 电池端电压及偏差测量

电池序号		1	2	3	4	5	6	7	8	9	10	11	12
电池端电压	静态时												
	动态时												
电池序号		13	14	15	16	17	18	19	20	21	22	23	24
电池端电压	静态时												
	动态时												
静态偏差测量													
动态偏差测量													

</td></tr>
<tr><td>
3. 阀控蓄电池在维护过程中的注意事项都有哪些?

</td></tr>
</table>

指出实训过程中遇到的问题及解决方法	
写出此次实训过程中的体会及感想,提出实训中存在的问题	
评语	

3.6.4　实训项目十六:标示电池测量

1. 实训目的

(1)掌握标示电池的测试方法。

(2)熟练掌握标示电池判定的操作步骤。

2．主要实训器材

（1）数字式万用表 1 个。

（2）钳形电流表 1 个。

（3）扳手若干。

（4）5G 综合基站蓄电池组 1 组。

3．实训原理

（1）标示电池的定义

一组蓄电池容量的多少，决定于整组电池中容量最小的一个单体电池，也就是以电池组中最先到达放电终止电压的那个电池为基准。因此，对电池组容量的检测总是着重对电池组中容量最小的电池进行监测。这些有代表性的单体电池被称之为标示电池。

（2）标示电池的判定

标示电池的选定应在电池放电的终了时刻查找单体端电压最低的电池 1～2 个为代表，但标示电池不一定是固定不变的，相隔一定时间后应重新确认。如果端电压在连续三次放电循环中测试均是最低的，就可判为该组中的落后电池。电池组中有明显落后的单体电池时应对电池组进行均衡充电。

当电池组处于浮充状态时，标示电池电压在整组电池中不一定是最低的，甚至是最高的。也就是说，端电压最低的电池其容量不一定是最小的，如果一个电池端电压超出平均电压很多，如达到 2.5 V 以上时，很可能该电池已经失水过多，电解液浓度过高，该电池的容量往往不足。

4．实训内容与步骤

（1）用数字用表测量并判定出标示电池。

（2）用蓄电池放电容量测试仪测量并判定出标示电池。

（3）将两种判定结果进行比对分析。

（4）完成实训项目十六报告：标示电池测量。

实训项目十六报告　标示电池测量

实训地点			时间		实训成绩	
姓名		班级		学号		同组姓名	
实训目的						
实训设备						
实训内容	1. 什么是标示电池？					

实训内容	2. 标示电池测量。

2. 标示电池测量。

放电时总电压													
电池序号		1	2	3	4	5	6	7	8	9	10	11	12
静态时电池端电压													
放电时 电池端电压	1 次放电												
	2 次放电												
	3 次放电												
放电时 总电流	1 次放电												
	2 次放电												
	3 次放电												
电池序号		13	14	15	16	17	18	19	20	21	22	23	24
静态时电池端电压													
放电时 电池端电压	1 次放电												
	2 次放电												
	3 次放电												
放电时 总电流	1 次放电												
	2 次放电												
	3 次放电												
标示电池													

3. 简述用数字万用表测量标示电池的方法。

指出实训过程中遇到的问题及解决方法	
写出此次实训过程中的体会及感想,提出实训中存在的问题	
评语	

3.7　磷酸铁锂电池组

磷酸铁锂电池组以其集成化、小型化、轻型化、智能型集中监控、电池维护和管理、无人值守、使用方便的标准化机柜安装方式、节能环保等特点,可应用于 5G 综合基站作为后备电源。

磷酸铁锂电池组有以下特点：

（1）电池正极采用磷酸铁锂（LiFePO4）材料制作，安全性能好、循环寿命长；

（2）电池系统采用高性能的 BMS 电池管理模块，该 BMS 具备电流、电压、温度等保护功能，并使电池系统与主机良好通信；

（3）监控单元自动测量电池的充放电电流、充放电电压、单体电芯表面温度和环境温度；

（4）电池电压低于告警值有告警信息，电压过低时自动下电，保护电池；

（5）具有良好的电磁兼容性；

（6）全智能设计，配置有集中监控模块，具有四遥（遥测、遥信、遥控和遥调）功能，实现计算机管理，可以与远端中央监控中心通信；

（7）电源控制技术与计算机有机结合，可以实时监测和控制各种参数及状态；

（8）采用自冷方式，整个系统具有极低的噪声。

3.7.1 铁锂电池组工作原理及参数

1. 工作原理

铁锂电池组工作原理如图 3.44 所示。市电 220 V 输入，经过整流电源模块处理后，输出 -48 V，在电网正常的情况下，整流电源模块提供系统需要的功率，同时给电池系统充电；在电网断电的情况下，由电池系统提供电能，保证直流电源系统正常运行，实现不间断供电功能。电源具备二次下电功能，电池电压过低时电源切断电池供电，保护电池寿命。

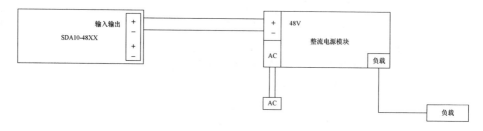

图 3.44 磷酸铁锂电池组系统工作原理图

2. 参数

充电参数如表 3.9 所示。

表 3.9 充电参数

规格型号	充电电压/DCV			充电电流/A			备 注
	最小值	典型值	最大值	最小值	典型值	最大值	
SDA10-4850	56.4	57.6	58.4	充电限流 10 A			电池系统

放电参数如表 3.10 所示。

表 3.10 放电参数

规格型号	放电电压/DCV			放电电流/A			备 注
	最小值	典型值	最大值	最小值	典型值	最大值	
SDA10-4850	41.6	48.0	53.0	0	25	50	电池系统

保护功能及参数如表 3.11 所示。

表 3.11　保护功能及参数

序号	项目	详细内容	标准
1	单体过充保护	过充电检测电压	3.65±0.02 V
		过充电检测延迟时间	1.0±0.5 s
		过充电解除电压	3.34±0.02 V
2	单体过充保护	过放电检测电压	2.60±0.02 V
		过放电检测延迟时间	1.0±0.5 s
		过放电解除电压	充电恢复
3	过流保护	放电过电流保护电流	60±2 A
		放电过电流检测延迟时间	1.0±0.5 s
		充电过保护	25±2 A
4	短路保护	短路保护电流	250±4 A
		保护条件	负载短路
		检测延迟时间	≤800 μs
		保护解除条件	负载移除后 30 s 自动恢复
5	温度保护	充电高温保护	65±5 ℃
		充电高温恢复	55±5 ℃
		放电高温保护	70±5 ℃
		放电高温恢复	65±5 ℃
		充电低温保护	−10±5 ℃
		充电低温恢复	−1±5 ℃
		放电低温保护	−25±5 ℃
		放电低温恢复	−20±5 ℃

3.7.2　安装、使用与维护

1. 安装

（1）3U 高度机箱标准安装

1）推荐安装在 19 英寸标准机柜内，也可以采用壁挂方式安装，用 4 个 M6 的螺栓在机柜两侧的安装耳处将系统固定在机架上；

2）在机箱后面板右侧接地孔处用 2.5 mm 以上黄绿色软线接地，确保接地良好；

3）用 6 m² 以上的红黑两种软线分别把机箱上电池输出端子的正负极接在开关电源或设备的正负极上，注意正、负极标示。

（2）支架式安装

3U 高度是 50 Ah 通信用铁锂电池系统的外形尺寸，可以分别并联组成各类 48 V 系列产品规格型号用 10 mm² 以上的红黑两种软线把每个 3U 铁锂电池机箱上电池输出端子的"＋""－"极分别与支架上的汇流铜排上的"＋""－"接线端子连接起来，组合成 100 Ah 以上铁锂电池组系统。

（3）机柜式安装

机柜式安装，是针对防尘要求较高的应用场景推出的室内电池系统。一般由 19 英寸标准机柜、电池组、汇流排、连接线等部件组成，19 英寸的机柜高度可根据电池的数量来配置。安装顺序如下：

1）用 10 mm² 以上的红黑两种软线将电池系统的"＋""－"极分别连接到机柜上方的并联汇流铜排上，红线接"＋"，黑线接"－"；

2）将每个电池模块安置于机柜托盘上，用 M6 组合螺钉将各电池模块的挂耳固定在机柜中的支架上；

3）在电池组后面板右侧接地孔处用 2.5 mm 以上黄绿色软线接地，确保接地良好；

4）从机柜的汇流排上引出总正和总负两根线，接在开关电源或设备的正负极两端

（4）挂墙式安装

1）电池系统安装。高度为 3U 型的电池系统安装时用 4 个 M8 膨胀螺钉将两个挂耳固定在墙面上，中间间隔尺寸为 445 mm；用 2 个 M8 膨胀螺钉将三角架固定在电池下方，支撑电池。

2）直流一体化安装。用 4 个 M8 膨胀螺钉将 5U 型挂墙组件挂耳固定在墙面上，中间间隔为 445 mm；将 1U 型开关电源和 3U 型电池系统用 M6 螺钉挂在挂耳的卡口螺母上，电池和开关电源面板朝上，用 2 个 M8 膨胀螺钉将三角架固定在下方。

3）交流一体化安装，用 4 个 M8 膨胀螺钉将 6U 型挂墙组件挂耳固定在墙面上，中间间隔为 445 mm；将 2U 型 UPS 和 3U 型电池系统用 M6 螺钉挂在挂耳的卡口螺母上，电池和 UPS 的面板朝上，用 2 个 M8 膨胀螺钉将三角架固定在电池下方。

3.7.3　安全注意事项

（1）严禁将电池浸入水中，严禁让电池受到雨淋，保存不用时，应置于阴凉干燥的环境中。

（2）禁止将电池在高热高温源旁使用或搁置。

（3）请务必按照本说明书中规定的充放电参数使用电池系统。

（4）严禁将电池直接接入电源插座。

（5）禁止将电池丢于火中或加热器中。

（6）禁止分解拆散电池和部件。

（7）禁止敲击、抛掷或踩踏电池等。

（8）即使市电断电，该系统输出接口仍有电压输出，使用时必须注意避免触电或短路。

（9）请在使用前仔细阅读产品使用说明书。

小　　结

通信电源是整个 5G 综合基站通信设备的重要组成部分，通常被称为 5G 综合基站通信设备的"心脏"，在 5G 综合基站中，具有无可比拟的重要地位。5G 综合基站通信电源是专指对 5G 综合基站通信设备及配套设备直接供电的电源。在 5G 综合基站中主要的电源设备及设施主要有：交流市电引入线路、高低压局内变电站设备、自备油机发电机组、交直流配电设备、整流设备、蓄电池、基站空调、集中监控系统、接地系统等 5G 综合基站配套设备和设施。

　　各通信企业根据 5G 综合基站容量大小不同以及地理位置的差异等因素,可采用各种不同的低压供电方案,但都必须遵循低压交流供电原则。需要了解高低压配电的结构,熟悉低压电器的功能及使用方法,掌握高低压配电维护规程和高低压配电设备周期维护保养方法。

　　油机发电机组是为保证通信设备工作不间断的重要设备,它本身的工作状态直接影响通信质量。掌握油机的工作原理、整体结构、交流发电机的构造和原理,能为在工作中更好地使用它们打好基础,通过掌握油机发电机组的日常维护和一般故障的排除,使理论和实际更加紧密结合。

　　5G 综合基站空调的目的是为满足 5G 综合基站设备工作环境的要求,其主要功能有制冷、制热、加湿和除湿等对温湿度进行控制。空调器可分为:冷风型(单冷型)、热泵型、电热型、热泵辅助电热型。空调器中的制冷系统是一个完整的密封循环系统,组成这个系统的主要部件是制冷压缩机、冷凝器、节流装置(膨胀阀或毛细管)和蒸发器。

　　通信电源系统,其优点是质量轻、体积小;节能高效;功率因数高;稳压精度高、可闻噪声低;维护简单、扩容方便;智能化程度较高。整流与变换的设备是开关电源系统,它由交流配电单元、直流配电单元、整流模块和监控模块组成,其中监控模块起着协调管理其他单元模块和对外通信的作用,日常对开关电源系统的维护主要集中在对监控模块菜单的操作。由于开关电源的故障多种多样,需要在理解开关电源工作原理的基础上,掌握对开关电源系统的故障处理与维护方法。

　　蓄电池是通信电源系统中直流供电系统的重要组成部分。在市电正常时,与整流器并联运行,起平滑滤波作用;当市电异常或在整流器不工作的情况下,则由蓄电池单独供电,担负起对全部负载供电的任务,起到备用作用。阀控式密封铅酸蓄电池是目前 5G 综合基站使用最多的类型,其特点为:荷电出厂,安装后即可使用;无须添加水和酸,不漏液、无酸雾,化学稳定性好等。蓄电池的充电方式主要是浮充充电和均衡充电两种方式。为延长阀控电池的使用寿命,必须了解不同充电方式的充电特点和充电要求,严格按照要求对蓄电池进行充电,同时,应重点掌握阀控式铅酸蓄电池在维护过程中的注意事项。

　　磷酸铁锂电池组以其集成化、小型化、轻型化、智能型集中监控、电池维护和管理、无人值守、使用方便的标准化机柜安装方式、节能环保等特点,可应用于 5G 综合基站作为后备电源。

习　　题

一、填空题

　　1. 整个 5G 综合基站电源供电系统线路根据供电中断与否可分为_____级(供电不允许中断)、_____级(供电允许短时间中断)、_____级(供电允许中断)三个等级。

　　2. 通信电源有_____不间断电源和_____不间断电源两大系统。

　　3. 电力系统由_____、_____、_____和_____组成。

　　4. 配电网的基本接线方式有三种:_____式、_____式及_____式。

　　5. 常用的高压电器包括:高压_____器、高压_____器、高压_____开关、高压_____开关、配电_____器和_____器等。

　　6. 5G 综合基站通常使用的是_____压变压器,即配电变压器。

　　7. 市电根据 5G 综合基站所在地区的供电条件,线路引入方式及运行状态,将市电供电分为下述三类,一类市电供电(市电供应_____可靠)、二类市电供电(市电供应_____可靠)、③三类市电供电(市电供应_____可靠)。

8. 低压断路器按灭弧介质可分为_____断路器和_____断路器两种。

9. 通信系统中的汽油发电机组通常是用于 5G 综合基站的_____电源,四冲程汽油机是由_____、_____、_____和_____完成一个工作循环。

10. 目前 5G 综合基站的发电机组都选用低压交流发电机组,主要由_____子、_____励磁机,_____子、_____整流器等组成。

11. 空调器可分为:_____型,_____型,_____型,_____辅助_____型。

12. 制冷的基本原理按照制冷循环系统的组成部件及其作用,分别由_____、_____、_____、_____四个过程来实现。

13. 通信用高频开关整流器一般做成模块的形式,由_____配电单元、_____配电单元、_____模块和_____模块组成开关电源系统。

14. 高频开关整流器可分为_____型和_____型两类。

15. 功率转换电路又可以描述成:直流→_____交流→_____降压变压器→_____交流→_____直流的过程。

16. TRC 有 3 种实现方式,即脉冲_____调制方式、脉冲_____调制方式和_____调制方式。

17. 阀控式铅酸蓄电池主要由:_____极板组、_____板、_____液、_____阀及壳体,此外还有一些零件如_____子、_____条、_____柱等组成。

18. VRLA 蓄电池在使用过程中,按照不同的具体情况,有以下 3 种充电方法,_____充电、_____充电、_____充电。

19. 电池容量是电池储存电量多少的标志,有_____容量、_____容量、_____容量之分。

20. 使用过程中影响电池容量的主要因素有:_____率、_____温度、_____液浓度和_____电压等。

二、选择题

1. 当由油机供电过程中,市电恢复正常,应优先用(　　)提供能源。

A. 市电　　　　　　B. 油机供电　　　　　　C. 电池组　　　　　　D. 风力发电

2. 市电从生产到引入 5G 综合基站,通常要经历(　　)个环节。

A. 1　　　　　　　B. 2　　　　　　　C. 3　　　　　　　D. 4

3. 高压电器是指额定工作电压在(　　)以上的电器。

A. 30 V　　　　　　B. 300 V　　　　　　C. 3 kV　　　　　　D. 30 kV

4. 5G 综合基站变电所一般由(　　)台变压器组成。

A. 1　　　　　　　B. 2　　　　　　　C. 3　　　　　　　D. 4

5. 根据用电网络电压选用(　　)电压等级的熔断器。

A. 高　　　　　　　B. 低　　　　　　　C. 相应　　　　　　　D. 任何

6. 采用熔断器保护线路时,在(　　)线上严禁装熔断器。

A. A 相　　　　　　B. B 相　　　　　　C. C 相　　　　　　D. 中性

7. 通信电源的功率因数用(　　)表示。

A. sin φ　　　　　　B. cos φ　　　　　　C. tcm φ　　　　　　D. cot φ

8. 5G 综合基站熔断器的额定电流值应不大于最大负载电流的(　　)倍。

A. 1　　　　　　　　　B. 1.5　　　　　　　　C. 2　　　　　　　　D. 2.5

9. 5G 综合基站通信电源停电检修时,应(　　)。

A. 先停低压、后停高压　　　　　　　　　　B. 先停高压、后停低压

C. 先断负荷开关,后断隔离开关　　　　　　D. 先断隔离开关,后断负荷开关

10. KFD-70LW 表示为(　　),制冷量为 7 000 W。

A. 电热型分体落地式空调器　　　　　　　　B. 电热型分体壁挂式空调器

C. 热泵型分体落地式空调器　　　　　　　　D. 热泵型分体壁挂式空调器

11. 5G 综合基站空调器最高工作温度限制在(　　)以下。

A. 23 ℃　　　　　　　B. 33 ℃　　　　　　　C. 43 ℃　　　　　　　D. 53 ℃

12. 空调器的毛细管是最简单的(　　)机构。

A. 压缩　　　　　　　　B. 冷凝　　　　　　　C. 节流　　　　　　　D. 蒸发

13. 目前高频开关整流器采用的高频功率开关器件通常有功率(　　)与 IGBT 管以及两者混合管、功率集成器件等。

A. 二极管　　　　　　B. NPN 型三极管　　　C. PNP 型三极管　　　D. MOSFET 管

14. 高频开关整流器中的输入滤波是接在交流电网和开关整流器输入之间的滤波装置,其作用是可以(　　)。

A. 抑制交流电网中的高频干扰串入整流器

B. 抑制整流器对交流电网的反干扰

C. 抑制通过空间发射向外界产生的辐射(radiated)骚扰

D. 整流滤波

15. 整流模块完成将交流转换成符合通信要求的(　　)。

A. 直流电　　　　　　B. 交流电　　　　　　C. 高压交流电　　　　D. 高压直流电

16. 一般对蓄电池浮充电压的规定在环境温度为 25 ℃情况下为(　　)/单体。

A. 1.25 V　　　　　　B. 2.25 V　　　　　　C. 3.25 V　　　　　　D. 4.25 V

17. 当均衡充电的电流减小至连续(　　)小时不变时,必须立即转入浮充电状态,否则,将会严重过充电而影响电池的使用寿命。

A. 1　　　　　　　　　B. 2　　　　　　　　　C. 3　　　　　　　　D. 4

18. 环境温度对电池的容量影响很大,若在环境温度(　　)条件下放电,则电池容量明显减小。

A. 低于 30 ℃　　　　B. 超过 30 ℃　　　　　C. 低于 40 ℃　　　　D. 超过 40 ℃

19. 蓄电池在环境温度为 25 ℃条件下,浮充工作单体电压为(　　)。

A. 1.23～1.27 V　　　　　　　　　　　　　B. 2.23～2.27 V

C. 3.23～3.27 V　　　　　　　　　　　　　D. 4.23～4.27 V

20. 蓄电池在环境温度为 25 ℃条件下,均衡工作单体电压为(　　)。

A. 1.30～1.35 V　　　　　　　　　　　　　B. 2.30～2.35 V

C. 3.30～3.35 V　　　　　　　　　　　　　D. 4.30～4.35 V

21. 依据 GB/T 13337.2 标准,在 25 ℃环境下,蓄电池额定容量符号标注为:C_{10} 表示 10(小时)率额定容量(Ah),数值为(　　)。

A. C_{10}　　　　　　　B. 0.75C_{10}　　　　　　C. 0.55C_{10}　　　　　　D. 0.25C_{10}

22. 依据 GB/T 13337.2 标准,在 25 ℃环境下,蓄电池额定容量符号标注为:C_3 表示 3(小时)率额定容量(Ah),数值为(　　)。

　　A. C_{10}　　　　　　B. $0.75C_{10}$　　　　　　C. $0.55 C_{10}$　　　　　　D. $0.25 C_{10}$

23. 依据 GB/T 13337.2 标准,在 25 ℃环境下,蓄电池额定容量符号标注为:C_1 表示 1(小时)率额定容量(Ah),数值为(　　)。

　　A. C_{10}　　　　　　B. $0.75C_{10}$　　　　　　C. $0.55 C_{10}$　　　　　　D. $0.25 C_{10}$

24. 依据 GB/T 13337.2 标准,在 25 ℃环境下,蓄电池额定容量符号标注为:I_{10} 表示 10(小时)率放电电流(A),数值为(　　)。

　　A. $0.1C_{10}$ A　　　B. $2.5C_{10}$ A　　　C. $5.5C_{10}$ A　　　D. $6.5C_{10}$ A

25. 依据 GB/T 13337.2 标准,在 25 ℃环境下,蓄电池额定容量符号标注为:I_3 表示 3(小时)率放电电流(A),数值为(　　)。

　　A. $0.1C_{10}$ A　　　B. $2.5C_{10}$ A　　　C. $5.5C_{10}$ A　　　D. $6.5C_{10}$ A

26. 10(小时)率蓄电池放电单体终止电压为(　　)。

　　A. 1.25 V　　　　B. 1.75 V　　　　C. 1.8 V　　　　D. 2.25 V

27. 3(小时)率蓄电池放电单体终止电压为(　　)。

　　A. 1.25 V　　　　B. 1.75 V　　　　C. 1.8 V　　　　D. 2.25 V

28. 1(小时)率蓄电池放电单体终止电压为(　　)。

　　A. 1.25 V　　　　B. 1.75 V　　　　C. 1.8 V　　　　D. 2.25 V

29. 蓄电池各单体电池开路电压最高与最低差值不大于(　　)。

　　A. 10 mV　　　　B. 20 mV　　　　C. 30 mV　　　　D. 40 mV

30. 蓄电池处于浮充状态时,各单体电池电压之差应不大于(　　)。

　　A. 70 mV　　　　B. 80 mV　　　　C. 90 mV　　　　D. 100 mV

31. 蓄电池最大充电电流不大于(　　)。

　　A. $1.5I_{10}$ A　　　B. $2.5I_{10}$ A　　　C. $3.5I_{10}$ A　　　D. $4.5I_{10}$ A

32. 铅酸蓄电池充电设备的稳压精度应优于(　　)。

　　A. 1%　　　　B. 2%　　　　C. 3%　　　　D. 4%

33. 铅酸蓄电池温度补偿的电压值通常为以环境温度 25 ℃为界,温度每升高或降低1 ℃,其浮充电压就相应降低或升高(　　)毫伏/个。

　　A. 1~2　　　　B. 3~4　　　　C. 5~6　　　　D. 7~8

34. 电池的充电限流是根据电池容量来设定的,一般为(　　)左右。

　　A. $1.5I_{10}$ A　　　B. $2.5I_{10}$ A　　　C. $3.5I_{10}$ A　　　D. $4.5I_{10}$ A

三、判断题

1. 当市电正常时,由市电给整流器提供交流电源,整流器将交流电转换为直流电,一方面经由直流配电屏供出给通信设备,另一方面给蓄电池补充充电。　　　　　　　　(　　)

2. CDU-A 型(1 800 MHz 频段)有内置式的双工器 DPX。　　　　　　　　(　　)

3. IDM 是一个负责分配内部直流电源给机柜内部各种设备的特定模块,是无线机柜内分配内部 24 V 直流电到各个单元的一块面板。　　　　　　　　(　　)

4. BFU 单元为每一个电池提供一个电池电路断路器,并把电池输出连接至内部的＋24 V 直流电源接线板。同时 BFU 单元还为 ECU 单元提供＋24 V 的直流电源。　　　　(　　)

5. RBS2206 的 CDU 则分为两种型号,CDU-F 型高容量 5G 综合基站使用的滤波合路器和 CDU-G 型解决容量和覆盖的宽带合路器。　　　　　　　　　　　　（　）

6. RBS2206 的每个机柜可支持最多 6 个 TRU。　　　　　　　　　　　（　）

7. CDU-G 是一种灵活的合成器,它是宽带模式,可支持 4 个收发信机,支持合成器跳频和基带跳频。　　　　　　　　　　　　　　　　　　　　　　　　　（　）

8. CDU-F 也是一种灵活的滤波型合成器,其一个机架支持 1、2 或 3 个小区;使用一个机架时,每小区可高达 12 个收发信机,且仅用两条天线；也支持基带跳频。　（　）

9. 对电炉及照明等负载的短路保护,熔体的额定电流等于或小于负载的额定电流。
　　　　　　　　　　　　　　　　　　　　　　　　　　　　　　　　（　）

10. 交流供电应采用三相五线制,零线禁止安装熔断器,在零线上除电力变压器近端接地外,用电设备和 5G 综合基站近端不许接地。　　　　　　　　　　　　　（　）

11. 交流用电设备采用三相四线制引入时,零线可以安装熔断器,在零线上除电力变压器近端接地外,用电设备和 5G 综合基站近端应重复接地。　　　　　　　　（　）

12. 当外界气温高于 43 ℃时,大多数空调器就不能工作,压缩机上的热保护器自动将电源切断,使压缩机停止工作。　　　　　　　　　　　　　　　　　　　（　）

13. 热力膨胀阀,又称感温调节阀或自动膨胀阀,它是目前氟利昂制冷中使用最广泛的节流机构。它能根据流动蒸发器的制冷剂温度和压力信号自动调节进入蒸发器的氟利昂流量。
　　　　　　　　　　　　　　　　　　　　　　　　　　　　　　　　（　）

14. 热泵空调器是通过毛细管改变制冷剂的流动方向的。　　　　　　　　（　）

15. 空调器的干燥过滤器装在冷凝器与毛细管之间,用来清除从冷凝器中排出的液体制冷剂中的杂质,避免毛细管中被阻塞,造成制冷剂的流通被中断,从而使制冷工作停顿。
　　　　　　　　　　　　　　　　　　　　　　　　　　　　　　　　（　）

16. 变压器功率一定的情况下,工作频率越低,变压器的铁心截面积可以做得越小,绕组匝数也可以越少。　　　　　　　　　　　　　　　　　　　　　　　　（　）

17. 所谓电磁兼容是指各种设备在共同的电磁环境中能正常工作的共存状态。　（　）

18. 交流配电单元负责将输入三相交流电分配给多个整流模块,接有的 MOA 避雷器用于保护后面的电器负载电流过大而损坏。　　　　　　　　　　　　　　　（　）

19. 直流配电单元负责将蓄电池组接入系统与整流模块输出并联,再将一路不间断的直流电分成多路,分配给各种容量的直流通信负载。　　　　　　　　　　　（　）

20. 监控单元是整个开关电源系统的"总指挥",起着监控各个模块的工作情况,协调各模块正常工作的作用。　　　　　　　　　　　　　　　　　　　　　　　（　）

21. 在市电正常时,虽然蓄电池不担负向通信设备供电的主要任务,但它与供电主要设备整流器并联运行,能改善整流器的供电质量。　　　　　　　　　　　　　（　）

22. 当市电异常或在整流器不工作的情况下,由蓄电池部分供电,起到备用作用。（　）

23. 温度对电池放出的容量也有较大影响,通常,环境温度越低,放电速率越大,电池放出的容量就小。　　　　　　　　　　　　　　　　　　　　　　　　　（　）

24. 经常做好去除电池污秽工作,尤其是极柱和连接条上的尘土,防止电池漏电或接地。同时检查连接条有无松动,观察电池外观有无异常,如有异常应及时处理。　（　）

25. 每个 5G 综合基站的蓄电池配置容量应在 8～10 小时率比较合适。频繁的大电流放电会使蓄电池使用寿命延长。　　　　　　　　　　　　　　　　　　　（　）

四、简答题

1. 5G 综合基站中主要的电源设备及设施主要有哪些？

2. 从功能及转换层次来看，可将整个电源系统划分为哪三个部分？

3. 5G 综合基站设备对通信电源供电系统的要求有哪些？

4. 已在通信 5G 综合基站中被广泛采用的变压器是哪种？其主要特点是什么？

5. 简述 5G 综合基站低压交流供电原则。

6. 简述 5G 综合基站中的低压交流配电的作用。

7. 简述 5G 综合基站常见低压电器的种类及用途。

8. 简述提高通信电源功率因数的方法。

9. 简述对高压变配电设备进行维修工作必须遵守的规定。

10. 简述对 5G 综合基站配电设备的巡视检查内容。

11. 简述 5G 综合基站汽油发电机火花塞的作用。

12. 简述判断油机故障的一般原则。

13. 简述空调器的结构。

14. 高频开关整流器的特点有哪些？

15. 高频开关整流器电路由哪几部分组成？

16. 高频开关整流器与市电电网和通信设备有哪些影响？

17. 简述蓄电池组的低压脱离装置工作过程。

18. 简述阀控式密封铅酸蓄电池具有的特点。

19. 蓄电池均充功能的启用条件有哪些？

20. 自动均充终止的判据条件是什么？

21. 简述铅酸蓄电池的安装方式。

22. 铅酸蓄电池安装的注意事项有哪些？

23. 蓄电池放电时注意事项是什么？

24. 阀控蓄电池在实际工作中需履行维护手续，每月应检查的项目有哪些？

25. 如果蓄电池的连接条没有拧紧，可能会出现什么故障？

五、研讨题

1. 5G 综合基站内某处的交流电保险丝断是常见的故障，有什么方法能使监控员知道是哪些保险丝断？有自动更换保险丝的方法吗？

2. 5G 综合基站油机发电目前还是靠人工操作，请提出提高这项目工作效率的方案。

3. 利用 GPRS 将交流配电屏相关数据传到指定 PC 上，请提出设计方案。

4. 利用接触器和继电器设计一个两路市电供电，且第一路优先供电的电路图。

5. 如何实现远程控制 5G 综合基站内空调设备的温度及湿度？

6. 交流输入电压过高、过低会使高频开关整流器不能正常工作，有什么方法使监控中心知道高频开关整流器不工作？如何能使高频开关整流器在不同负载下正常工作？

7. 5G 综合基站电池组的工作温度为 25 ℃±5 ℃，太高太低都会影响电池的寿命，而 5G 综合基站其他设备的工作温度可达 45 ℃，可不用空调工作，请提出解决电池组工作温度的方案。

8. 5G 综合基站电池组的蓄电池有被盗的现象发生，请提出解决方案。

第4章 5G 综合基站配套设备测试与维护

【本章内容简介】

通信接地与防雷,5G 综合基站动力及环境集中监控系统,通信电源系统日常维护与测试。

【本章重点难点】

通信电源系统防雷保护原则和措施,交流保护接地的保护原理;电源监控系统的传输与组网,电源监控系统的结构和组成;通信电源中各因素值的测量,通信电源日常维护测试的误差控制。

在 5G 综合基站中,接地占有很重要的地位,它不仅关系到设备和维护人员的安全,还直接影响着通信的质量。因此掌握理解接地的基本知识,正确选择测试和维护方法具有很重要的意义。

随着通信规模的扩大,电源设备也大量增加。电源设备的技术含量大大提高,一方面电源设备的性能有很大提升,另一方面太多的现场人员维护反而影响设备的稳定性和可靠性。同时,随着计算机网络技术的不断成熟和普及,以及先进的维护管理体制的推广等,这些因素导致的必然趋势是 5G 综合基站动力与环境集中监控的产生。

通信网络的正常运行,首先要求通信电源系统必须安全、可靠地运行。而供电网络的安全运行,归根结底是电源网络各种设备运行参数必须符合指标的要求,包括电压、电流、功率、功率因数、谐波、杂音电压、接地电阻以及温升等。所以为了使供电质量满足通信网络的要求,从而保证通信网络的良好运行,必须对电源网络的各种参数进行定期或不定期的测量和调整,以便及时了解电源网络的运行情况。

4.1 5G 综合基站接地与防雷

4.1.1 接地系统概述

1. 接地系统组成

(1) 接地的概念。5G 综合基站中接地装置或接地系统中所指的"地",和一般所指的大地的"地"是同一个概念,即一般的土壤,它有导电的特性,并具有无限大的电容量,可以作为良好的参考零电位。所谓"接地",就是为了工作或保护的目的,将电气设备或通信设备中的接地端子,通过接地装置与大地作良好的电气连接,并将该部位的电荷注入大地,达到降低危险电压和防止电磁干扰的目的。

(2) 接地系统。所有接地体与接地引线组成的装置,称为接地装置,把接地装置通过接地线与设备的接地端子连接起来就构成了接地系统,如图 4.1 所示。

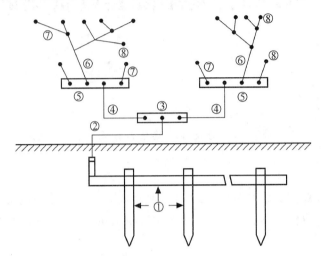

1—接地体; 2—接地引线; 3—接地线排; 4—接地线; 5—配电屏地线排;
6—去通信机房汇流排; 7—接地分支线; 8—设备接地端子

图 4.1 接地系统

2. 接地电阻组成及影响接地电阻的因素

(1) 接地电阻组成。接地体对地电阻和接地引线电阻的总和,称为接地装置的接地电阻。接地电阻的数值等于接地装置对地电压与通过接地装置流入大地电流的比值。

接地装置的接地电阻,一般是由接地引线电阻、接地体本身电阻、接地体与土壤的接触电阻以及接地体周围呈现电流区域内的散流电阻四部分组成。

在上述决定接地电阻大小的四个因素中,接地引线一般是有相应截面的良导体,故其电阻值是很小的。而绝大部分的接地体采用钢管、角钢、扁钢或钢筋等金属材料,其电阻值也是很小的。接地体与土壤的接触电阻决定于土壤的湿度、松紧程度及接触面积的大小,土壤的湿度越高、接触越紧、接触面积越大,则接触电阻就小;反之,接触电阻就大。电流由接地体向土壤四周扩散时,越靠近接地体,电流密度越大,散流电流所遇到阻力越大,呈现出的电阻值也越大。也可以看出,电流对接地电阻的影响最大,所以接地电阻主要由接触电阻和散流电阻构成。

(2) 影响接地电阻的因素。上面已经分析了接地电阻主要由接触电阻和散流电阻构成,所以分析影响接地电阻的因素主要考虑影响接触电阻和散流电阻的因素。

接触电阻指接地体与土壤接触时所呈现的电阻,在前面已经做了描述。下面重点讨论散流电阻的问题。

散流电阻是电流由接地体向土壤四周扩散时,所遇到的阻力。它和两个因素有关:一是接地体之间的疏密程度。考虑到保护电流刚从接地体向大地扩散时,其有限的空间电流密度很大,所以在实际工程设计时不能将各接地体之间埋设得过于紧密,一般埋设垂直接地体之间间距是其长度的两倍以上。二是和土壤本身的电阻有关。衡量土壤电阻大小的物理量是土壤电阻率。

土壤电阻率的定义为：电流通过体积为 $1 m^3$ 土壤的这一面到另一面的电阻值，代表符号为 ρ，单位为 Ω·m 或 Ω·cm，$1 Ω·m = 100 Ω·cm$。土壤电阻率的大小与以下主要因素有关。

① 土壤的性质。土壤的性质对土壤电阻率的影响最大，表 4.1 中列出了几种土壤的电阻率平均值。从表中可以看出，不同性质的土壤，它们的土壤电阻率差别很大。一般来讲，土壤含有化学物质（包括酸、碱以及腐烂物质等）较多时，其土壤电阻率也较小；同一块土壤，大地表面部分土壤电阻率较大，距离地面越深，电阻率越小，而且有稳定的趋势。所以在实际工作中，应根据实际情况的不同，选择好接地装置的位置，尽量将接地体埋设在较理想的土壤中。表 4.1 只是一个土壤电阻率平均的参考值，具体数值应参考当地土壤的实际资料。

表 4.1　几种土壤电阻率的平均值

类　　别	名　　称	电阻率/Ω·m
岩石	花岗岩	200 000
	多岩山石	5 000
	砾石、碎石	5 000
砂	砂砾	1 000
	表层土类石、下层砾石	600
土壤	红色风化黏土	500
	多石土壤	400
	含砾黏土	300
	黄土	200
	砂质黏土	100
	黑土、陶土	50
	捣碎的木炭	40
	沼泽地	20
	陶黏土	10

② 土壤的温度。当土壤的温度在 0 ℃ 以上时，随土壤温度的升高，土壤电阻率减小，但不明显，当土壤温度上升到 100 ℃ 时，由于土壤中水分的蒸发反而使土壤电阻率有所增加。当土壤的温度在 0 ℃ 以下时，土壤中水分结冰，其土壤电阻率急剧上升，而且当温度继续下降时，土壤电阻率增加十分明显。因此，在实际工程设计施工时，应将接地体埋设在冻土层以下，以避免产生很大的接地电阻。同时，应该考虑到同一接地系统在一年中的不同季节里，其接地电阻不同，这里面有土壤温度的因素，还有湿度的因素。

③ 土壤的湿度。土壤电阻率随着土壤湿度的变化有着明显的差别。一般来讲，湿度增加会使土壤电阻率明显减小。所以，一方面接地体的埋设应尽量选择地势低洼、水分较大之处；另一方面，平时在测量系统接地电阻时，应选择在干季测量，以保证在一年中接地电阻最大的时间里系统的接地电阻仍然能够满足要求。

④ 土壤的密度。土壤的密度即土壤的紧密程度。土壤受到的压力越大，其内部颗粒越紧密，电阻率就会减小。因此，在接地体的埋设方法上，可以不用采取挖掘土壤后再埋入接地体的方法，采用直接打入接地体的方法，这样既施工简单，又可以使接地电阻下降。

⑤ 土壤的化学成分。土壤中含有酸、碱、盐等化学成分时,其电阻率就会明显减小。在实际工作中,可以用在土壤中渗入食盐的方法降低土壤电阻率,也可以用其他的化学降阻剂来达到降低土壤电阻率的目的。

3. 接地系统中电压的概念

在接地系统中,由于会有电荷注入大地,势必会有电压的存在。接地系统中几个重要的电压对于人身和设备的安全有很重要的意义。

(1) 接地的对地电压。电气设备的接地部分,如接地外壳、接地线或接地体等与大地之间的电位差,称为接地的对地电压 U_d,这里的大地指零电位点。

正常情况下,电气设备的接地部分是不带电的,所以其对地电压是 0 V。当有较强电流通过接地体注入大地时(如相线碰壳),电流通过接地体向周围土壤作半球形扩散,并在接地点周围地面产生一个相当大的电场,电场强度随着距离的增加迅速下降。试验资料表明,距离接地体 20 m 处,对地电压(该处与无穷远处大地的电位差)仅为最大对地电压的 2%,在工程应用上可以认为是零电位点,从接地体到零电位点之间的区域,称为该接地装置的接地电流扩散区,若用曲线表示接地体及其周围及点的对地电压,则呈典型的双曲线形状。由图 4.2 中可见,对地电压 U_d 离接地体越远越小,接触电压 U_c 离接地体越远越大(就近接地),跨步电压 U_k 离接地体越远越小。

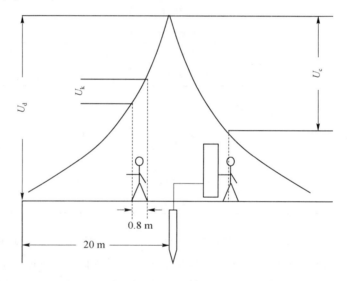

图 4.2 对地电压、接触电压和跨步电压

(2) 接触电压。在接地电阻回路上,一个人同时触及的两点间所呈现的电位差,称为接触电压。在图 4.2 中,当设备外壳带电而人触及机壳时,所遭受的接触电压 U_c,等于电气设备外壳的对地电压 U_d 和脚所站位置的对地电压 U_d' 之差,即 $U_c = U_d - U_d'$。显然人所在的位置离接地体处越近,接触电压越小;离接地体越远,则接触电压越大,在距离接地体处约 20 m 以外的地方,接触电压最大。这也是为什么一般情况要求设备就近接地的原因。

(3) 跨步电压。在电场作用范围内(以接地点为圆心,20 m 为半径的圆周),人体双脚分开站立,则施加于两脚的电位不同而导致两脚间存在电位差,此电位差便称为跨步电压。跨步电压的大小,随着与接地体或碰地处之间的距离而变化。距离接地体或碰地处越近,跨步电压越大,反之则小,如图 4.2 所示的 U_k。

4．接地分类及作用

通信电源接地系统,按带电性质可分为交流接地系统和直流接地系统两大类。按用途可分为工作接地系统、保护接地系统和防雷接地系统。而防雷接地系统中又可分为设备防雷和建筑防雷。下面分别来讨论交流接地和直流接地两大系统。

(1) 交流接地系统。交流接地系统分为工作接地和保护接地。

所谓工作接地,是指在低压交流电网中将三相电源中的中性点直接接地,如配电变压器次级线圈、交流发电机电枢绕组等中性点的接地即称为交流工作接地,如图 4.3 所示。

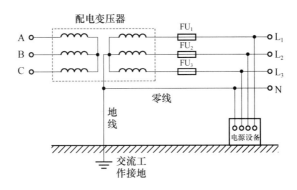

图 4.3　交流工作接地

交流工作接地的作用是将三相交流负荷不平衡引起的在中性线上的不平衡电流泄放于地,以及减小中性点电位的偏移,保证各相设备的正常运行。接地以后的中性线称为零线。

所谓保护接地,就是将受电设备不带电金属部分(如绝缘的金属机壳)与接地装置作良好的电气连接,达到防止设备因绝缘损坏而遭受触电危险的目的。

如图 4.4 所示,当设备机壳与 A 相输入接触,则 A 相电流很快会以图中粗黑线所示构成回路,由于回路电阻很小(接地电阻应该足够小),A 相电流很大,在很短的时间内熔断器 FU₁ 熔断保护,从而避免了人身伤亡,保证了设备安全。

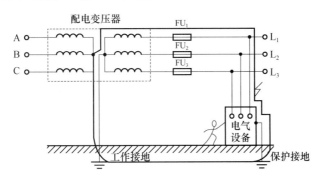

图 4.4　交流保护接地

根据我国《低压电网系统接地形式的分类、基本技术要求和选用导则》的规定,低压电网系统接地的保护方式可分为:接零系统(TN 系统)、接地系统(TT 系统)和不接地系统(IT 系统)三类。

TN 系统是指受电设备外露导电部分(在正常情况下与带电部分绝缘的金属外壳部分)通过保护线与电源系统的直接接地点(即交流工作接地)相连。TT 系统是指受电设备外露导电部分通过保护线与单独的保护接地装置相连,与电源系统的直接接地点不相关。IT 系统是指受电设备外露导电部分通过保护线与保护接地装置相连,而该电源系统无直接接地点。由于目前 5G 综合基站通信电源系统中的交流部分普遍采用 TN-S 接地保护方式,下面仅介绍 TN 系统的几种方案。

① TN-C 系统。TN-C 系统为三相电源中性线直接接地的系统,通常称为三相四线制电源系统,其中性线与保护线是合一的,如图 4.5(a)所示。TN-C 系统没有专设 PE 线(保护地线),所以受电设备外露的导电部分直接与 N 线连接,这样也能起到保护作用。

② TN-S 系统。TN-S 系统即为三相五线制配电系统,如图 4.5(b)所示。这是目前 5G 综合基站通信电源交流供电系统中普遍采用的低压配电网中性点直接接地系统。

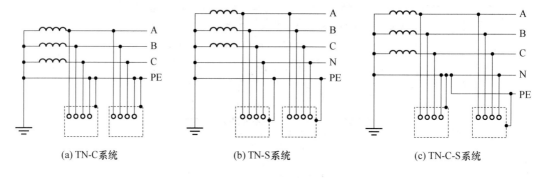

(a) TN-C 系统　　　　　　(b) TN-S 系统　　　　　　(c) TN-C-S 系统

图 4.5　TN-C 系统

在 TN-S 系统中,采用了与电源接地点直接相连的专用 PE 线(交流保护线或称无流零线,该线上不允许串接任何保护装置与电气设备),设备的外露导电部分均与 PE 线并接,从而将整个系统的工作线与保护线完全隔离。

TN-S 方案工作可靠性高,抗干扰能力强,安全保护性能好,应用范围广。这种方案与 TN-C 系统相比具有如下优点。

- 一旦中性线断线,不会像 TN-C 系统中那样,使断点后的受电设备外露导电部分可能带上危险的相电压。
- 在各相电源正常工作时,PE 线上无电流(只有当设备外露导电的部分发生搭电时 PE 线上会有短时间的保护电流),而所有设备外露导电的部分都经各自的 PE 线接地,所有各自 PE 线上无电磁干扰。而 N 线由于正常工作时经常有三相不平衡电流经 N 线泄放于地,TN-C 系统不可避免地在电源系统内会存在相互的电磁干扰。

另外,TN-S 系统应注意的问题是:TN-S 系统中的 N 线必须与受电设备的外露导电部分和建筑物钢筋严格绝缘布放。实际上,从电源直接接地点引出的 PE 线与受电设备外露导电部分相连时,通常必须进行重复接地,防止 PE 线断开时,断点后面发生碰电的设备有外壳带电的危险(事实上在 N 线和 PE 线合一的三相四线制电源中重复接地保护尤其重要)。

在 5G 综合基站通信电源系统中需要进行接零保护(实际上是重复接地保护)的有:配电变压器、油机发电机组、交流配电屏、开关电源系统、交流电力电缆接线盒、金属护套、穿线钢管等。

③ TN-C-S 系统。此方案是 TN-C 和 TN-S 组合而成,如图 4.5(c)所示。整个系统中有一部分中性线和保护线合一的系统。TN-C-S 系统多用于环境条件较差的场合。

(2)直流接地系统。按照性质和用途的不同,直流接地系统可分为工作接地和保护接地两种。工作接地用于保护 5G 综合基站通信设备和直流通信电源设备的正常工作;而保护接地则用于保护人身和设备的安全。

在 5G 综合基站通信电源的直流供电系统中,为保护通信设备的正常运行、保障通信质量而设置的电池一极接地,称为直流工作接地,如 -48 V、-24 V 电源的正极接地等。

① 直流工作接地的作用主要有以下两点。

- 利用大地作良好的参考零电位,保证在各通信设备间的参考电位没有差异,从而保证通信设备的正常工作;
- 减少用户线路对地绝缘不良时引起的通信回路间的串音。

② 直流保护接地是将直流设备的金属外壳和电缆金属护套等部分接地。其作用主要有以下两点:

- 防止直流设备绝缘损坏时发生触电危险,保证维护人员的人身安全;
- 减小设备和线路中的电磁感应,保持一个稳定的电位,达到屏蔽的目的,减小杂音的干扰,以及防止静电的发生。

通常情况下,直流的工作接地和保护接地是合二为一的,但随着通信设备向高频、高速处理方向发展,对设备的屏蔽、防静电要求也越来越高。

直流接地需连接的有:蓄电池组的一极,通信设备的机架或总配线的铁架,通信电缆金属隔离层或通信线路保安器等。

直流电源通常采用正极接地的原因,主要是大规模集成电路所组成的通信设备的元器件的要求,同时也为了减小由于电缆金属外壳或继电器线圈等绝缘不良,对电缆芯线、继电器和其他电器造成的电蚀作用。

另外,在通信电源的接地系统中,还专门设置了用来检查、测试通信设备工作接地而埋设的辅助接地,称为测量接地。原因是在进行接地电阻测量时,可能会将干扰引入电源系统,同时接地系统又不能和电源系统脱离。为解决这一矛盾,专门设置了测量接地,它平时与直流工作接地装置并联使用,当需要测量工作接地的接地电阻时,将其引线与地线系统脱离,这时测量接地代替工作接地运行。所以说,测量接地的要求与工作接地的要求是一样的。

(3) 防雷接地。在 5G 综合基站中,通常有两种防雷接地,一种是为保护 5G 综合基站建筑物或天线不受雷击而专设的避雷针防雷接地装置,这是由建筑部门设计安装的;另一种是为了防止雷击过电压对通信设备或电源设备的破坏需安装避雷器而埋设的防雷接地装置,如高压避雷器的下接线端汇接后接到接地装置。

关于通信电源防雷的保护,将在后续章节中介绍。

4.1.2 联合接地系统

考虑到各接地系统(交流工作接地、直流工作接地和保护接地)在电流入地时可能相互影响,传统做法是将各接地系统在距离上分开 20 m 以上,称为分设接地系统。但是随着外界电磁场干扰日趋增大,分设接地系统的缺点日趋明显。从 20 世纪 90 年代开始,出现了联合接地系统。

1. 联合接地的优点

为了说明联合接地的优点,先了解一下分设接地系统。

(1) 分设接地系统。分设接地系统是指工作接地、保护接地和防雷接地等各种单设接地装置,并要求彼此相距 20 m。这种方式是我国 20 世纪 50 年代至 70 年代末 5G 综合基站所采用的传统接地方式,它存在如下缺点。

① 侵入的雷浪涌电流在这些分离的接地之间产生电位差,使装置设备产生过电压。

② 由于外界电磁场干扰日趋增大,如强电进城、大功率发射台增多、电气化铁道的兴建,以及高频变流器件的应用等,使地下杂散电流发生串扰,其结果是增大了对通信和电源设备的电磁耦合影响。而现代通信设备由于集成化程度高,接收灵敏度高,因而提高了环境电磁兼容的标准。分设接地系统显然无法满足通信的发展对防雷以及提高了的电磁兼容标准的要求。

③ 接地装置数量过多,受场地限制而导致打入土壤的接地体过密排列,不能保证相互间所需的安全间隔,易造成接地系统间相互干扰。

④ 配线复杂,施工困难。在实际施工中由于走线架、建筑物内钢筋等导电体的存在,很难把各接地系统真正分开,达不到分设的目的。

(2) 联合接地系统。联合接地系统由接地体、接地引入、接地线所组成。

图 4.6 中接地体是由数根镀锌钢管或角铁,强行环绕垂直打入土壤,构成垂直接地体。然后用扁钢以水平状与钢管逐一焊接,使之组成水平电极,两者构成环形电极(称地网)。采用联合接地方式的接地体,还包含建筑物基础部分混凝土内的钢筋。

采用联合接地方式,在技术上使整个 5G 综合基站内的所有接地系统联合组成低接地电阻值的均压网,具有下列优点。

① 地电位均衡,5G 综合基站内各地线系统电位大体相等,消除危及设备的电位差。

② 公共接地母线为 5G 综合基站建立了基准零电位点。5G 综合基站按一点接地原理而用一个接地系统,当发生地电位上升时,各处的地电位一齐上升,在任何时候,基本上不存在电位差。

③ 消除了地线系统的干扰。通常依据各种不同电特性设计出多种地线系统,彼此间存在相互影响,而采用一个接地系统之后,使地线系统做到了无干扰。

④ 电磁兼容性能变好。由于强、弱电,高频及低频电都等电位,由采用分屏蔽设备及分支地线等方法,所以提高了电磁兼容性能。

2. 联合接地的组成

理想的联合接地系统是在外界干扰影响时仍然处于等电位的状态,因此要求地网任意两点之间电位差小到近似为零。

(1) 接地体地网。图 4.6 所示为接地体地网示意图。

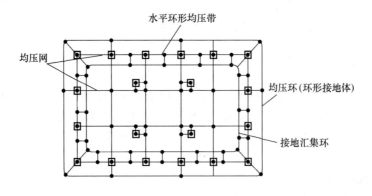

图 4.6 接地体地网示意图

接地总汇集线即接地汇集环⊕安装于 5G 综合基站底层,接地汇集环与水平环形均压带逐段相互连接,环形接地体又与均压网相连,构成均衡电位的接体。再加基础部分混凝土内的钢筋互相焊接成一个整体,组成低接地电阻的地网。

接地线网络有树干形接地地线网、多点接地地线网和一点接地地线网。一点接地地线网是由接地电极系统的一点，放射形接至各主干线，再连接各个用电设备系统。

（2）对 5G 综合基站建筑与双层地面的要求。要求建筑物混凝土内采用钢框架与钢筋互连，并连接联合地线焊接成法拉第"鼠笼罩"状的封闭体，才能使封闭导体的表面电位变化形成等位面（其内部场强为零），这样，各层接地点电位同时进行升高或降低的变化，使之不产生层间电位差，也避免了内部电磁场强度的变化，如图 4.7 所示。

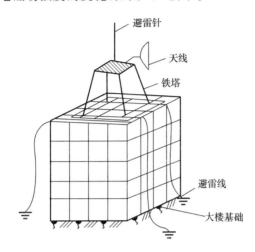

图 4.7　5G 综合基站钢骨架与联合接地线焊成鼠笼罩

4.1.3　5G 综合基站通信电源系统的防雷保护

随着电力电子技术的发展，电子电源设备对浪涌高脉冲承受能力和耐噪声能力不断下降，使电力线路或电源设备受雷电过电压冲击的事故常有发生，目前 5G 综合基站的防雷已经成为重要的课题，所以开展防雷技术研讨十分重要。

1. 雷电分类及危害

雷电的产生原因目前学术界仍有争论，普遍的解释是地面湿度很大的气体受热上升与冷空气相遇形成积云，由于云层的负电荷吸附效应，在运动中聚集大量的电荷。当不同电荷的积云靠近时，或带电积云对大地的静电感应而产生异性电荷时，空中将发生巨大的电脉冲放电，这种现象称为雷电。

（1）雷电流。雷电过电压产生雷电的冲击波幅值可高达 1 亿伏，其电流幅值也高达几十万安培。

雷击分为两种形式：感应雷与直击雷。感应雷是指附近发生雷击时设备或线路产生静电感应或电磁感应所产生的雷击；直击雷是雷电直接击中电气设备或线路，造成强大的雷电流通过击中的物体泄放入地。

依据雷电活动的日期，将发生雷闪或雷声的时间称为雷暴日。年平均雷暴小于 15 天的地区称为少雷区，超过 40 天的地区称为多雷区。又依据雷电过电压大小及每年平均发生雷暴过电压次数，可将雷电地区分为高、中、低区。

（2）雷电流的危害。雷电流在放电瞬间浪涌电流高达 $1 \sim 100\ \mathrm{kA}$，其上升时间不到 $1\ \mu\mathrm{s}$，其能量巨大，可损坏建筑物，中断通信，危害人身安全。但因遭受直接雷击范围小，故在造成的破坏中不是主要的危险，而其间接危害则不容忽视。

① 产生强大的感应电流或高压直击雷浪涌电流会使天线带电,从而产生强大的电磁场,使附近线路和导电设备出现闪电的特征。这种电磁辐射作用,破坏性很严重。

② 地面雷浪涌电流使地电位上升,依据地面电阻率与地面电流强度的不同,地面电位上升程度不一。但由于地面过电位的不断扩散,会对周围电子系统中的设备造成干扰,甚至被过压损坏。

③ 静电场增加,接近带电云团处周围静电场强度可升至 50 kV/m,置于这种环境的空中线路电势会骤增,而空气中的放电火花也会产生高速电磁脉冲,造成对电子设备的干扰。

当代微电子设备的应用已十分普及,由于雷浪涌电流的影响而使设备耐过压、耐过电流水平下降,并已在某些场合造成了雷电灾害。

(3) 雷电流干扰。

① 直击雷对 5G 综合基站的环境影响。由于 5G 综合基站的环境恶劣,可遭受到直击雷。当 5G 综合基站侵入雷浪涌电流时,使设在 5G 综合基站内的各种通信设备之间产生电位差,同时还会出现很强的磁场。另外还引起地电位上升,所以会对 5G 综合基站内通信设备或电源设备及其馈线路造成很大干扰。

② 雷击对电力电缆的影响。直击雷的冲击波作用于电力电缆附近大地时,雷电流会使雷击点周围土壤电离,并产生电弧。由于电弧形成的热效应,机械效应及磁效应等综合作用而使电缆压扁,并可导致电缆的内外金属粘连短路。另外,雷击电缆附近树木时,雷电流又可经树根向电缆附近土壤放电,也可使电缆损坏。

③ 感应雷对电缆的影响。感应雷可在电缆表层与内部的导体间产生过电压,也会使电缆内部遭受破坏。因为雷电流在电缆附近放电入地时,电缆周围位置将形成很强的磁场,进而使电缆的内外产生很大的感应电压,造成电缆外层击穿和周围绝缘层烧坏。

2. 常见防雷元件

防雷的基本方法可归纳为"抗"和"泄"。所谓"抗"指各种电器设备应具有一定的绝缘水平,以提高其抵抗雷电破坏的能力;所谓"泄"指使用足够的避雷元器件,将雷电引向自身从而泄入大地,以削弱雷电的破坏力。实际的防雷往往是两者结合,有效地减小雷电造成的危害。

常见的 5G 综合基站防雷元器件有接闪器和避雷器。其中接闪器是专门用来接收直击雷的金属物体。接闪的金属杆称为避雷针,接闪的金属线称为避雷线,接闪的金属带或金属网称为避雷带或避雷网。所有接闪器必须接有接地引下线与接地装置良好连接。接闪器一般用于建筑防雷。

避雷器通常是指防护由于雷电过电压沿线路入侵损害被保护设备的防雷元件,它与被保护设备输入端并联,如图 4.8 所示。

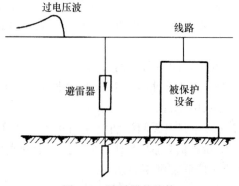

图 4.8 避雷器的连接

常见的避雷器有阀式避雷器、排气式避雷器和金属氧化物避雷器等。

(1) 阀式避雷器。阀式避雷器由火花间隙和阀片组成,装在密封的磁套管内。火花间隙用铜片冲制而成,每对间隙用厚为 $0.5 \sim 1$ mm 的云母垫圈隔开。正常情况下,火花间隙阻止线路工频电流通过,但在雷电过电压作用下,火花间隙被击穿放电。紧挨着火花间隙的阀片是由陶料黏固起来的电工用金刚砂组成,它具有非线性特性,正常电压时阀片电阻很大,过电压时阀片电阻变得很小,因此阀型避雷器在线路上出现过电压时,其火花间隙击穿,阀片能使雷电流顺畅地向大地泄放。当过电压一消失、线路上恢复工频电压时,阀片呈现很大的电阻,使火花间隙绝缘迅速恢复而切断工频续流,从而保护线路恢复正常运行。必须注意:雷电流流过电阻时要形成电压降,这就是残余的过电压,称为残压。残压要加在被保护设备上,因此残压不能超过设备绝缘允许的耐压值,否则设备绝缘仍要被击穿。

(2) 排气式避雷器。排气式避雷器通称管型避雷器,由产气管、内部间隙和外部间隙等三部分组成。当线路上遭到雷击或感应雷时,过电压使排气式避雷器的外部间隙和内部间隙被击穿,强大的雷电流通过接地装置入地。随之通过避雷器的是供电系统的工频续流,雷电流和工频续流在管子内部间隙发生强烈电弧,使管子内壁的材料燃烧,产生大量灭弧气体。由于管子容积很小,这些气体的压力很大,因而从管口喷出,强烈吹弧,在电流第一次过零时,电弧即可熄灭,全部灭弧时间至多 0.01 s。这时外部间隙的空气恢复了绝缘,使避雷器与系统隔离,恢复系统的正常运行。排气式避雷器具有残压小的突出优点,且简单经济,但动作时有气体吹出,因此只用于室外,变配电所内一般采用阀式避雷器。

(3) 金属氧化物避雷器(MOA)。金属氧化物避雷器又称为压敏电阻避雷器。这是一种没有火花间隙,只有压敏电阻片的新型避雷器。压敏电阻片是由氧化锌或氧化铋等金属氧化物烧结而成的多晶半导体陶瓷元件,具有理想的阀阻特性。在工频电压下,它呈现出极大的电阻,能迅速有效地抑制工频续流,因此无须火花间隙来熄灭由工频续流引起的电弧;而在过电压的情况下,其电阻又变得很小,能很好地泄放雷电流。目前,金属氧化物避雷器已广泛用作低压设备的防雷保护。随着其制造成本的降低,它在高压系统中也开始获得推广应用。

3. 5G 综合基站防雷保护措施

(1) 防雷区。由于防护环境遭受直击雷或间接雷破坏的严重程度不同,因此应分别采取相应措施进行防护,防雷区是依据电磁场环境有明显改变的交界处而划分的。通称为第一级、第二级、第三级和第四级防雷区。

① 第一级防雷区:指直击雷区,本区内各导电物体一旦遭到雷击,雷浪涌电流将经过此物体流向大地,在环境中形成很强的电磁场。

② 第二级防雷区:指间接感应雷区,此区的物体可以流经感应雷浪涌电流。这个电流小于直击雷流涌电流,但在环境中仍然存在强电磁场。

③ 第三级防雷区:本区导电物体可能流经的雷感应电流比第二级防雷区小,环境中磁场已很弱。

④ 第四级防雷区:当需进一步减小雷电流和电磁场时,应引入后续防雷区。

(2) 防雷器的安装与配合原则。依据 IECl313-31996 文件要求,将建筑物内外的电力配电系统和电子设备运行系统,划分成 12 个防雷区,并将几个区的设备一起连到等电位连接带上。

由于各个防雷区对保护设备的损坏程度不一,因此对各区所安装的防雷器的数量和分断能力要求也不同。5G 综合基站防雷保护装置必须合理选择,且彼此间应很好配合。配合原则为：

① 借助于限压型防雷器具有的稳压限流特性，不加任何去耦元件（如电感 L）；

② 采用电感或电阻作为去耦元件（可分立或采用防雷区设备间的电缆具有的电阻和电感），电感用于电源系统，电阻用于通信系统。

在 5G 综合基站，防雷保护系统的防雷器配合方案为：前续防雷器具有不连续电流/电压特性，后续防雷器具有防压特性。在前级放电间隙出现火花放电，使后续防雷浪涌电流波形改变，因此后续防雷器的放电只存在低残压的放电。

（3）几种防雷保护。直击雷的浪涌最大电流为 75～80 kA，所以防雷器最大放电电流定为80 kA。而间接保护又分主级保护和次级保护两大类，主级保护以防雷器经受一次雷击而不遭受破坏时所能承受的最大放电电流值，典型值定为 40 kA；次级防雷器为主级防雷器后续防雷器，典型值定为 10 kA。依据 NFC17-102 标准，绝大多数直接雷击的放电电流幅度低于50 kA，所以 40 kA 分断一级防雷器是合适的。

① 电力变压器的防雷保护。电力变压器高低压侧都应装防雷器，而在低压侧采用压敏电阻避雷器，两者均作 Y 形接续，它们的汇集点与变压器外壳接地点一起组合，就近接地，如图 4.9 所示。

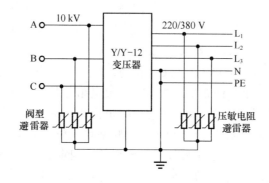

图 4.9　电力变压器的防雷保护

② 5G 综合基站交流配电系统的防雷保护。为消除直接雷浪涌电流与电网电压的波动影响，依据负荷的性质采用分级衰减雷击残压或能量的方法来抑制雷电的侵犯。在 XT005-95文件中已规定，出、入局电力电缆两端的芯线应加氧化锌避雷器，变压器高低压相线也应分别加氧化锌避雷器。因此，将通信电源交流系统低压电缆进线作为第一级防雷，5G 综合基站交流配电屏作为第二级防雷，整流器输入端口作为第三级防雷，如图 4.10（a）所示。

③ 电力电缆防雷，保护在电力电缆馈电至交流配电屏之前约 12 m 处，设置避雷装置作为第一级保护，如图 4.10（b）所示。L_1、L_2、L_3 每相对地之间分别装设一个防雷器，N 线至地之间也装设一个防雷器，防雷器公共点和 PE 线相连。

这级防雷器应具备 80kA 每级通流量，以达到防直接雷击的电气要求。

④ 交流配电屏内防雷，由于在前面已设有一级防雷电路，故交流配电屏只承受感应雷击15 kA 以下每级通流量，以及 1 300～1 500 V 残压的侵入。这一级为第二级保护，如图 4.10（c）所示。

防雷器件接在空气开关 K 之前，以防空气开关受雷击。防雷电路是在相线与 PE 线之间接压敏电阻，同时在中性线与地之间也接压敏电阻，以防雷击可能从中性线侵入。

⑤ 整流器防雷，保护在整流器的输入电源设置的防雷器成为第三级防雷保护，防雷器装

置在交流输入断路器之前,每级通流量小于 5 kA 相线间只需承受 500~600 V 残压侵入。

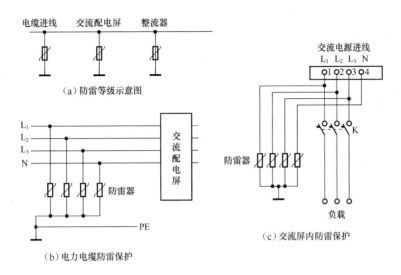

（a）防雷等级示意图

（b）电力电缆防雷保护

（c）交流屏内防雷保护

图 4.10　通信局(站)交流配电系统防雷措施

有些整流器在输出滤波电路前接有压敏电阻,或在直流输出端接有电压抑制二极管。它们除了作第四级防雷保护外,还可抑制直流输出端有时会出现的操作过电压。

有关 5G 综合基站防雷接地系统的工程安装设计规范可参见通信局(站)防雷接地工程设计规范(YD 5098—2005);通信局(站)在用防雷系统的技术要求和检测方法(YD/T 1429—2006)。

4.1.4　实训项目十七:接地电阻的测量

1. 实训目的

学会用 ZC29B-1 型接地电阻仪测量接地体的接地电阻。

2. 主要实训器材

ZC29B-1 型接地电阻仪 1 台。

3. 实训原理

大地是一个良导体,电阻非常小,电容量非常大,拥有吸收无限电荷的能力,并且在吸收大量的电荷后能够保持电位不变。因此,可以在物体遭受雷击时通过避雷装置将雷电流快速地向大地中释放,还可以把大地作为电气系统的参考地,即为电气系统提供基准零电位。在日常生活中,各类建筑物、供电系统、通信系统、计算机网络以及各类用电设备均涉及接地的要求。

合理良好的接地系统可以保证建筑及电气设备免遭雷击的损害,保证供电系统的正常工作,在用电设备发生漏电时保护人身的安全。对通信网络而言,接地系统同样起着非常重要的作用,5G 综合基站对接地电阻有着严格的要求。接地按其作用可以分成保护接地和工作接地。保护接地有防雷接地、用电设备外壳接地、防电蚀接地和防静电接地等;工作接地常见的有交流中心点接地、直流－48 V 正极接地、逻辑接地、屏蔽接地和信号接地等。接地体通常采用钢筋网、镀锌角钢、镀锌扁铁或者钢管等材料。

1）测量接地电阻的方法

一个接地体要与大地(地球)完全融合,要求接地体的外径与大地相距 20 m 以上(具体距离还与土壤成分、湿度、电阻系数和酸碱度等有关),所以在测试时,要求各辅助电位间的距离在 20 m 以上。

图 4.11　ZC29B-1 型接地电阻测量仪

接地电阻的测试仪可用 ZC29B-1 型接地电阻测量仪来测量。ZC29B-1 型接地电阻测量仪实物图如图 4.11 所示。测试方法一般有直流布极法、三角形布极法和两侧布极法,其中直流布极法测得误差为最小,所以在此只作直流布极法的介绍。

用 ZC29B-1 型仪表测量接地电阻的方法和步骤如下。

(1)首先要弄清被测地网的形状、大小和具体尺寸;确定被测地网和对角长度 D(或圆形地网的直径 D)。

(2)在距接地网的 $2D$ 处,打下接地电阻仪的电流极棒(C),地阻仪的电压棒(P)。则分别打在 D,$1.2D$,$1.4D$ 的位置进行三次测试。三次测得的电阻为 R_1,R_2,R_3。实际接地电阻 R_0';可用公式求得

$$R_0' = 2.16R_1 - 1.9R_2 + 0.73R_3$$

(3)当电流极棒或电压极棒应插位置不能插入土壤中时,可延长电流极棒及电压极棒的比率位置。具体接地仪表接线如图 4.12 所示。电流极棒和电压极棒实物图如图 4.13 所示。

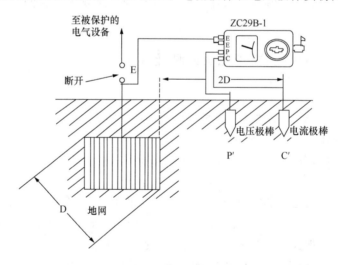

图 4.12　直流布极法布线图

(4)当地网的对角线长 $D<20$m,则电流极棒至接地网的距离应≥40 m。

(5)接地网点 E 连接点及电压极棒(P′)电流极棒(C′)的接地点应在一直线上。

(6)由于接地电阻直接受大地电阻率的影响,而大地电阻率受土壤所含水分、温度等因素的影响,这些因素随季节的变化而变化。因此,在不同季节测量时需要采用季节修正系数 K,即

$$R_0 = R_0' \times K \tag{4-1}$$

式中,K 为季节修正系数,在不同地区有不同的修正系数表可查(在此不再列表);

R_0 为标准接地电阻值;

R_0' 为不同月份测得的实际接地电阻值。

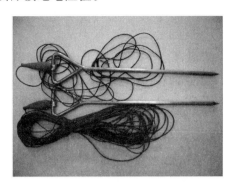

图 4.13　电流极棒和电压极棒

表 4.2、表 4.3、表 4.4 分别为部分地区季节修正系数。

表 4.2　北京地区季节修正系数

测试区域	测 量 月 份											
	1	2	3	4	5	6	7	8	9	10	11	12
北京+12～+22 ℃	1.08	1.0	0.96	1.35	1.42	1.42	1.42	1.93	1.8	1.6	1.42	1.35

表 4.3　广州地区季节修正系数

测试区域	测 量 月 份											
	1	2	3	4	5	6	7	8	9	10	11	12
广州季节修正系数	1.65	1.52	1.48	1.32	1.17	1.00	1.02	1.07	1.23	1.29	1.32	1.50

表 4.4　各类地区的季节修正系数

	气象条件	第一类地区	第二类地区	第三类地区	第四类地区
气象指标	多年平均低温(1月份)	−20～−15 ℃	−15～−10 ℃	−10～0 ℃	0～5 ℃
	多年平均高温(7月份)	16～18 ℃	18～22 ℃	22～24 ℃	24～26 ℃
	平均降水量/mm	400	500	500	300～500
	冰冻日期/天	190～170	150 以下	100 以下	0
季节修正系数	角钢型接地体长 1.5～2.5 m,顶端埋深 0.5～0.8 m	1.8～2.0	1.5～1.8	1.4～1.6	1.2～1.4
	带钢或线钢接地体埋深 0.8 m	4.5～7.0	3.5～4.5	2.0～2.5	1.5～2.0
	带钢或线钢接地体埋深 0.4 m	6.0～8.0	4.5～5.5	2.5～3.0	2.0
	角钢型接地体长 1.5～2.5 m,顶端埋深 0.5～0.8 m	1.8～2.0	1.5～1.8	1.4～1.6	1.2～1.4
	带钢或线钢接地体埋深 0.8 m	4.5～7.0	3.5～4.5	2.0～2.5	1.5～2.0
	带钢或线钢接地体埋深 0.4 m	6.0～8.0	4.5～5.5	2.5～3.0	2.0

2) 接地电阻测量的注意事项

(1) 为了减少测量误差,要求接地摇表的抗干扰能力大于 20 dB 以上,以免土壤中的杂散电流或电磁感应的干扰。仪表应具有大于 500 kΩ 的输入阻抗,以便减少因辅助极棒探针和土壤间接触电阻引起的测量误差。

(2) 选择电流极棒和电压极棒的测量位置,应避开架空线路和地下金属管道走向,否则测量的接地电阻将大大偏低。

(3) 测试极棒应牢固可靠接地,防止松动或与土壤间有间隙。如果测量时摇表灵敏度过高,可以将辅助电极向上适当拉出,如果摇表灵敏度过低,可以在辅助电极周围浇水,减少辅助电极的接触电阻。

(4) 测量接地电阻的工作,不宜在雨天或雨后进行,以免因湿度测量不准确。

(5) 处于野外或山区的 5G 综合基站,由于当地的土壤电阻率一般都比较高,测量地网接地电阻时,应使用两种不同测量信号频率的地阻仪分别测量,将两种地阻仪测量结果进行比较,以便确定接地电阻的大小。因为测量信号频率不恰当时,容易产生极化效应或大地的集肤效应,使测量结果不准或出现异常现象。

(6) 当测试现场不是平地,而是斜坡时,电流极棒和电压极棒距地网的距离应是水平距离投影到斜坡上的距离。

(7) 当接地体中有与测试仪表所产生的交流信号相同干扰源时,也将影响测试的真实性,则要求测试时应将所接设备断开才能进行。

(8) 如果接地体周围全部是水泥地面,没法找到打辅助电极的位置,这时可以用大于 25 cm×25 cm 的铁板作为辅助电极平铺在水泥地面上,然后在铁板下面倒些水,以减少接触电阻。两块铁板的布放位置与辅助接地极的要求相同。采用这种方法测量对测试结果没有明显的影响,因为根据前面所述的测量原理,辅助电压极与辅助电流极与大地之间的接触电阻的大小并不影响接地电阻的测量。

各类机房对接地电阻的要求如表 4.5 所示。

表 4.5   各类机房对接地电阻的要求

序号	接地电阻值(Q)	适 用 范 围
1	<1	综合楼、国际电信局、汇接局、万门以上程控交换局、2000 路以上长话局
2	<3	2000 门以上 1 万门以下的程控交换局、2000 路以下长话局
3	<5	2000 门以下程控交换局、光缆端站、载波增音站、地球站、微波枢纽站、5G 综合基站
4	<10	微波中继站、光缆中继站、小型地球站
5	<20(注)	微波无源中继站
6	<10	适用于大地电阻率小于 100 Ω·m,电力电缆与架空电力线接口处防雷接地
7	<15	适用于大地电阻率为 101～500 Ω·m,电力电缆与架空电力线接口处防雷接地
8	<20	适用于大地电阻率为 501～1 000 Ω·m,电力电缆与架空电力线接口处防雷接地

注:当土壤电阻率太高,难以达到 20 Ω 时,可放宽到 30 Ω。

4. 实训内容与步骤

(1) 正确连接接地电阻仪。

① 首先要弄清被测地网的形状,大小和具体尺寸;确定被测地网的对角线长度 D(或圆形地网的直径 D)。

② 在距接地网的 $2D$ 处,打下地阻仪的电流极棒(C_1),地阻仪的电压极棒(P_1)则分别打在 $D,1.2D,1.4D$ 的位置进行三次测试。三次得的电阻为 R_1,R_2,R_3。实际接地电阻 R_0 可

用公式求得

$$R_0 = 2.16 R_1 - 1.9 R_2 + 0.73 R_3$$

③ 当电流极棒或电压极棒所应插位置不能插入土壤中时,可延长电流极及电压极棒的比率位置。具体接地仪表接线如图 4.14 所示。

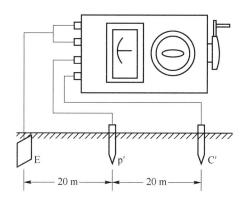

图 4.14　ZC29B-1 型接地电阻测量仪测量接地电阻示意图

④ 当地网的对角线长 $D<20$ m,则电流极棒至接地网的距离应 $\geqslant 40$ m。

⑤ 接地网点 E(或 C_2,P_2)联接点及电压极棒(P′)电流极棒(C′)的接地点应在一直线上。

(2)测量:保持接地摇表处于水平状态,将倍率旋钮置于最大挡,并匀速摇动摇表手柄(每分钟约 120 转),同时调整仪表电位器刻度盘,使接地电阻测试仪处于平衡状态。如果摇表始终不能到达平衡状态,重新调整倍率旋钮和电位器刻度盘,直到摇表平衡。

(3)读数:电位器指数乘以倍率即为接地电阻值。

(4)换算至额定条件下的接地电阻值(考虑季节修正)。

由于接地电阻直接受大地电阻率的影响,而大地电阻率受土壤所含水分,温度等因素的影响。这些因素随季节的变化而变化。因此在不同季节测量时需要采用季节修正系统数 K 即

$$R_0 = R_0' \cdot K$$

式中:K——季节修正系数,在不同地区有不同的修正系数表可查。

R_0——标准接地电阻值。

R_0'——不同月份测得的实际接地电阻值。

(5)根据接地系统对接地电阻的要求判断是否合格。

(6)思考题

① 在实际测量通信接地系统电阻时,是否可将地网与通信系统暂时脱离,以求测量的准确性? 为什么?

② 如果在高大建筑顶楼的移动基站,测量接地电阻时由于距离地面太远无法布置辅助接地极,实际用什么方法解决?

(7)完成实训项目十七报告:接地电阻的测量

实训项目十七报告　接地电阻的测量

实训地点			时间		实训成绩	
姓名		班级		学号		同组姓名	

实训目的	
实训设备	
实训内容	1. 写出接地电阻的测量步骤。 2. 接地电阻测量数据。 2. 写出接地电阻测量的注意事项。
指出实训过程中遇到的问题及解决方法	
写出此次实训过程中的体会及感想,提出实训中存在的问题	
评语	

2. 接地电阻测量数据。

数据	R_1	R_2	R_3	R_0'	K	R_0
1						
2						
3						
平均值						

4.2　5G 综合基站动力及环境集中监控管理系统

5G 综合基站动力及环境集中监控管理系统是一个分布式计算机控制系统(即所谓的集中管理和分散控制)。它通过对监控范围内的通信电源系统和系统内的各个设备(包括 5G 综合基站空调在内)及机房环境进行遥测、遥信和遥控,实时监视系统和设备的运行状态,记录和处理监控数据,及时监测故障并通知维护人员处理。从而达到少人或无人值守,实现 5G 综合基站动力及环境集中监控维护和管理,提高供电系统的可靠性和通信设备的安全性。

实施集中监控的意义主要有以下几点。

(1) 提高了电源维护管理水平,提高了电源设备运行的稳定性和可靠性。

一些高技术含量的电源设备本身可靠性较高,同时对环境要求较高。通过监控系统可实现全天候实时、全面地对设备以及环境监控,通过对采集的大量有用数据的分析与统计,使维护人员准确地掌控设备运行状况,有针对性地安排系统维护和设备检修,预防可能出现的故障。同时,监控系统可以自动记录设备的运行情况和故障后维护人员的处理过程,便于区分责任,有利于提高维护人员的管理效率和增加维护人员的责任心。

(2) 提高了 5G 综合基站设备运行的经济性,降低了运行成本。

随着自控技术在智能电源设备中的广泛应用,设备本身的智能性和效率在不断地提高。监控系统发挥其在数据分析和处理以及控制上的优势,与智能设备相互配合,根据设备的实际运行情况,随时调整其运行参数,使设备始终工作在最佳状态,提高了设备运行的经济性,也延长了设备的使用寿命。

(3) 解放了劳动力,提高了维护工作的效率,降低了维护成本。

随着近年来我国电信事业的迅速发展,通信网络的规模不断扩大,相应的 5G 综合基站设备数量和种类也在大大地增加,维护工作量也随之骤增。要解决维护工作量的矛盾,只有通过建设监控系统,实现对 5G 综合基站设备和环境的集中管理和维护,削减 5G 综合基站维护人员,大大减少维护人员总数,同时以地区为中心组建专业化水平高的 5G 综合基站设备维护力量,不但降低了维护成本,也使得维护质量大大提高。

4.2.1　5G 综合基站监控的对象及基本结构

1. 系统监控的对象及内容

5G 综合基站动力及环境监控系统的监控对象包括 5G 综合基站组合开关电源、空调、交流配电箱(屏)等动力设备,以及 5G 综合基站的环境量。同时,考虑到 5G 综合基站被盗情况的发生和节能减排的需求,防盗告警和节能设备也应纳入动力及环境监控系统。5G 综合基站监控对象及监控内容如表 4.6 所示。

表 4.6　5G 综合基站监控对象及监控内容

序号	监控对象	监控类型	监控内容	监控内容备注
1	交流配电箱	遥测	市电输入三相电压、三相电流、功率因数、频率、有功功率、电度、开关电源分路电流、电度;空调分路电流、电度	对于无交流配电箱的站点,遥测:交流市电电压;通信市电状态
		遥信	输出开关状态(打开/闭合,正常/故障)、市电状态(市电有/无、缺相、欠压/过压)	
2	浪涌抑制器	遥测	过电压保护次数	
		遥信	浪涌抑制器正常/故障	
3	稳压器	遥测	三相输入电压、三相输入电流、三相输出电压、三相输出电流	
		遥信	稳压器工作状态(正常/故障、工作/旁路)、输入过压、输入欠压、输入缺相、输入过流	
		遥调	输出电压	

续 表

序号	监控对象	监控类型	监控内容	监控内容备注
4	油机发电机组	遥测	三相输出电压、三相输出电流、输出频率/转速、水温(水冷)、润滑油油压、润滑油油温、启动电池电压、输出功率、液(油)位、电度	对于无通信接口的小型 5G 综合基站用汽油机,遥测:三相输出电压、三相输出电流、输出频率、启动电池电压、输出功率、液(油)位,电度;遥信:工作状态(运行/停机)
		遥信	工作状态(运行/停机)、工作方式(自动/手动)、自动转换开关(ATS)状态、皮带断裂(风冷)、启动失败、过载、紧急停车、市电故障、充电器故障	
		遥控	开/关机、紧急停车	
5	开关电源	遥测	三相输入电压、三相输出电流、输入频率、输出母线电压、整流模块单体输出电流、总负载电流、蓄电池充电电流、主要分路电流	
		遥信	整流模块单体状态(开/关机、限流/不限流)、模块单体故障/正常、系统状态(均充/浮充/测试)、节能模式/非节能模式、系统故障/正常、一次下电开关状态、监控模块故障、主要分路熔丝/开关故障、防雷器状态	
		遥调	均充/浮充电压设置、限流设置、节能模式负载率,一次下电电压,二次下电电压、温度补偿系数	
		遥控	模块开/关机、均/浮充、电池管理	
6	UPS	遥测	三相输入电压、蓄电池组总电压、三相输出电压、三相输出电流、输出频率	
		遥信	同步/不同步状态、UPS/旁路供电、蓄电池放电电压低、市电故障、整流器故障、逆变器故障、旁路故障	
7	逆变器	遥测	直流输入电压、直流输入电流、交流输出电压、交流输出电流、输出频率	
		遥信	故障告警	
8	直流-直流变换器	遥测	输入电压、输入电流、输出电压、输出电流	
9	太阳能供电系统	遥测	蓄电池电压、蓄电池充放电电流、蓄电池温度、负载电流、太阳能电池方阵及经控制器转换后的输出电压/电流、日光强度	
		遥信	蓄电池过、欠压告警,熔断器/断路器告警,太阳能电池方阵工作状态(投入/撤出),直流-直流变换器故障,其他设备故障,防雷器件状态,控制器或蓄电池充/放电状态,蓄电池二次下电,市电/油机供电/风能供电/太阳能供电状态	
		遥控	浮充/均充转换、太阳能电池方阵投入/撤出	

序号	监控对象	监控类型	监控内容	监控内容备注
10	风能供电系统	遥测	蓄电池电压、蓄电池充放电电流、蓄电池温度、负载电流、环境温度、风力强度	
		遥信	蓄电池过、欠压告警,熔断器/断路器告警,其他设备故障,控制器或蓄电池充/放电状态,蓄电池二次下电,市电/油机供电/风能供电/太阳能供电状态	
		遥控	浮充/均充转换	
11	蓄电池组	遥测	蓄电池组总电压,每个蓄电池电压,标示电池温度,每组充、放电电流,每组电池安时量	重要 5G 综合基站及传输节点站应监控蓄电池组单体电池
		遥信	蓄电池组总电压高/低、每个蓄电池电压高/低、标示电池温度高、充电电流高	
12	普通空调设备	遥测	空调主机工作电压、工作电流、送风温度、回风温度、送风湿度、回风湿度、压缩机吸气压力、压缩机排气压力	
		遥信	开/关机,电压、电流过高/低,回风温度过高/低,回风湿度过高/低,过滤器正常/堵塞,风机正常/故障,压缩机正常/故障	
		遥调	温度设定	
		遥控	空调开/关机	
13	智能新风/热交换节能系统	遥测	室内/外温度、室内/外湿度	
		遥信	风门状态、风机状态、系统工作状态、系统正常/故障、过滤网状态	
		遥调	工作温度/湿度设置	
		遥控	开/关机控制	
14	环境	遥测	温度、湿度	重要 5G 综合基站及易发生被盗 5G 综合基站应安装防盗告警装置;室外型 5G 综合基站可减少环境量的监控
		遥信	烟感、水浸、门磁、红外、玻璃破碎、震动告警、防盗告警装置(空调室外机被盗告警、蓄电池被盗告警等)	
		遥控	灯光照明	
15	门禁系统	遥测	各种报警记录,进、出门记录,刷卡、出门按钮开门事件,门禁内部参数被修改的记录	
		遥信	门开/关状态	
		遥控	远程开门,修改门禁内部的各种工作和控制参数,授权、删除用户,用户的准进时段的管理	

表 4.6 为 5G 综合基站监控系统的主要监控对象和监控内容。各 5G 综合基站可根据本地区实际情况,以及室内型 5G 综合基站和室外型 5G 综合基站的区别,对以上监控点进行选择,制定出合理的监控对象及内容。

监控内容是指对上述监控对象所设置的具体的采控信号量,也称为监控项目、监控点或测点。如前所述,从数据类型上看,这些信号量包括模拟量、数字量、状态量和开关量等;从信号的流向上看,又包括输入量和输出量两种。由此可以将这些监控项目分为遥测、遥信、遥控以及遥调、遥像等几种类型,通常把遥调归入遥控当中,遥像归入到遥信当中并称为"三遥"。

遥测的对象都是模拟量,包括电压、电流、功率等各种电量和温度、压力、液位等各种非电量。

遥信的内容一般包括设备运行状态和状态告警信息两种。

遥控量的值类型通常是开关量,用以表示"开""关"或"运行""停机"等信息,也有采用多值的状态量的,使设备能够在几种不同状态之间进行切换动作。

遥调是指监控系统远程改变设备运行参数的过程。遥调量一般是数字量。

遥像是指监控系统远程显示电源机房现场的实时图像信息的过程。

在确定监控项目时应注意以下几个原则:

(1)必须设置足够的遥测、遥信监控点;

(2)监控项目力求精简,在选择项目时应坚持"可要可不要的监控项目坚决不要"的原则;

(3)不同监控对象的监控项目要有简有繁;

(4)监控项目应以遥测、遥信为主,遥控、遥调以及遥像为辅。

2.系统结构和组成

如图 4.15 所示,5G 综合基站集中监控系统的功能是对监控范围内分布的各个独立的监控对象进行遥测、遥信、遥控和遥调,实时监视 5G 综合基站动力设备和机房环境的状态,进行图像及防盗的监控,记录和处理相关数据,及时侦测各类故障并通知相关维护人员进行处理;按照上级监控系统或网管中心的要求提供相应的数据和报表,制定出合理的设备维护、管理及节能方案,为动力设备的优化配置提供详实的资料来源,提高无人值守 5G 综合基站供电系统的可靠性,保障通信设备的安全性。它还包括以下内容。

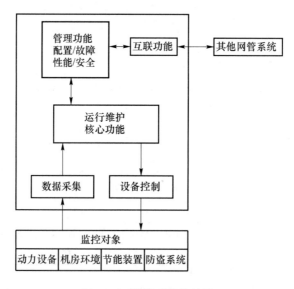

图 4.15 监控系统的结构

(1)数据采集功能。它是监控系统最基本的功能要求,及时、准确地对设备控制,是为实现维护要求而人为主动改变系统运行状态的有效手段。

（2）运行和维护功能。它是基于数据采集和设备控制之上的系统核心功能,用于完成日常的告警处理、控制操作和规定的数据记录等。

（3）管理功能。它管理功能用于实现以下四组管理功能。

① 配置管理:提供收集、鉴别、控制来自下层数据和将数据提供给上级的一组功能。

② 故障管理:提供对监控对象运行情况异常进行检测、报告和校正的一组功能。

③ 性能管理:提供对监控对象的状态以及网络的有效性评估和报告的一组功能。

④ 安全管理:提供保证运行中的监控系统安全的一组功能。

（4）互联功能。包括本监控系统与上一级监控系统的互联,以及与其他网管系统的互联。

4.2.2　实训项目十八:5G 综合基站动力及环境监控系统实训

1. 实训目的

学会基站动力及环境监控系统的操作与使用。

2. 主要实训器材

基站动力及环境监控系统 1 套。

3. 实训原理

1）几种常用传感器

传感器是在监控系统前端测量中的重要器件,它负责将被测信号检出、测量并转换成前端计算机能够处理的数据信息。由于电信号易于被放大、反馈、滤波、微分、存储以及远距离传输等,加之目前电子计算机只能处理数字信号,所以 5G 综合基站通常使用的传感器大多是将被测的非电量(物理的、化学的和生物的信息)转换为一定大小的电量输出。

（1）温度传感器。温度传感器是通过一些物体温度变化而改变某种特性来间接测量的。常用的温度传感器有热敏电阻传感器、热电偶温度传感器及集成温度传感器等。

① 热敏电阻是利用物体在温度变化时本身电阻也随着发生变化的特性来测量温度的。一般热敏电阻测量精度高,但测量范围比较小。

② 热电偶测量范围较宽,一般为 $-100\sim+200\ ℃$。热电偶基本工作原理来自物体的热点效应。

③ 集成温度传感器,它的线性好、灵敏度高、体积小、使用简便。

（2）湿度传感器。湿度传感器件是基于所用材料性能与湿度有关的物理效应和化学反应的基础上制造的。通过对湿度有关的电阻、电容等参数的测量,就可将相对湿度测量出来。下面简介几种常用的湿度传感器。

① 阻抗型湿敏元件组成的湿度传感器,其湿敏材料主要是金属氧化物陶瓷材料,一般采用厚薄膜结构,它们有较宽的工作湿度范围,并且有较小响应时间。缺点是阻抗的对数与相对湿度所成的线性度不够好。

② 电容式湿敏元件组成的湿度传感器,相对湿度的变化影响到内部电极上聚合物的介电常数,从而改变了元件电容值,由此引起相关电路输出电量的变化,其线性度较好、响应快。

③ 热敏电阻式湿度传感器,利用潮湿空气和干燥空气的热传导之差来测定湿度,一般接成电桥式测量电路。

图 4.16 所示为集成温度、湿度传感器实物图。

（3）感烟探测器。火灾探测器分感烟探测器、感温探测器和火焰探测器。感烟探测器分离子感烟型和光电感烟型。感温探测器分定温感温型和差温感温型,工程上使用最多的是感烟探测器。

图 4.16　集成温度、湿度传感器

离子感烟探测器利用放射性元素产生的射线,使空气电离产生微电流来检测。离子感烟器只有垂直烟才能使其报警,因此烟感应装在房屋的最顶部;灰尘会使感烟头的灵敏度降低,因此应注意防尘;离子感烟探测器使用放射性元素,应避免拆卸烟感,注意施工安全。图 4.17所示为感烟探测器实物图。

（4）红外传感器。目前 5G 综合基站的安全防范普遍采用热释电传感器制造的被动式红外入侵探测器。热释电红外探测器主要由热释电敏感元件、菲涅尔透镜及相关电子处理电路组成。菲涅尔透镜实际上是一个透镜组,它上面的每一个单元透镜一般都只有一个不大的视场角。而相邻的两个单元透镜的视场既不连续,更不交叠,却都相隔一个盲区,这些透镜形成一个总的监视区域,当人体在这一监视区域中运动时,依次地进入某一单元透镜的视场,又走出这一透镜的视场,热释电传感器对运动的人体就能间隔地检测到,并输出一串电脉冲信号,经相应的电路处理,输出告警信号。如图 4.18 所示为被动式红外入侵探测器实物图。

图 4.17　感烟探测器实物图

图 4.18　被动式红外入侵探测器实物图

（5）液位传感器。

① 警戒液位传感器。常用的警戒液位传感器是根据光在两种不同媒质界面发生反射和折射原理来测量液体的存在。常被用于测量是否漏水,俗称为水浸探测器。水浸探测器实物图如图 4.19 所示。

② 连续液位传感器。连续液位传感器利用的测量压力（压降）或随液面变化带动线性可调电阻的变化,并经过一定的换算来测出液位的高度。在监控系统中常被用来测量油机发电机组油箱油位的高度。

（6）震动传感器。震动传感器主要是靠探测墙体震动时,产生的高频声音进行报警。适用于对 5G 综合基站墙体凿墙声音的探测。安装需固定在 5G 综合基站对应墙体上。震动传感器实物图如图 4.20 所示。

图 4.19　水浸探测器实物图　　　　图 4.20　震动传感器实物图

2）变送器

由于传感器转换以后输出的电量各式各样,有交流也有直流,有电压也有电流,而且大小不一,而一般 D/A 转换器件的量程都在 5 V 直流电压以下,所以有必要将不同传感器输出的电量变换成标准的直流信号,具有这样的功能的器件就是变送器。换句话说,变送器是能够将输入的被测的电量(电压、电流等)按照一定的规律进行调制、变换,使之成为可以传送的标准输出信号(一般是电信号)的器件。

变送器除了可以变送信号外,还具有隔离作用,能够将被测参数上的干扰信号排除在数据采集端之外,同时也可以避免监控系统对被测系统的反向干扰。

此外还有一种传感变送器,实际上是传感器和变送器的结合,即先通过传感部分将非电量转换为电量,再通过变送部分将这个电量变换为标准电信号进行输出。

3）协议转换器

对通信协议,原电信总局的《通信协议》中做了详细的规定,其内容包括通信机制、通信内容、命令及应答格式、数据格式和意义、通用及专用编码等。对于目前已经存在的大量智能设备通信协议与标准的《通信协议》不一致的情况,必须通过协议转换来保证通信。实现协议转换的方法一般是采用协议转换器,将智能设备的通信协议转换成标准协议,再与监控中心主机进行通信。

4）数据采集与控制系统

（1）数据采集与控制系统组成。对设备而言,其监控量有数字量、模拟量和开关量。数字量(如频率、周期、相位)的采集,其输入较简单,数字脉冲可直接作为计数输入、测试输入、I/O口输入或作中断源输入进行事件计数、定时计数,实现脉冲的频率、周期、相位及计数测量。对于模拟量的采集,则应通过 A/D 变换后送入总线、I/O 或扩展 I/O。对于开关量的采集则一般通过 I/O 或扩展 I/O。对于模拟量的控制,必须通过 D/A 变换后送入相应控制设备。典型的单片机构成的数据采集与控制系统结构图,如图 4.21 所示。

（2）串行接口与现场监控总线。串行通信是 CPU 与外部通信的基本方式之一,在监控系统中采用的是串行异步通信方式,比特率一般设定为 2 400 bit/s～9 600 bit/s。监控系统中常用的串行接口有 RS232、RS422、RS485 等。

RS232 传输速率为 1 Mbit/s 时,传输距离小于 1 m,传输速率小于 20 kbit/s 时,传输距离小于 15 m。因此,RS232 只适用于作短距离传输。

RS422 采用差分平衡电气接口,在 100 kbit/s 速率时,传输距离可达 1 200 m,在 10 Mbit/s 时可传 12 m。和 RS232 不同的是在一条 RS422 总线上可以挂接多个设备。RS485 是 RS422 的子集。RS422 为全双工结构,RS485 为半双工结构。

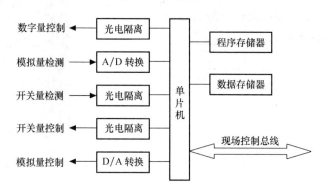

图 4.21　数据采集与控制系统

动力监控现场总线一般都采用:RS422 或 RS485 方式,由多个单片机构成主从分布式较大规模测控系统。具有 RS422、RS485 接口的智能设备可直接接入;具有 RS232 接口的智能设备需将接口转换后接入。各种高低配实时数据和环境量通过数据采集器,电池信号通过采集器接入现场控制总线送到 5G 综合基站监控主机,然后上报中心。图 4.22 所示是 5G 综合基站现场监控系统示意图。图 4.23 为采用 GPRS 传输网组成的集中监控系统示意图。

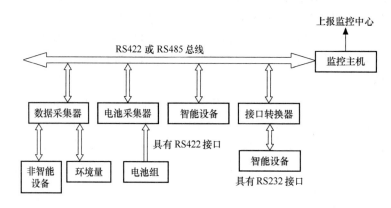

图 4.22　5G 综合基站现场监控系统示意图

4. 实训内容

(1)画出实训室内基站动力及环境监控系统的组成框图。

(2)得出动力及环境监控系统的各传感器检测结果。

(3)写出各种传感器的检测方法。

(4)完成实训项目十八报告:基站动力及环境监控系统实训。

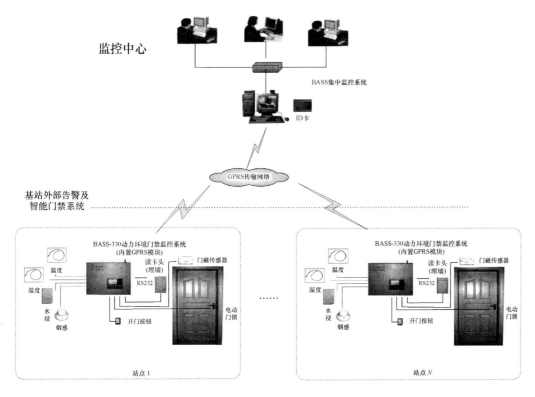

图 4.23　采用 GPRS 传输网组成的集中监控系统示意图

实训项目十八报告　5G 综合基站动力及环境监控系统实训

实训地点			时间		实训成绩	
姓名		班级	学号		同组姓名	

实训目的	
实训设备	
实训内容	1. 画出实训室内基站动力及环境监控系统的组成框图。
	2. 将动力及环境监控系统的各传感器检测结果填入表中。

序号	检测项目	型号	检测结果		是否正常
1	市电输入三相电压				
2	市电输入三相电流				
3	市电输入频率				
4	空调切换设备				

<table>
<tr><td rowspan="13">实训内容</td><td colspan="5">
<table>
<tr><td>序号</td><td>检测项目</td><td>型号</td><td>检测结果</td><td>是否正常</td></tr>
<tr><td>5</td><td>温度</td><td></td><td></td><td></td></tr>
<tr><td>6</td><td>湿度</td><td></td><td></td><td></td></tr>
<tr><td>7</td><td>震动</td><td></td><td></td><td></td></tr>
<tr><td>8</td><td>水浸</td><td></td><td></td><td></td></tr>
<tr><td>9</td><td>门禁门磁</td><td></td><td></td><td></td></tr>
<tr><td>10</td><td>门禁卡座</td><td></td><td></td><td></td></tr>
<tr><td>11</td><td>门禁开关</td><td></td><td></td><td></td></tr>
<tr><td>12</td><td>感烟</td><td></td><td></td><td></td></tr>
<tr><td>13</td><td>防盗</td><td></td><td></td><td></td></tr>
<tr><td>14</td><td>告警喇叭</td><td></td><td></td><td></td></tr>
<tr><td>15</td><td>告警指示灯</td><td></td><td></td><td></td></tr>
<tr><td>16</td><td>系统主机设置</td><td></td><td></td><td></td></tr>
</table>
</td></tr>
<tr><td colspan="5">3. 写出四种以上传感器的检测方法。</td></tr>
</table>

指出实训过程中遇到的问题及解决方法	
写出此次实训过程中的体会及感想，提出实训中存在的问题	
评语	

4.2.3 集中监控系统日常使用和维护

实施集中监控的根本目的是提高设备运行的可靠性,同时提高管理水平、提高工作效率、降低维护成本和运行成本。为达到这一目标,除监控系统本身性能的优良与否之外,离不开日常对监控系统合理的使用和维护。下面从监控系统各种功能的使用、日常维护项目以及常见故障的一般处理方法流程 3 个方面对集中监控系统的使用维护作初步的介绍。

1. 电源监控系统的使用

日常的集中监控系统使用,即对监控系统软件各项功能的使用。在前面内容中,已经介绍了集中监控系统的主要功能,只有正确理解监控系统各项功能,才能做到对监控系统的正确、熟练地使用。所以,以下内容实际上是对前面的总结。

（1）监控系统最基本的功能是对 5G 综合基站动力及环境的实时监视和实时控制。地市级监控中心实行 24 h 值班,主要是对监控区域内的所有 5G 综合基站和 5G 综合基站控制器进行数据和图像的轮巡并记录,包括熟练切换每个 5G 综合基站,能以图、表或其他软件提供的功能查看各监控 5G 综合基站设备及环境数据等。

监控系统通过各种遥控功能,能够根据数据分析结果或根据预先设定的程序,对设备的工作状态和工作参数进行远程控制、调整,提高其运行效率,降低能耗,实现科学管理。

(2) 分析系统运行数据,协助故障诊断,做好故障预防。通过监控系统,对设备的各种运行参数(包括实时数据、历史数据和运行曲线等)进行观察和分析,可以及早发现设备的故障隐患,并采取相应的措施,把设备的故障消除在萌芽状态,进一步提高系统的可靠性、安全性。例如,通过监控数据分析,可以及早发现交流三相不平衡、整流模块均流特性差、蓄电池均压性差、设备运行长期处于告警边缘(如交流电压)以及设备监测量发生非正常突变(如电流突然变大)等情况,及时采取措施,防患于未然。监控系统的高度智能化可以协助维护人员进行类似的分析。

(3) 辅助设备测试。对电源进行性能测试是了解设备质量、及时发现故障、进行寿命预测的重要手段,监控系统可以在设备测试过程中详细记录各种测试数据,为维护人员提供科学的分析依据,比如,蓄电池组的放电试验。

(4) 实现维护工作的管理与监督。监控系统可以根据预先设定的程序,提醒维护人员进行例行维护工作,如定期巡检、试机、更换备品、清洗滤清器等;也可以根据所监测的设备状况,提醒维护人员进行充电等必要的维护工作。

监控系统还可以对维护人员的维护工作进行监督管理。例如,通过交接班记录、故障确认及处理记录等,可以了解维护人员是否按时交接班,是否及时进行故障确认和处理,处理结果如何等。

此外,通过监控系统提供的巡更、考勤等功能,可以协助管理部门更好地实现各种维护、巡检的管理与监督。

(5) 其他。设备管理、人员管理和资料管理等档案信息管理是监控系统提供的重要辅助管理功能。充分发挥信息管理功能,将各个 5G 综合基站的设备情况、交直流供电系统图、防雷接地系统图、机房布置平面图、交直流配电屏输出端子编号及所接负载以及维护管理人员等信息录入监控系统,并做到及时更新,可以使维护管理人员准确、便捷地查询各种信息,及时掌握各个 5G 综合基站的供电情况和设备运行状况,并以此为根据,有的放矢地指导设备维护和检修,进行人员调度,制定更合理、更有效的维护作业计划和设备更新计划。

2. 监控系统的维护体系

为充分利用监控系统的科学管理功能,发挥其最大的作用,在维护管理体制上必须与之相适应。要建立一种区别于传统的维护体制,要求既要能够提高维护质量,减少资源浪费,又能充分调动维护人员的积极性,建立起良好的协调配合机制。

在新的维护体制下,原有的天馈、天线、传输和动力等专业合并成统一物理平台的网络监控中心,各专业人员负责本专业系统网络的工作。各专业根据这套维护管理体系可分为监控值班人员、应急抢修人员和技术维护人员。

(1) 监控值班人员。监控值班人员是各种故障的第一发现人和责任人,也是监控系统的直接操作者和使用者。值班人员的主要职责是:坚守岗位,监测系统及设备的运行情况,及时发现和处理各种告警;进行数据分析,按要求生成统计报表,提供运行分析报告;协助进行监控系统的测试工作;负责监控中心部分设备的日常维护和一般性故障处理。

对监控值班人员的素质要求是：具有一定的通信 5G 综合基站通信电源知识和计算机网络知识，了解监控系统的基本原理和结构；能够熟练地掌握和操作监控系统所提供的各种功能，能够处理监控中心一般性的故障。

（2）技术维护人员。当值班人员发现故障告警后，需要相应的技术维护人员进行现场处理，包括 5G 综合基站设备系统和监控系统本身。此外，技术维护人员日常更重要的职责是对系统和设备进行例行维护和检查，包括对电源和空调设备、监控设备、网络线路和软件等的检查、维护、测试、维修等，建立系统维护档案。

对技术维护人员的素质要求是：具有较高的专业技术，对所维护的设备及系统非常熟悉，具有丰富的通信电源、计算机网络和监控知识以及维护经验。

（3）应急抢修人员。当发生紧急故障，需要一支专门的应急抢修队伍进行紧急修复，同时该队伍还可以承担一定的工程职责（比如电源的割接设备安装等）和配合技术支撑维护人员进行日常维护工作。

对应急抢修人员的素质要求是：综合素质要求高，特别是协调工作的能力和应变的能力，同时要求有很高的专业知识和丰富的经验。

以上各种人员除了具有较高的专业知识和经验以外，还都应具有良好的心理素质和高度的责任心，同时，需要有一个管理协调部门来统一指挥、统一调度，这就是网络管理中心，网络管理中心还可以负担诸如维护计划的编制、人员的考核培训和其他部门的交流合作等。

3．告警排除及步骤

监控系统的故障，包括电源系统故障和监控系统故障，监控途径有：

（1）通过监控告警信息发现，比如市电停电告警；

（2）通过分析监控数据（包括实时数据和历史数据）发现，如直流电压抖动但没有发生告警；

（3）观察监控系统运行情况异常，比如监控系统误告警等；

（4）进行设备例行维护时发现，比如熔断器过热等。

因为大多数故障是通过监控系统告警信息发现的，因此，及时、准确地分析和处理各类告警，成为一项非常重要的工作职责。告警信息按其重要性和紧急程度划分为一般告警、重要告警和紧急告警。

一般告警是指告警原因明确，告警的产生在特定时间不足以影响该区域或设备的正常运行，或对告警产生的影响已经得到有效掌控，无须立即进行抢修的简单告警。

重要告警是指引起告警的原因较多，告警的产生在特定的时间可能会影响该区域或设备的正常运行、故障影响面较大、不立即进行处理肯定会造成故障蔓延或扩大的重要 5G 综合基站的环境或设备的告警。

紧急告警是指告警的产生在特定时间可能或已经使该区域或设备运行的安全性、可靠性受到严重威胁，故障产生的后果严重，不立即修复可能会造成重大通信事故、安全事故的机房安全告警或电源空调系统告警。

当值班人员发现告警后，应立即进行确认，并根据告警等级和告警内容进行分析判断并进行相应处理，派发派修单。维护人员根据派修单上所提供的信息进行故障处理。故障修复后，维护人员应及时将故障原因、处理过程、处理结果及修复时间填入派修单，返回监控中心，监控中心进行确认后再销障、存档。故障派修单如图 4.24 所示，5G 综合基站集中监控系统周期维护检测项目表如表 4.7 所示。5G 综合基站集中监控系统告警处理流程图、5G 综合基站集中监控系统故障派修处理闭环和 5G 综合基站集中监控系统常见故障处理流程分别如图 4.25～图 4.27 所示。

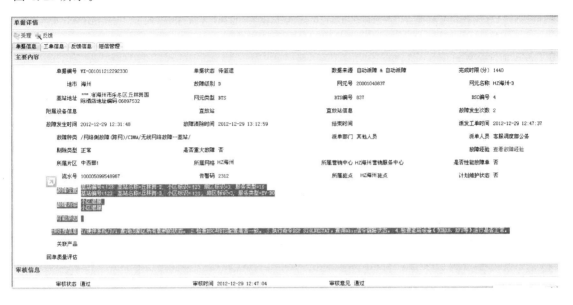

图 4.24　故障派修单

表 4.7　5G 综合基站集中监控系统周期维护检测项目表

项目	维护检测内容	维护检测要求	周期	责任人
监控系统	监控主机,业务台,图像控制台,IP 浏览台运行状况	5G 综合基站数据上报是否正常,监控系统的常用功能模块、告警模块、图像功能及联动功能等是否正常	日	中心值班人员
	系统记录	查看监控系统的用户登录记录、操作记录、操作系统和数据库日志,是否有违章操作和运行错误	日	系统管理员
	本地区所有机房浏览	浏览监控区域内所有机房,查看设备的运行状况是否正常	日	中心值班人员
	监控系统病毒检查	每星期杀毒一次	周	中心值班人员
	检查系统主机的运行性能和磁盘容量	检查业务台、前置机和服务器的设置及机器运行的稳定性,检查各系统和数据库的磁盘容量	月	系统管理员
	资料管理	监控系统软件、操作系统软件管理,报表管理	月	系统管理员
	采集器、变送器、传感器	和中心核对 5G 综合基站采集的数据,确定采集器、变送器、传感器是否正常工作	月	中心值班人员及 5G 综合基站监控责任人
	5G 综合基站图像硬件系统	中心配合 5G 综合基站人员对摄像头、云台、PLD、画面分割器、视频线和接插件进行检查	月	中心值班人员及 5G 综合基站监控责任人
	广播和语音告警	检查音箱和话筒,测试广播和语音告警	月	中心值班人员及 5G 综合基站监控责任人

项目	维护检测内容	维护检测要求	周期	责任人
监控系统	5G 综合基站前端设备现场管理	检查监控区域内所有 5G 综合基站设备和采集器等的布设、安装连接状况、线缆线标等是否准确	月	5G 综合基站监控责任人
	监控系统设备清洁	对 IDA 监控机架等进行清洁卫生	月	5G 综合基站监控责任人
数据量	低压柜	三相电压是否平衡? 市电频率是否波动频繁	季	中心值班人员及 5G 综合基站监控责任人
	ATS	开关状态,油机自启动功能检查	季	中心值班人员及 5G 综合基站监控责任人
	油机	启动电池电压不应低于额定电压,观察一下油机运行的各项参数(尤其是油位、油压和频率)	季	中心值班人员及 5G 综合基站监控责任人
	开关电源	整流器的模块的输出电流是否均流。观察一下直流输出电流和输出电压以及蓄电池总电压是否正常	季	中心值班人员及 5G 综合基站监控责任人
	UPS	UPS 输出的三相电压是否平衡,三相电流是否均衡,检查 UPS 的工作参数是否正确	季	中心值班人员及 5G 综合基站监控责任人
	交直流屏	三相电压是否平衡? 市电频率是否波动频繁,负载电流是否稳定正常	季	中心值班人员及 5G 综合基站监控责任人
	5G 综合基站空调	观察空调的温度设置和湿度设置是否合理,是否符合 5G 综合基站环境要求。风机及压缩机工作是否正常	季	中心值班人员及 5G 综合基站监控责任人
环境量	空调地湿及水浸	传感器是否能正常运行	季	中心值班人员及 5G 综合基站监控责任人
	5G 综合基站温度	传感器是否能正常运行,精度是否达到要求	季	中心值班人员及 5G 综合基站监控责任人
	门禁系统	门管理、卡管理和卡授权是否正确	季	中心值班人员及 5G 综合基站监控责任人
	红外告警	红外传感器能否准确告警	季	中心值班人员及 5G 综合基站监控责任人
其他	剩余非重要项目检测	按照硬件、软件功能测试对剩余非重要项目进行测试	年	中心值班人员及 5G 综合基站监控责任人

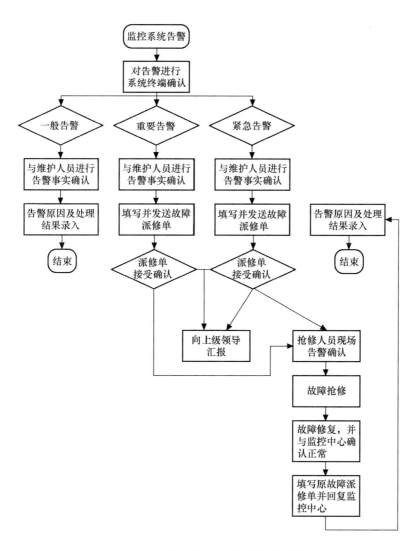

图 4.25　集中监控系统告警处理流程

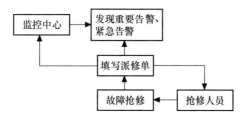

图 4.26　集中监控系统故障派修处理闭环

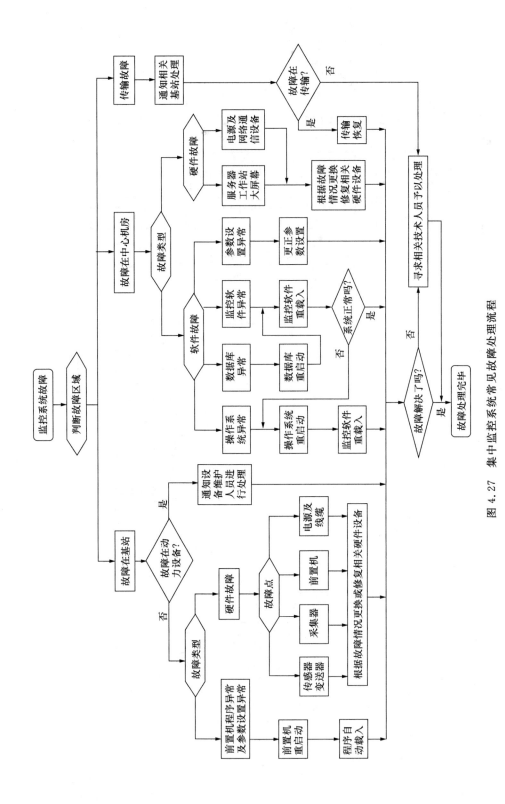

图 4.27 集中监控系统常见故障处理流程

4.3　5G 综合基站配套设备的调测

通信网络的正常运行,首先要求通信电源系统必须安全、可靠地运行。而供电网络的安全运行,归根结底是 5G 综合基站配套的电源等各种设备运行参数必须符合指标的要求,包括电压、电流、功率、功率因数、谐波、杂音电压、接地电阻以及温升等。所以为了使供电质量满足通信网络的要求,从而保证通信网络的良好运行,必须对这些设备的各种参数进行定期或不定期的测量和调整,以便及时了解 5G 综合基站配套设备的运行情况。

4.3.1　交流电压的测量

在供电系统中,交流供电是使用最普遍、获取最容易的一种供电方式,也是最重要的一种供电方式。电信企业对电源的不可用度有着严格的要求,重要的 5G 综合基站均要求实现一类市电供电方式。掌握交流电量参数的定义和测量方法是 5G 综合基站动力维护人员做好电力维护工作的基础,也是需要掌握的最基本的技能。

电流的方向、大小不随时间而变化的电流称为直流电流。大小和方向随时间而变化的电流称为交变电流简称交流电。常见的交变电流(即电厂供应的交流电)是按正弦规律变化的,称之为正弦交流电。交流电压又可分为峰值电压、峰—峰值电压、有效值电压和平均值电压等四种。

交流电压的测量通常使用万用表、示波器或交流电压表(不低于 1.5 级)。测量方法主要有直读法和示波器测量法。

(1) 直读法测量。根据被测电路的状态,将万用表放在适当的交流电压量程上,测试表棒直接并联在被测电路两端,电压表的读数即为被测交流电源的有效值电压。

以上方法适用于低压交流电的测量。对于高压电,为保证测试人员和测量设备的安全,一般采用电压互感器将高压变换到电压表量程范围内,然后通过表头直接读取。在电压测量回路中,电压互感器的作用类似于变压器。值得一提的是进行电压互感器的安装和维护时,严禁将电压互感器输出端短路。

常用的交流电压表和万用表测量出的交流电压值,多为有效值。通过交流电压的有效值,经过相应的系数换算,可以得到该交流电源的全波整流平均值、峰值和峰—峰值。表 4.8 中列出了各种交流电源的有效值、全波整流平均值、峰值和峰—峰值的转换关系,供测量电压时查阅。

表 4.8　交流电源电压转换系数表

交流电流	波　形	有效值	平均值	峰　值	峰—峰值
正弦波		$0.707U_m$	$0.637U_m$	U_m	$2U_m$

交流电流	波形	有效值	平均值	峰值	峰—峰值
正弦波全波整流		$0.707U_m$	$0.637U_m$	U_m	U_m
正弦波半波整流		$0.5U_m$	$0.318U_m$	U_m	U_m
三角波		$0.577U_m$	$0.5U_m$	U_m	$2U_m$
方波		U_m	U_m	U_m	$2U_m$

（2）示波器测量法。示波器测量法不但能测量到电压值的大小，同时也能观察到电压的波形，尤其能正确的测定波形的峰值及波形各部分的大小。对于测量某些非正弦波形的峰值或波形某部分的大小，示波器测量法就是必不可少的。用存储示波器测量电压时，不但可以利用屏幕上的光标对波形进行直接测量，而且还能在屏幕上显示测量数据。

用存储示波器测量电压时，不但可以利用屏幕上的光标对波形进行直接测量，并且能够将存储下来的波形复制到计算机中以便日后进行比较和分析。

用示波器可以测出交流电源的峰值电压或峰—峰值电压。如果需要平均值电压或有效值电压，可以通过表 4.9 给出的系数进行换算。

4.3.2　实训项目十九：直流电源峰—峰值杂音电压的测量

1. 实训目的

学会用数字式示波器测量系统的峰—峰值杂音并判断是否符合指标。

2. 主要实训器材

数字式示波器 1 台。

3. 实训内容与步骤

（1）数字式示波器面板键钮的功能（数字式面板键钮功能）。

（2）测量峰—峰值杂音电压的步骤。

① 检查机壳是否悬浮。

② 打开仪表电源开关、电源指示灯亮，预热约 20 分钟后即可进行稳定测试。

③ 自校。

④ 接线:并联在直配屏输出。

⑤ 调整 VOLTS/DIN(垂直灵敏度电压)和 SEC/DIV(扫描时间/光标的控制)旋钮,使屏幕显示合适波形。

⑥ 测量波形频率,要求一屏显示 300 Hz 以下完整分量。(可以调整 SEC/DIV 旋钮)

⑦ 存储波形。

⑧ 测量波形峰—峰值杂音电压幅度。

⑨ 判断:测得系统峰—峰值杂音电压<200 mV,为合格;否则为不合格(该指标指当系统为开关电源时,如系统为相控电源,则指标为<400 mV)。

(3) 注意事项

① 测量系统杂音时,由于所用仪表本身需要接市电,故应注意机壳悬浮。

② 测量衡重杂音和宽频杂音时,必须在测试线串接 10 μF /100 V 无极电容。

③ 如果测量系统杂音时,外界电磁干扰较大,在测试线并接 0.1 μF/100 V 无极电容。

(4) 思考题

① 如果在进行系统杂音测量时,没有机壳悬浮,会有什么严重的后果? 为什么?

② 峰—峰值杂音测量时,为什么要将波形调整至能在示波器显示屏上显示 300 Hz 以下的杂音分量?

(5) 完成实训项目十九报告:峰—峰值杂音电压测量。

实训项目十九报告:峰—峰值杂音电压测量

实训地点		时间		实训成绩	
姓名		班级		学号		同组姓名	
实训目的					
实训设备					
实训内容	1. 画出用示波器测量峰—峰值杂音电压的示意图。				
	2. 记录示波器测量通信电源直流电压的杂音电压。				
	3. 离散频率杂音电压的测量分四个频段,分别是 3.4～150 kHz(≤5 mV),50～200 kHz (≤3 mV), 200～500 kHz(≤2 mV),500 kHz～30 MHz(≤1 mV)。请你写出用频谱仪测量离散频率杂音电压的方法。				

写出此次实训过程中的体会及感想，提出实训中存在的问题	
评语	

4.3.3　实训项目二十:电池极柱温升的测量

1. 实训目的

(1) 学会用红外点温仪测量温升。

(2) 学会用万用表、钳形电流表测量直流回路压降,并判断是否符合要求。

2. 主要实训器材

(1) 红外点温仪 1 个。

(2) 数字式万用表 1 个。

(3) 钳形电流表 1 个。

3. 实训原理

1) 温升的测量

(1) 温升的定义及其影响。供电系统的传输电路和各种器件均有不可消除的等效电阻存在,线路和器件的连接也会有接触电阻存在。这使得电网中的电能有一部分将以热能的形式消耗掉。这部分热能使得线路、设备或器件温度升高。设备或器件的温度与周围环境的温度之差称为温升。

很多供电设备对供电容量的限制,很大程度上是由于对设备温升的限制,如变压器、开关电源、开关、熔断器和电缆等。设备一旦过载,会使温升超出额定范围,过高的温升会使得变压器绝缘被破坏、开关电源的功率器件烧毁、开关跳闸、熔断器熔断、电缆橡胶护套熔化继而引起短路、通信中断,甚至产生火灾等严重后果。所以 5G 综合基站动力维护人员对设备的温升值应该引起高度重视。通过对设备温升的测量和分析,可以间接地判断设备的运行情况。部分器件的温升允许范围如表 4.9 所示。

(2) 温升的测量方法。红外点温仪是测量温升的首选仪器。根据被测物体的类型,正确设置红外线反射率系数,扣动点温仪测试开关,使红外线打在被测物体表面,便可以从其液晶屏上读出被测物体的温度,测得的温度与环境温度相减后即得设备的温升值,图 4.28 所示为红外点温仪实物图。有些红外点温仪还可设定高温告警值,一旦温度超出设定值,点温仪便会给出声音告警。红外点温仪常见物体反射率系数如表 4.10 所示。

图 4.28　红外点温仪

表 4.9　部分器件温升允许范围

测　点	温升/℃	测　点	温升/℃
A 级绝缘线圈	≤60	整流二极管外壳	≤85
E 级绝缘线圈	≤75	晶闸管外壳	≤65
B 级绝缘线圈	≤80	铜螺钉连接处	≤55
F 级绝缘线圈	≤100	熔断器	≤80
H 级绝缘线圈	≤125	珐琅涂面电阻	≤135
变压器铁心	≤85	电容外壳	≤35
扼流圈	≤80	塑料绝缘导线表面	≤20
铜导线	≤35	铜排	≤35

表 4.10　红外点温仪常见物体反射率系数表

被测物	反射系数	被测物	反射系数
铝	0.30	塑料	0.95
黄铜	0.50	油漆	0.93
铜	0.95	橡胶	0.95
铁	0.70	石棉	0.95
铅	0.50	陶瓷	0.95
钢	0.80	纸	0.95
木头	0.94	水	0.93
沥青	0.95	油	0.94

注意事项：

① 被测试点与仪表的距离不宜太远,仪表应垂直于测试点表面。

② 仪表与被测试点之间应无干扰的环境。

③ 对测试点所得的温度以最大值为依据。

由于非接触式红外点温仪只能给出某一区域内的平均温度值,且无法显示热点。因此,在探测 5G 综合基站通信电源电气连接故障时,无法确定由于能源损失量或隔热情况而产生的故障隐患处。采用手持式红外热像仪探测,则可以瞬时生成热图像,即刻呈现检测结果,并能够快速评估损害程度,展开预防性维护。同时,利用操作简便的软件,创建报告、分析并记录检测结果。手持式红外热像仪实物图如图 4.29 所示。手持式红外热像仪测量出的某 5G 综合基站交流配电单元内电源线接头处红外热像图形如图 4.30 所示。

2）直流回路压降的测量

（1）直流回路压降的定义。直流回路压降是指蓄电池放电时,蓄电池输出端的电压与直流设备受电端的电压之差。

任何一个用电设备均有其输入电压范围的要求,直流设备也不例外。由于 5G 综合基站直流用电设备输入电压的允许变化范围较窄,且直流供电电压值较低,一般为－48 V,特别是蓄电池放电时,蓄电池从开始放电时的－48 V 到结束放电为止,一般只有 7 V 左右的压差范围。如果直流供电线路上产生过大的压降,那么在设备受电端的电压就会变得很低,此时即使电池仍有足够的容量（电压）可供放电,但由于直流回路压降的存在,可能造成设备受电端的电压低于正常工作输入电压的要求,这样就会使直流设备退出服务,造成通信中断。因此,为保证用电设备得到额定输入范围的电压值,电信系统对直流供电系统的回路压降进行了严格的限制,在额定电压和额定电流情况下要求整个回路压降小于 3 V。

图 4.29　手持式红外热像仪

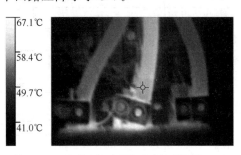

图 4.30　电源线接头处红外热像图形

整个直流供电回路,包括三个部分的电压降:

① 蓄电池组的输出端至直流配电单元的输入端,用 U_1 表示;

② 直流配电单元的输入端至直流配电单元的输出端,用 U_2 表示并要求不超过 0.5 V;

③ 直流配电单元的输出端至用电设备的输入端,用 U_3 表示。

以上三个部分压降之和应该换算至设计的额定电压 U_m 及额定电流 I_m 情况下的压降值,即需要进行恒功率换算。并且要求无论在什么环境温度下,总直流回路压降 U 都不应超过 3 V。

(2) 直流回路压降的测量。直流回路压降的测量可以选用 3 位半的数字万用表、钳形表,精度要求不低于 1.5 级。数字万用表用于测量三部分压降 U_1、U_2、U_3 及实际供电电压 U_o,钳形表用于测量实际供电电流 I。则用换算公式:

$$U = \frac{(U_1 + U_2 + U_3) \times I_m U_m}{I_o U_o} \tag{4-2}$$

得到总直流回路电压降 U;同理可得:直流配电单元内压降 U_2' 为

$$U_2' = \frac{U_2 \times I_m U_m}{I_o U_o} \tag{4-3}$$

下面以实际的例子说明直流压降的换算。

【例 4.1】设有直流回路设计的额定值为 48 V/2 000 A,在蓄电池单独放电时,实际供电的电压为 50.4 V,电流为 1 200 A,对三个部分所测得压降为 0.2 V,0.3 V 及 1.3 V,则在额定电压 48 V 及额定电流 2 000 A 工作时,其直流回路压降为

$$U = (0.2 + 0.3 + 1.3) \times (48 \times 2\,000) \div (50.4 \times 1\,200) = 2.853 \text{ V} < 3 \text{ V}$$

直流配电单元内压降为

$$U = 0.3 \times (48 \times 2000) \div (50.4 \times 1200) = 0.48 \text{ V} < 0.5 \text{ V}$$

因此,直流回路压降满足设计要求。

4. 实训内容与步骤

(1) 电池外观的检查。

(2) 电池极柱温升测量。

(3) 写出电池极柱温升测量步骤。

(4) 注意事项。

① 在测量温升时,应注意以下几点:

- 被测试点与仪表的距离不宜太远,并应垂直于测试点表面;
- 仪表与被测试点之间应无干扰的环境;
- 对测试点所得的温度以最大值为依据。

② 在测量接头压降时,在任何环境温度下都应满足该指标。

③ 在测量直流回路压降时,应确认测试在电池放电状态。

④ 正确使用仪表进行测量,并会通过换算鉴别数据是否符合设计指标。

(5) 思考题

① 什么是温升? 测量电源设备或元器件温升时有什么注意事项?

② 在进行直流系统输出回路压降测量时,考虑到蓄电池组放电端压变化的特点,我们可以采取什么措施?

(6) 完成实训项目二十报告:电池极柱温升的测量。

实训项目二十报告　电池极柱温升的测量

实训地点			时间		实训成绩	
姓名		班级		学号		同组姓名	

实训目的	
实训设备	

实训内容

1. 电池外观的检查。

2. 电池极柱温升测量。

		充电时总电流				放电时总电流							
极柱号		0/1	1/2	2/3	3/4	4/5	5/6	6/7	7/8	8/9	9/10	10/11	11/12
红外热像仪测电池极柱温度	充电时												
	放电时												
点温仪测电池极柱温度	充电时												
	放电时												
温升													
结论													

实训内容	充电时总电流					放电时总电流							
	极柱号	12/13	13/14	14/15	15/16	16/17	17/18	18/19	19/20	20/21	21/22	22/23	23/24
	红外热像仪测电池极柱温度 充电时												
	红外热像仪测电池极柱温度 放电时												
	点温仪测电池极柱温度 充电时												
	点温仪测电池极柱温度 放电时												
	温升												
	结论												

3. 写出电池极柱温升测量步骤。

指出实训过程中遇到的问题及解决方法	
写出此次实训过程中的体会及感想,提出实训中存在的问题	
评语	

4.3.4 实训项目二十一:电池极柱压降测量

1. 实训目的

学会用万用表和交直流钳形表测量电池极柱压降,并判断是否符合要求。

2. 主要实训器材

(1)四位半数字万用表1个。

(2)直流钳形电流表1个。

3. 实训原理

蓄电池组由多只单体电池串联组成,电池间的连接条和极柱的连接处均有接触电阻存在。由于接触电阻的存在,在电池充电和放电过程中连接条上将会产生压降,该压降称之为极柱压降。接触电阻越大,充放电时产生的压降越大,结果造成受电端电压下降而影响通信,其次造成连接条发热,产生能耗。严重时甚至使连接条发红,电池壳体熔化等严重的安全隐患。因此需要在电池安装完成以及平时维护中对电池组的极柱压降进行定期的测量。

根据信息产业部发布的《通信用阀控式密封铅酸蓄电池》的相关要求,蓄电池按 1 h 率电流放电时,整组电池每个极柱压降都应小于 10 mV。在实际直流系统中,如果蓄电池的放电电流不满足 1 h 率时,必须将测得的极柱压降折算成 1 h 率的极柱压降,然后再与指标要求进行比较。

极柱压降过大,可能是由于极柱连接螺丝松动,或者连接条截面过小所至,当极柱压降不能满足要求时,需根据实际情况进行调整,或拧紧电池连接条。

极柱压降的测量需要直流钳形表、四位半数字万用表,极柱压降必须在相邻两个电池极柱的根部测量,如图 4.31 所示。

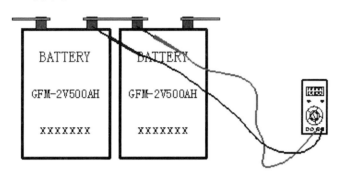

图 4.31　电池极柱压降的测量

【例 4.2】有一组 48 V/500 Ah 的电池组,在对实际负载放电时的电流为 125 A 时,测量每两个电池根部间的连接压降,其最大的一组为 4.8 mV。试分析极柱压降是否满足要求?

我们知道 1 h 率放电电流 $I_1 = 5.5 \times I_{10} = 5.5 \times 50 = 275$（A）,则 1 h 率放电时的极柱压降为

$$\Delta U = \frac{I_1}{I_c} \times 4.8 = \frac{275}{125} \times 4.8 = 10.6 \text{（mV）}$$

因为 $\Delta U = 10.6$ mV > 10 mV,所以极柱压降不合格。

4. 实训内容与步骤

(1) 调低整流器输出电压或关掉整流器交流输入,使电池向负载放电。

(2) 几分钟后(待电池端电压稳定后)测放电电流及每两个电池间的极柱间连接压降,并选出压降最大的一组。测量时,必须是在两个电池的根部。

(3) 判断:极柱压降 < 10 mV 为合格;否则为不合格。

(4) 注意事项

① 确认测试在电池放电状态。

② 测点要准确,必须在相邻两个电池极柱的根部。

③ 正确使用仪表进行测量,并会通过换算鉴别系统内某个压降数据是否符合设计指标。

(5) 思考题

① 为什么要测量电池极柱压降? 又是如何进行操作测量的?

② 测量电池极柱压降时为什么要关掉整流器让蓄电池组单独放电?

（6）完成实训项目二十一报告：电池极柱压降测量

实训项目二十一报告　电池极柱压降测量

实训地点			时间		实训成绩	
姓名		班级	学号		同组姓名	

实训目的	
实训设备	

实训内容

1. 电池极柱压降测量的标准是什么？

2. 电池极柱压降测量

极柱号		1/1	2/1	3/1	4/1	5/1	6/1	7/1	8/1	9/1	10/1	11/1	12/1
极柱压降	静态时												
	放电时												
放电时总电流													
极柱号		1/2	2/2	3/2	4/2	5/2	6/2	7/2	8/2	9/2	10/2	11/2	12/2
极柱压降	静态时												
	放电时												
放电时总电流													
1 h 率放电时极柱压降 ΔU													
极柱号		13/1	14/1	15/1	16/1	17/1	18/1	19/1	20/1	21/1	22/1	23/1	24/1
极柱压降	静态时												
	放电时												
放电时总电流													
极柱号		13/2	14/2	15/2	16/2	17/2	18/2	19/2	20/2	21/2	22/2	23/2	24/2
极柱压降	静态时												
	放电时												
放电时总电流													
1 h 率放电时极柱压降 ΔU													
结论													

3. 蓄电池在维护过程中的注意事项都有哪些？

指出实训过程中遇到的问题及解决方法	
写出此次实训过程中的体会及感想,提出实训中存在的问题	
评语	

4.3.5　蓄电池组的测量

1. 电池室环境对电池的影响

由于蓄电池充放电过程实际是电化学反应的过程,周围环境的温度对其影响非常明显。不同的温度情况下它的内阻及端电压将发生变化,在相同浮充电压情况下它的浮充电流不同。

例如:一组电池浮充电压均为 2.25 V。

环境温度为 20～22 ℃时,浮充电流约 34 mA/100 Ah;

环境温度为 34～36 ℃时,浮充电流约 105 mA/100 Ah;

环境温度为 40～45 ℃时,浮充电流约 300 mA/100 Ah。

即温度越高,浮充电流越大。电池室温度一般要求控制在 25 ℃,浮充电压为 2.25 V,浮充电流在 45 mA/100 Ah 左右。为了能控制这一电流值,在不同温度时开关电源应能自动调整浮充电压,即要求开关电源具有输出电压的自动温度补偿功能。环境温度每升高 1 ℃,每个单体浮充电压降低 3 mV,反之则亦然。需要指出的是,电池浮充电压温度补偿范围一般限制在 3～38 ℃之间。超出这一范围时,浮充电压不再继续升高或降低。

另外,由于阀控电池的排气阀的打开与关闭决定于电池壳体内外的气压差。如果电池所使用的地区气压较低,则充电时容易造成电池排气阀在电池内部压力相对较低时便自动打开,从而引起电池失水,容量下降。因此,当使用地区气压较低时,蓄电池组应降低容量来使用。

2. 蓄电池组容量的测量

蓄电池组所有的技术指标中,最根本的指标为电池容量。对常规指标的测量其最终目的是为了直接或间接地监测电池容量、维持电池容量。电池维护规程中规定,如果电池容量小于额定容量的 80% 时,该电池可以申请报废。否则当电池容量不足,且维护人员对该电池的性能没有明确了解时,一旦交流停电就很容易造成通信网络供电中断事故。

对于密封阀控电池,除了测量电池端电压外,目前只能通过放电才能知道它的容量大小。虽然有厂家推荐用电导仪测量电导来推算电池容量,但发现误差大并且不稳定。

电池容量的检测方式根据电池是否与直流系统脱离可以分成离线式和在线式。根据放电时放出容量的多少,可以分成全放电法、核对性容量试验法和单个电池(标示电池)核对性容量试验法。根据直流供电的实际情况两者可以灵活组合,得到离线式全容量测试、离线式核对性容量测试、在线式全容量测试以及在线式核对性容量测试等方法。

蓄电池组容量的测量最常用的工具仪表是直流钳形表、四位半数字万用表和恒流放电负载箱、计时器和温度计等。仪表精度应不低于 0.5 级。如果进行标示电池核对性容量试验,则需要单体电池充电器。最近几年推出的蓄电池容量测试仪配置有测试所需的整套装备,包括负载箱、电流钳、单体电压采集器、容量测试监测仪以及相应的电池容量分析软件。蓄电池容量测试仪可以保证电池恒流放电,同时可以通过设定放电时间、电池组总电压下限、单体电压下限和放电总容量等参数来保证电池放电的安全性。配合容量分析软件,可以提供放电时各单体电池的电压特性比较曲线、放电电流曲线、总电压曲线、单体与平均电压曲线和单体电池容量预估图等。尽管进行核对性容量试验时,蓄电池容量测试仪最后提供的单体电池容量分析结果并非十分精确,但该仪器对电池容量的测试可以提供极大的便利和帮助。图 4.32 为蓄电池放电容量测试仪实物图。

图 4.32　蓄电池放电容量测试仪

(1) 离线式全容量测试。离线式全容量测试一般适用于新安装的电池,并且直流系统尚未带载的设备,即使交流停电,也不会对网络造成严重影响。全容量放电试验是最准确的一种测试方法。需要进行全容量放电试验时,应该事先根据电池厂家的要求,对电池进行必要的均充或一定时间的浮充。

具体的测量步骤如下:

① 将充满的蓄电池组脱离供电系统并静置 10～24 h。

② 开始放电前检查开关电源、交流供电和油机发电机组是否正常。

③ 测量蓄电池组的总电压和单体电池电压、周围环境温度,接好负载箱。如果采用蓄电池容量测试仪进行电池容量测量,则正确连接容量测试仪,设置各项放电控制参数。

④ 打开负载,让蓄电池开始放电,记录放电开始时间。放电时尽量控制放电电流保持平稳。

⑤ 放电期间应持续测量蓄电池组的总电压、各单体电压和放电电流,测量时间间隔为:10小时率放电每隔 1 小时记录一次,3 小时率放电每隔 0.5 小时记录一次,1 小时率放电每隔10min 记录一次。

⑥ 采用电池容量测试仪进行测量时,容量测试仪能够自动记录放电时间、放电电流和电池电压等参数。此时操作人员需要用钳形表与万用表测量放电电流和电池电压,并与容量测试仪进行比较,以判断容量测试仪的测量精度。

⑦ 通过多次测量,找出电压最低的两只电池作为标示电池。标示电池应作为重点观察对象。

⑧ 放电接近末期时要随时测量电池组的总电压和单体电压,特别是标示电池的端电压。一旦有电池端电压达到放电终止电压,则立即切断电源,记录放电终止时间(放电终止电压的确定参见表 4.11)。

⑨ 放电结束后,蓄电池静止 20 min 后,电池电压一般可以回升到 48 V 以上。

调整直流系统输出电压,使直流系统与蓄电池组电压偏差在 1 V 以内,将该组电池重新接入直流系统。

根据电池要求,正确设置开关电源参数,对电池组进行均充。待电池充电完成后再进行第二组电池容量的测试。

根据测量数据进行电池容量的核算。

如果放电电流较为平稳,则放电电流乘以放电时间即为蓄电池组的实测总容量。

$$C_{\mathrm{r}} = I \times t \qquad (4\text{-}4)$$

式中:C_r——蓄电池测试容量,单位为安时(Ah);

　I——蓄电池放电电流,单位为安培(A);

　t——蓄电池总放电时间,为结束时间减去开始时间,单位为小时(h)。

如果每次测量时放量电流有较大波动,为减少电池容量的计算误差,应改用下式计算电池的实测容量:

$$C_r = \sum_n I_n \times t_n \tag{4-5}$$

式中:C_r——蓄电池测试容量,单位为安时(Ah);

　I_n——各次测量得到的蓄电池放电电流,单位为安培(A);

　t_n——测量时间间隔,单位为小时(h)。

最后根据蓄电池放电率及放电时的环境温度,将实测容量按下式换算成 25 ℃时的容量:

$$C_e = \frac{C_r}{\eta[1 + K(t - 25)]} \tag{4-6}$$

式中:t——放电时的环境温度;

　K——温度系数,10 小时率放电时 $K = 0.006/℃$,3 小时率放电时 $K = 0.008/℃$,1 小时率放电时 $K = 0.01/℃$;

　η——蓄电池有效放电容量(见表 4.11);

　C_r——试验温度下的电池实测容量;

　C_e——电池组额定容量。

【例 4.3】一电池组额定容量为 500 Ah,按全放电法测电池容量,测得实际放电时电流为 73 A,此时电池室温度为 20 ℃,当放电 5 h55 min 时,测得一组电池中最低一个电池(标示电池)端电压为 1.8 V,立即停止放电,恢复整流器供电。试核算该电池组的容量。

实际放电容量:

$$C_r = I \times t = 73 \times (5 + 55/60) = 432 \text{ Ah}$$

查表 4.11 可得电池组进行的是 6 小时率的放电,有效放电容量 $\eta = 87.6\%$,环境温度为 20 ℃。将数据带入上式得:

$$C_e = \frac{C_r}{\eta[1 + K(t - 25)]} = \frac{432}{0.87[1 + 0.007(20 - 25)]} = 514 \text{ Ah}$$

因为 514 Ah>(500 Ah × 80%),所以该组电池的容量合格。

蓄电池组进行离线式全容量测试准确性较高,但是安全性较差。在线式电池容量放电试验,虽然安全性较高,但是在多组电池同时进行放电时,如果各组电池的性能差异较大,则相互间放电电流会有较大的差别。对于性能较差的一组电池,其放电电流小于其他电池组。又由于各组电池并联工作,相互间总电压相同,因此该电池组虽然性能较差,但是单体电池电压的变化相对而言比较均匀,这造成了落后电池不容易被发现。当然最后可以通过各组电池的放电电流大小以及实际放出的容量来判断该组电池的性能好坏,只是可能会出现较大的误差。

如果为了准确找出标示电池并测量电池组容量,对在线使用的蓄电池组进行离线式容量测量时,以下两点需要引起注意。

第一,如果只有一组蓄电池,在离线测量时一旦交流供电中断,会立即造成通信设备停电事故。因此这种情况下只能采用在线式核对性容量试验,不允许进行离线测试。

第二,如果有两组以上蓄电池并联工作时,可以将其中一组蓄电池脱离直流系统进行容量测试,其余电池仍然在线工作。这样即使交流停电,可以由在线工作的蓄电池来保证通信设备的供电,以免网络瘫痪。但在蓄电池组数较少,特别是一共只有两组蓄电池时,下面几点仍然值得注意。

① 一旦交流停电,此时负载电流将全部由其余的在线蓄电池组承担,因此进行离线测量时必须首先测量负载电流,并判断各电池组连接电缆、熔丝能否承受该负载电流,能承受多长时间,该时间段内油机能否成功启动等。

② 进行 1/3 容量核对性试验,放电结束电池终止电压可达到 48 V(单体电压为 2.0 V),停止放电后将该电池组放置一段时间,总电压可以上升到 50 V。待电池电压稳定后,通过调低整流器输出电压与电池电压偏差小于 1 V 时才将该电池重新投入直流系统。

(2)核对性容量试验。在实际操作中,对于性能比较接近的电池组一般采用在线式核对性容量测试。核对性容量试验通常按 3 小时率的放电电流进行 1 小时放电,即放出电池总容量的 1/3 左右。电池放电结束时,将各单体电池端电压与厂家给出的 3 小时率标准放电曲线(或电池端电压参数表)进行对比,若曲线下降斜度与原始曲线基本接近,说明该电池的容量基本不变,如果电池放电曲线斜率明显比标准曲线陡,即放电终止时电池端电压明显低于标准参数,则说明电池容量变化明显。但整组电池的实际容量只能靠维护人员的维护经验进行估测,或通过蓄电池容量测试仪进行估测,误差相对较大。

由于核对性容量测试只放出部分容量(一般为 30%~40%),即使放电结束时交流停电,电池组仍然有 60% 以上的容量可供放电,因此较为安全。核对性容量试验要求对电池进行大电流(5 小时率以上)放电,不然电压变化缓慢,不易分辨,并要求有原始的放电电压变化曲线才能对容量进行核对。

测量方法与步骤如下:

① 检查市电、油机和整流器是否安全、可靠。记录电池室温度。

② 检查当前直流负载电流,如果负载电流过小,则接上直流负载箱并进行相应的设定,使总放电电流超过 5 小时率放电电流的要求。

③ 调低整流器输出电压为 46 V,由电池组单独放电。记录放电开始时间。

④ 测量电池放电电流,核算放电电流倍数。

⑤ 测各电池端电压,经过数次测量找出标示电池。

⑥ 当放电容量已达电池额定容量的 30%~40%,或者整组电池中有一个电池(标示电池)端电压到达 1/3 放电容量的电压值时,停止放电,恢复整流器供电并对电池组进行均充,记录放电终止时间。

⑦ 绘出放电电压曲线,与标准曲线进行比较,估算容量。

蓄电池组容量的估算非常复杂,影响电池容量估算的因素很多,很难做到准确估算。进行放电容量试验时,简单的容量估算可以按照以下方式进行:首先根据放电电流和表 4.11 的参数,估算放电小时率 h,如果放电电流与表 4.11 中提供的数据不能准确对应,则在相邻的放电率参数间进行适当的调整。如放电电流为 $2.3I_{10}$ 时,可以取放电率 h 为 3.5。其次是根据电池放电的终止电压,核查该电压在厂家提供的放电曲线中的放电时间 t_0(单位为 h)。

$$C_g = C_r \times h \div t_0 \div \eta \tag{4-7}$$

式中:C_g——电池组估测容量;

C_r——电池组至放电结束时的实测容量;

h——电池放电小时率,如果放电电流不是标准的放电率,则按比例在相邻的放电率间调整,如表 4.11 所示;

η——该放电率下电池的有效放电容量,如表 4.11 所示。

如果放电试验时环境温度不为 25 ℃,则还要进行电池容量的折算,方法前面已述。

【例 4.4】某组电池额定容量为 1 000 Ah,原始 3 小时率放电电压变化曲线(室温 25 ℃)如图 4.33 所示。现作核对性部分容量(30%)放电试验。实际放电电流 250 A,放电时室内温为 27 ℃。当放电 48 min 时,标示电池电压值为 2.000 V,停止放电恢复整流器供电,分析放电特性。

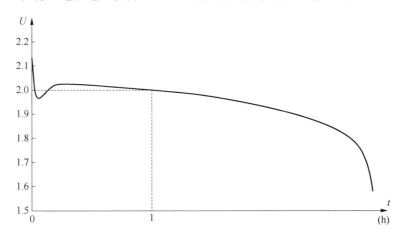

图 4.33　电池 3 h 放电原始曲线

根据原始放电曲线,进行 3 小时率放电,放电 1 h 端电压应该为 2.000 V,250 A 的放电电流刚好为 3 小时率放电。现在放电时间为 48 min 最低端电压即达到 2.000 V,因此可得:$h=3$,$t_0=1h$,$\eta=75\%$(查表 4.11),

$$C_r = I \times t = 250 \times 48/60 = 200 \text{ Ah}$$

$$C_g = C_r \times h \div t_0 \div \eta = 200 \times 3 \div 1 \div 0.75 = 800 \text{ Ah}$$

$$C_{10} = C_g/[1 + K(t-25)] = 800/[1 + 0.008(27 - 25)] = 787 \text{ Ah}$$

通过估算公式,该电池组容量 C_{10} 约为 787 Ah,根据工信部规定,电池容量低于额定容量的 80% 时可以报废,所以该电池已经报废。

3. 标示电池核对性容量试验

最安全的电池容量测试方法是单个电池(标示电池)的放电检测,因为一组电池的容量大小决定于整组中容量最小的那个电池,即标示电池的容量。因此,可以通过对标示电池单独进行容量检测来判断整组电池的容量。具体的测试可以用全容量试验或核对性容量试验。

由于测试是对单个电池进行放电,放电时,标示电池的端电压将从浮充时的 2.25 V 降低到放电结束时的 2.00 V,即降低 250 mV,而整个直流系统浮充电压不变。因此其他浮充电池的平均端电压约上升 10 mV/个,但浮充电流的变化只是 mA/Ah 级,测试误差可忽略不计。而在标示电池充电时,其他电池的平均端电压约降低 10 mV/个,也不会影响−48 V 的供电系统。需要说明的是,电池放电接近结束时如果交流供电中断,则电池组向负载供电的过程中可能造成标示电池过放电,从而造成该电池出现反极现象。

测量方法与步骤如下:

① 检查市电、油机、整流器,保证交流供电安全、可靠。

② 将单体电池负载箱接入标示电池两端,进行恒流定时放电。记录放电开始时间、放电电流及标示电池电压。

③ 待放电至规定端电压时,停止放电。用单体电池充电器对标示电池充电。

④ 分析所测数据与原始值比较,方法同核对性容量试验。

电池放电率与放电容量如表 4.11 所示;环境温度对电池放电容量的影响如表 4.12 所示;各品牌电池工作参数如表 4.13 所示。

表 4.11　电池放电率与放电容量

放电率	电池有效放电容量($\eta = $%)		放电电流	终止电压/V
	防酸式	阀控式		
1	5l.4	55.0	$5.140I_{10}$	1.75
2	61.1	61.0	$3.055I_{10}$	1.80
3	75.0	75.0	$2.500I_{10}$	1.80
4	80.0	79.0	$2.000I_{10}$	1.80
5	83.3	83.3	$1.660I_{10}$	1.80
6	87.6	87.6	$1.460I_{10}$	1.80
7	91.7	91.7	$1.310I_{10}$	1.80
8	94.4	94.4	$1.180I_{10}$	1.80(1.84)
9	97.4	97.4	$1.080I_{10}$	1.80(1.84)
10	100	100	$1.000I_{10}$	1.80(1.85)
20	110	110	$0.550I_{10}$	1.80(1.86)

注:()中的电压为第 6 次循环后至电池保证寿命中期进行容量测试时应达到的终止电压。

表 4.12　环境温度对电池放电容量的影响

温度/℃	-40	-30	-20	-10	0	10	20	30	40	50
电池有效容量/%	12	28	43	57	72	85	96	103	105	

表 4.13　各品牌电池工作参数

规范值	GNB	南都	华达	双登	灯塔	光宇
2.23～2.28 V	2.25/节(54)	2.23V 节(53.5)	2.25V/节(54)	2.25V/节(54)	2.25V±0.0225 V	2.25V/节
2.30～2.35 V	2.35V(56.4)	2.35V/节(56.4)	2.35V/(56.4)	2.35V/(56.4)	2.35V/节	不需要
$0.1C_{10}$	$0.1C_{10}$	$0.1C_{10}$	$0.125-0.2C_{10}$	$0.15C_{10}$	$0.1C_{10}$	$0.1～0.2C_{10}$
2.38V/cell	2.38V/cell	2.38V/cell	2.38V/cell	2.38V/cell	2.38V/cell	
45V,高于 LVDS 脱离电压	45.6V	46V	45.6V	46V	45V	
3mV/cell	5.5mV/cell	3mV/cell	3mV/cell	3mV/cell	4mV/cell	3mV/cell
35℃	35℃	35℃	35℃	35℃	35℃	
44V/22V 综合放电率	44V 1.83V/节	44V 1.83V/节	44V 1.83V/节	44.5V 1.85V/节	44V 1.83V/节	
47V/23.8V 考虑回路压降	47V/23.8V 1.95V/节	47V/23.8V 1.95V/节	47V/23.8V 1.95V/节	48V	47V/23.8V 1.95V/节	

续　表

规范值	GNB	南都	华达	双登	灯塔	光宇
720 h	1 年	90 天	5G 综合基站 半年交换 1 年	5G 综合基站 2 个 月机房 6 个月	90 天	
l～10h	2.35V/12h	10h	12h	$0.15C_{10}$/10h	10h	
放出 20% 以上容量	一般设:20% 停电频繁设:0%	20%	5%	0%	20%	
1～10 h	12 h	10 h	12 h	15 h	10 h	
50 mA/Ah	50 mA/Ah	100 mA/Ah	30 mA/Ah	50 mA/Ah	50 mA/Ah	
3 h	3 h	3 h	3 h	3 h	3 h	
5 mA/Ah	10 mA/Ah	5 mA/Ah	10 mA/Ah	5 mA/Ah	5 mA/Ah	
≥120%	120%	120%	100%	120%	120%	
25	25	25	25	25	20	25
先串后并	先串后并					
小于额定 容量的 80%	小于额定 容量的 80%					
50 mV/20 mV	10 mV/5 mV	50 mV/20 mV	50 mV/20 mV	50 mV/20 mV	50 mV/20 mV	

注:① 以上各参数除灯塔中心温度为 20 ℃,其余各电池厂家中心温度均为 25 ℃。

② 设备开通时应以电池端电压为标准浮充电压,即开关电源设置浮充电压后再加上线路压降。

③ 温度补偿探头放在通风最差,环境最恶劣的部位。

4.4　5G 综合基站配套设备巡检与维护

1. 顶铁塔、支撑杆部分

1)铁塔基础部分

(1)检查地脚锚栓是否松动缺失(塔脚混凝土包封完好的无须检查)。

(2)检查地脚锚栓是否被拔出。

(3)检查塔脚是否包封或包封不符合要求。

(4)检查塔脚底板是否与基础面接触良好。

2)塔体(包括室外走线架)

(1)检查构件有无被盗、丢失情况。

(2)检查构件有无明显弯曲、扭曲变形情况。

(3)检查主要焊缝有无开裂情况和开裂位置。

(4)检查螺栓及螺母有无被盗、丢失情况。

(5)检查天线横担是否安装牢固、位置是否水平。

(6)检查危险标志牌是否丢失、安装是否牢固。

(7)检查室外走线架与楼板或墙体连接螺栓是否有松动情况。

(8)检查室外走线架与楼板或墙体螺栓连接处的楼板或墙是否有明显的裂缝。

(9)检查全塔构件是否有生锈情况、镀锌层或涂料防锈层有无局部破损情况。

(10)检查焊缝有无生锈情况。

2．5G 综合基站天馈线

（1）检查天馈线外观，是否有破损或移位（被风刮歪、刮倒等），支撑杆或横杆是否牢固，有无断裂弯折生锈，如发现应及时修正。

（2）检查 5G 综合基站天线周围环境是否发生变化，是否发现大型阻挡物等，如发现应及时处理并通知主管部门。

（3）检查走线梯、走线槽、避雷针及铁塔等是否牢固或生锈，及时修补（如紧固螺栓）并做好防锈、固封处理。

（4）检查馈线接头、避雷接地线是否良好，更换老化或变质的防水胶布、胶泥。

（5）是否有高压电线、广播电视线或电信光缆与馈线搭线交越现象，如有发现应及时通知主管部门。

（6）对宏站设备，每年在主设备机柜顶射频馈线接口处用测试仪表对接收天馈线驻波比进行测试，原始数据应保存在计算机中。正常范围：驻波比小于 1.5。

（7）测量天线的经纬度、高度、方向角和下倾角，如与纪录不一致，应提交主管部门核实。

3．防雷部分

（1）检查防雷地网是否被人破坏。

（2）检查铁塔、通信杆、支撑杆是否与防雷地网有效连接。

（3）检查避雷针保护角是否大于 45°。

（4）检查避雷针与防雷引下线之间的焊接是否牢固、有生锈、绝缘现象。

（5）检查防雷引下线与塔体连接是否牢固、有无松动现象。

（6）检查防雷引下线与接地扁铁之间的连接是否牢固、绝缘。

（7）检查防雷引下线是否丢失。

4．机房环境与照明

（1）5G 综合基站基础部分。

① 检查机房基础是否下沉、滑移，或有杂草、易燃物品等安全隐患。

② 检查机房基础周围土体有无出现滑坡情况。

③ 检查机房基础上有无地面塌陷、开裂。

④ 检查机房周围有无积水情况。

⑤ 检查机房天面楼板是否有明显裂缝或楼板有渗水现象。

（2）检查机房内：设备是否整洁，清洁地面、墙壁、设备上的污物及灰尘，有条件的 5G 综合基站要求地面及窗台必须用湿布抹洗。清洁设备必须带上防静电保护套，馈线及密封口及走线架上跳线为死角，每次清洁时不能遗漏，注意保护好设备，不能损坏设备。

（3）检查机房天面、墙壁、馈线孔、空调孔、门窗是否漏水或渗水，一旦发现应及时处理，并通知主管部门。

（4）保证应急灯、室内照明系统、电源插座正常。

（5）检查门窗、门锁、室外防盗网及门禁系统，如有损坏或故障应及时处理，做到防火、防盗，保证机房安全。

（6）检查机房温、湿度是否正常，如异常应立即处理，并通知主管部门。正常范围：温度 31 ℃以下，湿度 15%～80%。

（7）检查温度、湿度、烟感、水浸、门控等告警探头及安防设备是否工作正常。在检测前通知监控中心开始检测，在检测后通知监控中心结束检测。

(8) 检查机房内是否有杂物堆放,是否有外单位设备。

(9) 检查通信设施运行、维护中噪声是否异常或超标,是否有异味产生。

(10) (半年检)灭火器摆放位置及是否过期,做好灭火器使用日期纪录,过期的应及时更换。

5. 设备标签

(1) 检查设备标签是否正确齐全。

(2) 检查固定资产条型码是否正确齐全。

6. 5G 综合基站动力系统

(1) 变压器:周围环境是否有安全隐患,设备外观是否正常,接地是否正常,检查从变压器进入机房的室外电力接入线路及其接地。

(2) 开关电源:浮充电压、均充电压是否正常,三相输出,母排是否松动,检查告警指示、显示功能;接地保护线检查;检查继电器、断路器、风扇是否正常;负载均分性能是否正常;测量直流熔断器压降或温升;清洁设备。正常范围:参照不同厂家的浮充电压和均充电压要求进行检查,一般浮充电压 2.23～2.25 V,均充电压 2.30～2.35 V。

(3) 蓄电池外观检查:①检查连接处有无松动、腐蚀现象;②检查电池壳体有无渗漏和变性;③检查极柱、安全阀周围是否有酸雾酸液逸出;④清洁表面。

(4) 检查电源系统告警是否工作正常,包括市电、高压、低压、熔丝、整流器故障、避雷器失效等。在检测前通知监控中心开始检测,在检测后通知监控中心结束检测。

(5) 防雷接地:检查地线是否被盗,检查地线焊接处是否生锈,脱焊等情况,检查电表处是否正常接地。

(6) 测量各电池端电压,用电导/内阻仪测试蓄电池电导/内阻值。正常范围:与整组平均值和电池组标称值作对比,超过 30% 为异常。

(7) 【年检】根据相关维护管理规定,对有需要的蓄电池组做核对性放电测试。

7. 5G 综合基站空调

(1) 检查空调故障告警情况,如有告警,应纪录告警代码并及时处理。

(2) 检查机组各部件外观有无损坏或异常,压缩机是否有异常响声或其他异常现象,检查设定温度、制冷效果、排水情况、风机风扇是否运转、室外机散热是否良好等情况。正常范围:设定温度 28 ℃,出风口及回风口温度差在 8～12 ℃。

(3) 检查空调电源系统、接地是否正常。

(4) 检查室内、室外机安装是否牢固,加固装置有无生锈腐蚀现象。

(5) 检查自启动功能或装置是否正常。

(6) 检查空调高低压压力,压力不足应及时补充制冷剂。正常范围:高压在 15～17 kg,低压在 4～4.5 kg。

(7) 空调整机清洁,对空调的室内机(含滤网)和室外机进行清洗。

8. 5G 综合基站主设备清洁、防尘网清洁

(1) 5G 综合基站主设备是否正常运行(根据指示灯),设备供电是否正常,设备是否有告警,外围告警是否接触良好。

(2) 5G 综合基站主机架是否缺少挡板,缺少挡板类型及数量应及时通知主管部门。

小　结

　　所谓"接地"是将电气设备或通信设备中的接地端子,通过接地装置与大地作良好的电气连接,达到降低危险电压和防止电磁干扰的目的。接地装置的接地电阻,一般是由接地引线电阻,接地体本身电阻,接地体与土壤的接触电阻以及接地体周围呈现电流区域内的散流电阻四部分组成。其中影响最大的是接触电阻和散流电阻。距离接地体越远,接地的对地电压越小、接触电压越大、跨步电压越小。通信电源接地系统,按带电性质可分为交流接地系统和直流接地系统两大类;按用途可分为工作接地系统、保护接地系统和防雷接地系统。目前普遍采用联合接地系统,使 5G 综合基站内的所有接地系统联合组成低接地电阻值的均压网。

　　雷电的危害越来越被重视,雷击分为两种形式:感应雷与直击雷。常见的防雷元器件有接闪器、消雷器和避雷器三类,其中金属氧化物避雷器(MOA)由于其理想的阀阻特性和防雷性能已被广泛用作低压设备的防雷保护。

　　5G 综合基站动力及与环境集中监控管理系统是通过对通信电源系统及 5G 综合基站环境进行遥测、遥信和遥控,实时监视系统和设备的运行状态,记录和处理监控数据,及时监测故障并通知维护人员处理,从而达到少人或无人值守,提高供电系统的可靠性和 5G 综合基站通信设备的安全性。5G 综合基站动力及与环境集中监控管理系统的功能可以分为监控功能、交互功能、管理功能、智能分析功能以及帮助功能等五个方面。监控系统常用传感器有温度传感器、湿度传感器、湿度敏感器件、感烟探测器、红外传感器和液位传感器等。大多数故障都是通过监控系统告警信息发现,告警信息按其重要性和紧急程度分为一般告警、重要告警和紧急告警。在日常的 5G 综合基站集中监控系统使用,即是对监控系统软件各项功能的操作和使用,要求能正确理解监控系统各项功能,掌握对监控系统的正确、熟练的操作和使用方法。

　　5G 综合基站的正常运行,主要是 5G 综合基站配套设备的运行参数应符合指标的要求,因此必须对 5G 综合基站配套设备的各种参数进行定期或不定期地测量和调整,调测的内容有以下几点:一是交流参数指标的测量,二是温升、压降的测量,三是直流电源杂音的测量,四是电源设备性能测试,五是蓄电池组的测量,六是油机发电机组的测量,七是 5G 综合基站空调的测试,主要的测试包括制冷系统工作时的高压低压、空调运行时各种工况下的工作电流。

　　5G 综合基站配套设备巡检与维护内容包括:顶铁塔、支撑杆部分,5G 综合基站天馈线,防雷部分,机房环境与照明,设备标签,5G 综合基站动力系统,5G 综合基站空调,5G 综合基站空调,这些内容要求必须掌握。

习　题

一、填空题

　　1. 所有接地体与接地引线组成的装置,称为_____,把接地装置通过接地线与设备的接地端子连接起来就构成了_____。

　　2. 接地装置的接地电阻,一般是由接地_____电阻、接地体_____电阻、接地体与土壤的_____电阻以及接地体周围呈现电流区域内的_____电阻四部分组成。

3. 通信电源接地系统,按带电性质可分为_____接地系统和_____接地系统两大类。

4. 通信电源接地系统的防雷接地系统中又可分为_____防雷和_____防雷。

5. 交流接地系统分为交流_____接地和交流_____接地。

6. 根据我国《低压电网系统接地形式的分类、基本技术要求和选用导则》的规定,低压电网系统接地的保护方式可分为:_____系统(TN 系统)、_____系统(TT 系统)和_____系统(IT 系统)三类。

7. 按照性质和用途的不同,直流接地系统可分为直流_____接地和直流_____接地两种。

8. 常见的 5G 综合基站防雷元器件有_____器和_____器。

9. 5G 综合基站动力及环境监控系统的监控对象包括 5G 综合基站_____电源、_____等动力设备,以及 5G 综合基站的_____量。

10. 监控系统采用逐级汇接的结构,一般由_____中心(PSC)、_____(SC)、_____(SS)、_____(SU)和_____(SM)构成。

11. 监控系统告警信息按其重要性和紧急程度划分为_____告警、_____告警和_____告警。

12. 当监控值班人员发现告警后,应立即进行确认,并根据告警等级和告警内容进行分析判断并进行相应处理—派发_____。

13. 交流电压的测量通常使用_____表、_____器或_____电压表。

14. 交流电流的测试一般选用精度不低于 1.5 级的交流_____表、_____表或_____表。

15. 交流电压的频率及稳定精度应在规定的交流负荷变化范围内测量,其常用主要测量仪表有_____计、_____分析仪、通用_____器等。

16. 直流电源的杂音测量应在直流配电单元的_____端,整流设备应以稳压方式与电池并联浮充工作,电网电压、输出电流和输出电压在允许变化范围内进行测量。

17. 直流电源杂音电压的测量包括:_____杂音电压测量、_____杂音电压测量、_____杂音电压测量、_____杂音电压测量。

18. 蓄电池组容量的测量内容包括:_____全容量测试、_____容量试验、_____电池核对性容量试验。

19. 要求油机发电机组保证不出现"四漏"分别是漏_____、漏_____、漏_____、漏_____。

20. 制冷系统高低压的测量用仪表包括:_____压力表、_____电流表、_____温度计和_____测温仪。

21. 制冷系统高低压的测试方法包括:_____测试法,_____测量法,_____测量法。

二、选择题

1. 电流对接地电阻的影响最大,所以接地电阻主要由(　　)电阻和(　　)电阻构成。
A. 接地引线　　　　B. 接地体本身　　　　C. 接触　　　　D. 散流

2. (　　)电阻指接地体与土壤接触时所呈现的电阻。
A. 接地引线　　　　B. 接地体本身　　　　C. 接触　　　　D. 散流

3.（　　）电阻是电流由接地体向土壤四周扩散时，所遇到的阻力。

A. 接地引线　　　　　B. 接地体本身　　　　　C. 接触　　　　　D. 散流

4.（　　）土壤电阻率的平均值最小。

A. 花岗岩　　　　　B. 砂砾　　　　　C. 多石土壤　　　　　D. 沼泽地

5. 距离接地体（　　）处，在工程应用上可以认为是零电位点。

A. 10 m　　　　　B. 20 m　　　　　C. 30 m　　　　　D. 40 m

6. 在接地电阻回路上，一个人同时触及的两点间所呈现的电位差，称为（　　）电压。

A. 对地　　　　　B. 跨步　　　　　C. 接触　　　　　D. 散流

7. 电气设备的接地部分，如接地外壳、接地线或接地体等与大地之间的电位差，称为接地的（　　）电压。

A. 对地　　　　　B. 跨步　　　　　C. 接触　　　　　D. 散流

8. 在电场作用范围内（以接地点为圆心，20 m 为半径的圆周），人体如双脚分开站立，则施加于两脚的电位不同而导致两脚间存在电位差，此电位差便称为（　　）电压。

A. 对地　　　　　B. 跨步　　　　　C. 接触　　　　　D. 散流

9. 所谓交流（　　）接地，是指在低压交流电网中将三相电源中的中性点直接接地，如配电变压器次级线圈、交流发电机电枢绕组等中性点的接地。

A. 工作　　　　　B. 保护　　　　　C. 防雷　　　　　D. 直流

10. 所谓交流（　　）接地，就是将受电设备不带电金属部分（如绝缘的金属机壳）与接地装置作良好的电气连接，达到防止设备因绝缘损坏而遭受触电危险的目的。

A. 工作　　　　　B. 保护　　　　　C. 防雷　　　　　D. 直流

11.（　　）系统是指受电设备外露导电部分（在正常情况下与带电部分绝缘的金属外壳部分）通过保护线与电源系统的直接接地点（即交流工作接地）相连。

A. TN　　　　　B. TT　　　　　C. IT　　　　　D. NN

12.（　　）系统是指受电设备外露导电部分通过保护线与单独的保护接地装置相连，与电源系统的直接接地点不相关。

A. TN　　　　　B. TT　　　　　C. IT　　　　　D. NN

13.（　　）系统是指受电设备外露导电部分通过保护线与保护接地装置相连，而该电源系统无直接接地点。

A. TN　　　　　B. TT　　　　　C. IT　　　　　D. NN

14. TN-C 系统为三相电源中性线直接接地的系统，通常称为（　　）电源系统，其中性线与保护线是合一的。

A. 单相　　　　　B. 三相三线制　　　　　C. 三相四线制　　　　　D. 三相五线制

15. TN-S 系统即为（　　）配电系统，这是目前 5G 综合基站通信电源交流供电系统中普遍采用的低压配电网中性点直接接地系统。

A. 单相　　　　　B. 三相三线制　　　　　C. 三相四线制　　　　　D. 三相五线制

16.（　　）的对象都是模拟量，包括电压、电流、功率等各种电量和温度、压力、液位等各种非电量。

A. 遥测　　　　　B. 遥信　　　　　C. 遥调　　　　　D. 遥像

17.（　　）的内容一般包括设备运行状态和状态告警信息两种。

A. 遥测　　　　　B. 遥信　　　　　C. 遥调　　　　　D. 遥像

18. ( )量的值类型通常是开关量,用以表示"开""关"或"运行""停机"等信息,也有采用多值的状态量的,使设备能够在几种不同状态之间进行切换动作。

A. 遥测　　　　　　B. 遥信　　　　　　C. 遥控　　　　　　D. 遥像

19. ( )是指监控系统远程改变设备运行参数的过程。

A. 遥测　　　　　　　B. 遥信　　　　　　C. 遥控　　　　　　D. 遥调

20. ( )是指监控系统远程显示电源机房现场的实时图像信息的过程。

A. 遥测　　　　　　B. 遥信　　　　　　C. 遥控　　　　　　D. 遥像

21. 通信电源交流电压波形正弦畸变因数测量用( )。

A. 频率计　　　　　　　　　　　B. 电力谐波分析仪

C. 通用示波器　　　　　　　　　D. 交流钳形表

22. 通信电源交流电压的测量用( )。

A. 频率计　　　　B. 电流表　　　　C. 万用表　　　　D. 交流钳形表

23. 通信电源交流电流的测量用( )。

A. 频率计　　　　B. 电压表　　　　C. 地阻测试仪　　　　D. 交流钳形表

24. 通信电源交流输出频率及频率稳定精度的测量用( )。

A. 示波器　　　　B. 电压表　　　　C. 地阻测试仪　　　　D. 交流钳形表

25. 通信电源三相电压不平衡度的测量用( )。

A. 频率计　　　　　　　　　　　B. 单相电力谐波分析仪

C. 三相电力谐波分析仪　　　　　D. 交流钳形表

26. 通信电源三相交流供电系统的功率和功率因数的测量用( )。

A. 频率计　　　　　　　　　　　B. 单相电力谐波分析仪

C. 三相电力谐波分析仪　　　　　D. 交流钳形表

27. 导线连接处接头压降的测量,可用( )。

A. 指针万用表　　　　　　　　　B. 四位半数字万用表

C. 频率计　　　　　　　　　　　D. 交流钳形表

28. 电池组在浮充状态下,测量各单体电池的端电压,求得一组电池的平均值,则每个电池的端电压与平均值之差应小于( )。

A. ± 50 mV　　　B. ± 100 mV　　　C. ± 150 mV　　　D. ± 200 mV

29. 根据信息产业部发布的《通信用阀控式密封铅酸蓄电池》的相关要求,蓄电池按 1 h 率电流放电时,整组电池每个极柱压降都应小于( )。

A. 10 mV　　　B. 20 mV　　　C. 30 mV　　　D. ± 40 mV

30. 绝缘电阻的测量不论在什么季节测量转子对地、定子对地及转子与定子之间的绝缘电阻应小于等于( )。

A. 2 kΩ　　　B. 20 kΩ　　　C. 200 kΩ　　　D. 2 MΩ

三、判断题

1. 电气设备的接地部分,如接地外壳、接地线或接地体等与大地之间的电位差,称为接地的对地电压。　　　　　　　　　　　　　　　　　　　　　　　( )

2. 对地电压 U_d 离接地体越远越小。　　　　　　　　　　　　　( )

3. 接触电压 U_c 离接地体越远越小。　　　　　　　　　　　　　( )

4. 跨步电压 U_k 离接地体越远越小。　　　　　　　　　　　　　( )

5. TN-C-S 系统是 TN-C 和 TN-S 组合而成,整个系统中有一部分中性线和保护线合一的系统,多用于环境条件较差的场合。（　　）

6. 在 5G 综合基站通信电源的直流供电系统中,为保护通信设备的正常运行、保障通信质量而设置的电池一极接地,称为交流工作接地。（　　）

7. 防雷的基本方法可归纳为"抗"和"泄"。（　　）

8. 震动传感器主要是靠探测墙体震动时,产生的高频声音进行报警。适用于对 5G 综合基站墙体凿墙声音的探测。安装需固定在 5G 综合基站对应墙体上。（　　）

9. 应急抢修人员是各种故障的第一发现人和责任人,也是监控系统的直接操作者和使用者。

（　　）

10. 技术维护人员日常更重要的职责是对系统和设备进行例行维护和检查,包括对电源和空调设备、监控设备、网络线路和软件等的检查、维护、测试、维修等,建立系统维护档案。

（　　）

11. 对应急抢修人员的素质要求是:综合素质要求高,特别是协调工作的能力和应变的能力,同时要求有很高的专业知识和丰富的经验。（　　）

12. 将测试表笔紧贴 5G 综合基站设备直流线路接头两端,数字万用表测得的电压值便为接头压降无论在什么环境下都应满足:接头压降≤3 mV/100 A(线路电流大于 1 000 A),接头压降≤5 mV/100 A(线路电流小于 1 000 A)。（　　）

13. 电信系统对直流供电系统的回路压降进行了严格的限制,在额定电压和额定电流情况下要求整个回路压降大于 3 V。（　　）

14. 离散频率杂音电压是指整流配电设备输出电压的交流分量中各个频率的准峰值。一般采用选频表或频谱分析仪来测试。（　　）

15. 在现场维护中,交流调压器可用 5G 综合基站油机发电机组做测试。（　　）

16. 蓄电池端电压的测量应该从单体电池极柱的根部用三位半数字电压表测量端电压。

（　　）

17. 蓄电池极柱压降的测量需要直流钳形表、四位半数字万用表,极柱压降必须在相邻两个电池极柱的根部测量。（　　）

18. 5G 综合基站接地电阻的测试方法一般有直流布极发、三角形布极法和两侧布极法,其中直流布极法测得误差为最小。（　　）

19. 5G 综合基站空调的过热度大说明供液量大,压缩机易产生液击,损坏压缩机。

（　　）

20. 5G 综合基站空调的过热度大说明供液量小,结果使压缩机制冷量下降,室温降不下来,运转时间延长,部件使用年限缩短,运转费用增加。（　　）

四、简答题

1. 散流电阻和两个哪两个因素有关?

2. 土壤电阻率的大小与哪些主要因素有关?

3. 5G 综合基站通信电源系统中需要进行接零保护的设备有哪些?

4. 直流工作接地和直流保护接地的作用分别是什么?

5. 直流电源通常采用正极接地的原因是什么?

6. 联合接地方式具有哪些优点?

7. 雷击对 5G 综合基站设备有什么影响？

8. 简述 5G 综合基站动力及环境集中监控管理系统的作用。

9. 实施集中监控的意义是什么？

10. 在确定 5G 综合基站监控项目时应注意哪几个原则？

11. 简述监控系统的监控模块(SM)应具有的基本功能。

12. 简述监控系统的监控单元(SU)应具有的基本功能。

13. 简述监控系统中传感器的作用,并列出几种常用的传感器。

14. 监控系统的故障监控途径有哪些？

15. 钳形表测量小电流时往往精度不高,为了提高测量精度,可采用什么办法？请详细描述该方法。

16. 5G 综合基站设备温升测量的意义是什么？

17. 与红外点温仪比较,用手持式红外热像仪测量设备的温升有什么优点？

18. 5G 综合基站直流供电系统的回路压降包括哪三个部分的电压降？

19. 简述峰—峰值杂音电压的测量方法。

20. 蓄电池极柱压降测量的意义是什么？

21. 蓄电池容量测试仪具有哪些功能？

22. 简述 5G 综合基站接地电阻测量的注意事项。

23. 制冷系统高低压的测试有几种方法？

24. 简述空调过热度测量方法。

五、研讨题

1. 交流电压波形正弦畸变因数的测量过程中需要长时间录入实测数据,请设计出一种能在 24 小时内定时测量该数据的测试方案。

2. 电池端电压的均匀性及电池极柱压降测量目前还是靠人工现场测试,请提出一种能实现自动测试的技术方案。

3. 如何实现 5G 综合基站空调温度、启动/停止的远程控制,请提出解决方案。

参 考 文 献

［1］ 魏红,等.移动基站设备与维护.北京:人民邮电出版社,2009.

［2］ 董兵,秦文胜.基站主设备及配套设备维护.北京:人民邮电出版社,2013.

［3］ 杨峰义,张建敏,王海宁.5G 网络架构.北京:电子工业出版社,2017.

［4］ 易著梁,黄继文,陈玉胜.4G 移动通信技术与应用.北京:人民邮电出版社,2017.

［5］ 张传福,赵立英,张宇.5G 移动通信系统及关键技术.北京:电子工业出版社,2018.

［6］ 胡国安,等.基站建设.成都:西南交通大学出版社,2010.

［7］ 张雷霆.通信电源.北京:人民邮电出版社,2009.

［8］ 刘联会,李玉魁.通信电源.北京:北京邮电大学出版社,2006.

［9］ 漆逢吉.通信电源.北京:北京邮电大学出版社,2012.

［10］ 李正家.通信电源技术手册.北京:北京邮电大学出版社,2009.

［11］ 李崇建.通信电源技术、标准及测量.修订版.北京:北京邮电大学出版社,2007.

［12］ 贾继伟.通信电源的科学管理与集中监控/现代通信电源使用维护培训丛书.北京:人民邮电出版社,2004.

［13］ 杜润田,高欣.通信用柴油发电机组/通信电源设备使用维护手册.北京:人民邮电出版社,2008.

［14］ 胡信国.通信用蓄电池/通信电源设备使用维护手册.北京:人民邮电出版社,2008.

［15］ 陈梓城.电源技术与通信电源设备.北京:高等教育出版社,2005.